Gottlieb Twerdy

Was wirklich ist

Natur und Materie

Autor: Gottlieb Twerdy
Umschlaggestaltung, Illustration: Gottlieb Twerdy
Lektorat, Korrektorat: Gottlieb Twerdy

Druck und Vertrieb im Auftrag der Autorin/des Autors: Buchschmiede von Dataform Media GmbH, Wien
www.buchschmiede.com

ISBN: 978-3-99057-761-5 (Paperback)
978-3-99057-762-2 (Hardcover)
978-3-99057-763-9 (e-Book)
Printed in Germany

Bibliografische Information der Deutschen Nationalbibliothek:
Die Deutsche Nationalbibliothek verzeichnet diese Publikation in der Deutschen Nationalbibliografie; detaillierte bibliografische Daten sind im Internet über http://dnb.d-nb.de abrufbar.

Inhaltsverzeichnis (Übersicht)

Was haben wir vor?

Wir unternehmen einen Streifzug durch die Natur, wir wollen die ebenso berühmte wie verachtete *„Materie"* finden. Sie lebt nach wissenschaftlichen Angaben in einem unsichtbaren, aber unbezwingbaren Käfig, der *„Raumzeit"* heißt und von einem *„Urknall"* aufgeblasen wird. Der Urknall ist die erste und bislang einzige entdeckte Wirkung *ohne* Ursache, ist also betont originell und schöpferisch am Werk. Weiters *gehorcht* die Materie den ebenfalls unsichtbaren *„Kräften"*, die ihrerseits der Raumzeit *gehorchen*, die wiederum dem Urknall *gehorcht*. Das Gehorchen muss folgerichtig die einzig richtige Ordnung sein, wenigstens, bis alle Materie mitsamt aller Kraft als *„Energie"* im *„Wärmetod"* des *„Chaos"* verduftet.

Bei Ungehorsam holt das alles jedoch *nicht* der sprichwörtliche Teufel, nein, vielmehr holt der *„Endknall"* alles heim in ein Jenseits, das als *„nichts"* abgetan wird. Es ist *rundherum* so selig wie *vor* dem Urknall verblieben, obwohl es niemals sein kann. Es muss sich also beim fragwürdigen *„nichts"* um das verlorene Paradies handeln, das in der Tat gar nicht verloren ging, sondern nur verschoben und so zugleich vorsorglich aufbewahrt wurde.

Ja, die Materie ist fraglos nicht ganz einfach. Sie soll nicht nur *„schwer"* zu bewegen, oder nein, überhaupt nicht zu beseitigen sein, sondern zudem *„träge"* in ihrem Widerstand gegen alle unsere Vorhaben jedweder Art verharren, soviel ist vorweg zuzugeben. Näheres müssen wir erst in Erfahrung bringen.

Unser Gespann ist geliehen, angeblich handelt es sich um ein sehr zielsicheres Maultier und um einen völlig unbeirrbaren Esel. Leider vertragen sich die beiden nicht. Das ist daran zu erkennen, dass sie immer nur gegeneinander wiehern, sofern sie nicht betreten schweigen. Sie teilen weder Freud noch Leid, noch Futter. Allerdings teilen sie bereitwillig unsere Mühe, einen Pfad oder Schleichweg durch die Natur frei zu machen. Sie beißen sich durch, wenn es sein muss und gut schmeckt.

Beide kümmern sich keinen Deut um das, was hinter ihnen nach kommt, oder zumindest kommen sollte. Das sind immerhin wir. Wir stolpern hinterdrein. Immer wieder müssen wir den kleinen Karren flott machen, der uns durch rüttelt, wenn wir uns einbilden, ein Stück fahren zu können.

Das Maultier soll auf einen Namen wie „Philosofa" hören, oder so ähnlich. Das können wir nicht bestätigen, denn es würdigt uns keines Blickes. Da helfen weder Schmeicheln, Striegeln noch Ohren kraulen. Satteln kommt überhaupt nicht in Frage. Von Aufsitzen oder Reiten keine Spur, von wegen „-sofa". Da werden wir sofort in den Staub geworfen. Also reden wir lieber von der Scheckigen, weil sie so bunt ist wie ein Strauß von blumigen Anschauungen.

Der Esel heißt verbrieft exakt „Physiko". Das kann bestimmt so nicht stimmen. Denn er hört nicht auf seinen Namen. Er hört exakt nichts von dem, was wir wollen, egal, ob wir flehen oder fluchen. Er mag überhaupt keine Sprachgebilde, die sind ihm zu spekulativ. Der Graue interessiere sich nur für spitze „Formuli", das sind giftig aussehende Disteln, so wurde uns vorsorglich mitgeteilt, vom Verleih, der nach eigenen Angaben alles ordentliche Wissen schafft.

Also Fußmarsch, dem gehörlosen Grauen gut zureden und die ignorante, ungeduldige Scheckige besänftigen. Warum ist die Natur so widerspenstig? Ist es ein Frevel, die Materie in Erfahrung bringen zu wollen? Wo ist die Materie zu finden?

Etwas, was niemand wirklich kennt, aber alle gut zu kennen behaupten, das ist wahrlich nicht leicht zu entdecken. Die Decke aus Vorurteil und Ignoranz ist zäh und dick, das erscheint hier, vor Ort, abwechselnd als steinharter Grund oder als atemberaubender Morast. Wir suchen eher mittelmäßige Schwachstellen, wo die Scheckige und der Graue zu scharren beginnen. Dort könnten wir vielleicht mithilfe des Schöpfers eine Probe schöpfen, uns frech Dinge oder Sachen heraus nehmen, sozusagen.

Die Richtung ist leider ganz unbestimmt. Wir sind in einer bizarren Szene, von der wir keine Ahnung haben, wahrlich am Ende der Welt, zu der die üblichen Verbindungen abgerissen sind. Keine Aussicht in Sicht, wegloses Dickicht, Sümpfe, Schluchten, gefährliche Strudel. Die Scheckige will genau da durch. Sie will von der Wüste nichts wissen. Dort ist nichts, das besagt ihr wütendes Schnauben, weil dort alles nur Staub ist.

Der Graue aber will dorthin, er ist sich anscheinend sicher, dass wir dort anfangen, wenn nicht auch aufhören müssen. Im richtig abgestaubten Nichts vermutet er prächtige Formuli-Disteln, die wie für ihn geschaffen sind. Dort muss das wahre Futter für wahres Wissen sein. Warum sonst schaut und zieht der Graue immer nach der leeren Seite des Horizonts? Kommt die Materie aus dem Nichts und geht sie wieder dorthin? Kann sie denn gehen?

Die Scheckige zieht stets auf die andere Seite, zur schneidigen Silhouette hin. Wahrscheinlich plant sie, dort uns und die leidige Kiste mit den zwei Rädern los zu werden. Den Grauen womöglich auch. Ja, sie will uns alle laufen lassen. Hinter der wilden Wasserscheide riecht es nach Unendlichkeit. Der Wind kommt vom Meer herüber, oder schon von den Sternen? Sollen wir im Wasser suchen? Findet sich die Materie unter den Galaxien?

Ab und zu greifen wir seltsames Zeug auf, das wir zwar sehen, aber nicht begreifen können. Zuerst riechen wir nur, schauen und zögern lang. Wie schmeckt das? In der Folge tauchen Zweifel und Fragen auf, und Zusammenhänge. Wir machen Notizen und ziehen weiter. Später begegnen wir ähnlichen Dingen. Wir glauben, wir sind so einem Etwas bestimmt schon einmal begegnet. Aber nun erscheint es in anderem Licht. Ist dieses „es“ vielleicht die gesuchte Materie?

Wir suchen weiter und finden neue Zusammenhänge. Langsam machen wir uns ein Bild von der Landschaft, nur, um es alsbald wieder als unzureichend abzutun. Wir hätten gern einen Plan unserer Reise. Aber das Leben ist ein Streifzug, es gibt keinen Plan. Wir stolpern von einem Irrtum zum nächsten, und überleben auch ihn. Das ist der einzige Zusammenhang, der sich als dauerhaft erweist.

Allmählich begreifen wir, dass wir im Kreis gehen. Wir finden Spuren, es sind unsere eigenen. Wir weiten unsere Kreise nur aus zu einer Spirale der Erkenntnis und des Zweifels. Wir tasten uns vor in der Landschaft des Lebens, im Lebensraum. Genau so, auf diese Weise, erkunden wir die Materie. Der Lebensraum ist jenes Stück Natur, das uns duldet, das wir durchstreifen können. Auf dem Karren befindet sich unser einziges verlässliches Werkzeug, unsere Lebenserfahrung. So gerüstet erfahren wir die Materie. Wir stehen in der Tat am Anfang.

Der Anfang

Vor dem Anfang war *nichts*, das immerhin den Anfang schuf, in der Folge *alles* und schließlich uns, die wir solche Wunder schauen dürfen oder glauben sollen. Rund um die göttliche Schaffensfreude des nichts ist *nichts* geblieben, nur ist diesmal schon *alles* im nichts enthalten. Soviel Widerspruch stört die exakte Wissenschaft nicht, die den Urknall beweisen will und angeblich auch kann. Was knallt, wenn *nichts* knallt?

Sollte das aktuell bevorzugte „Standardmodell" der Welt nicht ganz Ihren Ansprüchen an Vernunft und Kausalität entsprechen, dann sind Sie hier richtig. Hier geht es *nicht* um Physik, nicht um *Zahl und Maß* der Materie, sondern hier geht es um die Materie selbst. Einige logische Schleifen der Physik werden fein gemahlen und dienen so manierlich zubereitet als Würze der angeblich „trockenen Materie".

Was ist Materie?

Sie ist ein Teil der Natur. Soweit wir die Natur beurteilen können, soweit nenne ich sie „Materie".

Ein Apfel ist zuerst Natur und später auch Materie. Natur ist der Apfel, solange und soweit ich ihn *nicht* beurteilen kann. In diesem Stadium habe ich keine Ahnung vom Apfel, von keinem Apfel. Dann lerne ich ihn kennen und schätzen, ich beginne ihn zu beurteilen. Ich finde verschiedene Eigenschaften des Apfels heraus, indem ich ihn vergleiche und verkoste, in mein Leben einbringe.

Auf diese Weise wird der Apfel zur Materie, weil und indem sich mein Bewusstsein vom Apfel absondert, sich über ihn erhebt. Ich weiß jetzt, was ein Apfel ist. Ich erkenne einen Apfel. Mein Urteil macht den Apfel zur Materie. Diese Materie soll so sein, wie ich sie beurteile.

Daneben bleibt der Apfel Natur. Auch wenn ich bereits weiß, oder zu wissen glaube, was ein Apfel ist, so habe ich weiterhin wenig Ahnung vom Apfel. Wie er sonst noch ist oder sein könnte, das kann ich nicht beurteilen. Es kümmert mich auch nicht. Die Natur des Apfels bleibt von meinem Urteil unberührt, sie besteht ungefragt und ohne Zweifel, jenseits meines Denkens weiter.

Der Apfel als Materie ist das, was ich der Natur entnehme, was ich mir - wie schon seinerzeit die verfrüht wissbegierige Eva - als Apfel heraus greife. Was die frühreife Eva und der zögerliche, weil untertänige Adam gemeinsam als Apfel aus der Natur schöpfen, daran glauben Eva und Adam in weiterer Folge als Apfel.

Die Materie des Apfels ist zuerst *mein* Geschöpf aus der sonst unberührten Natur, und dann ein Glaubensartikel für *mein* Denken, ein Begriff, ein Gegenstand der Erkenntnis. „Der Apfel" ist abstrakt, ist ein Geschöpf meines Urteils. Entnehme ich der Natur *vergleichbare* Materie, so werde ich den entnommenen Gegenstand meines Denkens jeweils als „Apfel" auffassen und begreifen.

Die Materie ist beurteilte Natur, sie bedarf des Urteils, damit sie, die Materie zustande kommt. Die Materie ist vom Bewusstsein *ebenso* abhängig wie von der Natur. Wird die Natur nicht in Materie und Bewusstsein geteilt, so bleibt die Natur unbehelligt vom Denken.

Entsteht kein Denken, sondert sich das Bewusstsein nicht vom Leben ab, so entsteht auch keine Materie, weil die Natur nicht geteilt wird. Deshalb nenne ich alle Materie den von uns beurteilten Teil der Natur. Andere Materie ist uns nicht gegeben. Was ohne Urteil verbleibt, ist nicht Materie, sondern Natur.

Hier geht es darum, wie wir die Materie richtig beurteilen können und sollen. Die Teilung der Natur in Materie und Bewusstsein soll ein gutes Stück vorankommen, indem wir unsere Einsicht verbessern. Anders können wir nicht vorgehen, als dass wir unser Denken schärfen, unsere Urteilsfähigkeit verbessern. Unser Urteil muss weiter vordringen, wenn wir mehr von der Natur verstehen, zur Materie *machen* wollen.

Die Ergebnisse der Physik fließen in dem Maße ein, als sie der Lebenserfahrung und täglichen Praxis entsprechen. Sie sind soweit brauchbar, als sie vom Leben erprobt sind. Dazu genügt unsere Umgangssprache. Die Lebenserfahrung sammelt sich im „gesunden Menschenverstand", der zu unrecht belächelt wird, denn er bildet das kollektive Gedächtnis.

Der Verstand findet mit der Alltagssprache sein Auslangen, und muss es tun, weil die Urteile der Vernunft nur in dieser Form aufbewahrt werden. Fachjargon hilft nicht, sondern blendet und verwirrt, weil er die Urteilsfähigkeit mit neuen Kreationen oder Begriffen überlastet, für die noch keine Lebenserfahrung vorliegt.

Die Urteilsfähigkeit ist auf die Tauglichkeit im Leben beschränkt, und diese Beschränkung ist zweckmäßig. Gesichertes Wissen gibt es angeblich nicht, aber ich denke, es ist jenes, welches das Leben sichert. Es bewährt sich im Leben und wird auf diese Weise praktisch weiter entwickelt, Schritt für Schritt, Tag für Tag. Umgekehrt sichert das Leben auf diese Weise sein Wissen. Das vom Leben bestätigte Wissen erachte ich als gesichert.

Unser Leben ist die einzige Sicherung des Verstandes, die wir erlangen können. Diese „Sicherung" soll nicht „durchbrennen", wie der freche Volksmund weiß. Unser Urteilsvermögen soll nicht überlastet werden, das ist, unsere Vernunft. Der Verstand soll auf die Vernunft lauschen, nur was vernünftig ist, soll gelten.

Das Leben ist das einzig mögliche Kriterium der Wahrheit. Wir tasten uns vor mittels Versuch und Irrtum, ein anderes Verfahren haben wir nicht und können wir nicht entwickeln. Wenn wir geistiges Neuland betreten, so bleiben wir zurecht kritisch, bis wir die Verbindung zu unserer bisherigen Lebenserfahrung herstellen können. Behauptungen müssen unserer Erfahrung entsprechen oder begründet widersprechen, damit wir sie beurteilen können, sonst bezeichnen wir sie als haltlos.

Die Dialektik

Dies ist ein Lesebuch, dessen Lektüre die Dialektik vermittelt, schrittweise näher bringt. Die Dialektik ist die Lehre von der Einheit der Gegensätze. Sie ist nicht eine „Kunst der Redeweise", nicht eine „Methode des Argumentierens", wie zuweilen gelehrt wird, sondern ein Wesenszug der Materie. Die Dialektik besteht zuerst in der Natur, im Lebensraum des Menschen, taucht in weiterer Folge im Leben auf und schließlich im Denken, das hier deutlich nach hinkt, obwohl es voraus laufen sollte.

Gegensätze wirken in Richtungen, die einander widersprechen. Sie sind widersprüchliche *Wirkungen*. Wenn sie einander zwar ablösen, aber nicht auslöschen, dann bilden sie gemeinsam eine Einheit. Dann haben sie wenigstens eine tiefer liegende *Ursache*, welche die Entwicklung der Gegensätze bestimmt. Erst wenn wir verstehen, warum sich Gegensätze so verhalten, können wir mit antagonistischen Wirkungen richtig umgehen, unser Leben sichern und gestalten.

Dass dies heute nicht der Fall ist, bedarf keiner Ausführung, nur des Verweises auf die Krisen, die einander ablösen. Wir taumeln von einem Abgrund zum anderen und verstehen nicht, warum sie sich auftun.

Wer Fragen klären will, muss selbst forschen. Hier gibt es keine fertigen Rezepte zu finden, sondern lediglich eine *Methode*, die anfangs sperrig anmutet, weil sie das gewohnte Denken vor den Kopf stößt. Diese Methode wird jedoch immer lebendiger und lebensnaher, je öfter sie erprobt und angewandt wird. Das liegt daran, dass sich das Denken so vortastet wie das Leben. Schritt für Schritt werden Versuch und Irrtum erprobt, bevor diese faktisch gesetzt werden.

Das Denken ist die Vorwegnahme des Lebens im Bewusstsein. Das hat den Vorteil, dass hier Fehlschritte nicht letal enden. Wenn wir richtig denken, dann finden wir den richtigen Schritt, bevor wir ihn setzen.

Wir müssen richtig urteilen, und bezeichnen das Ergebnis als vernünftig, wenn es sich im Leben bewahrheitet. Die *Vernunft* ist die Erwägung unserer Urteile. Bewährte Urteile rufen wir aus dem Gedächtnis wach, und vergleichen sie mit jenen aktuellen Urteilen, die unser *Verstand* vorschlägt.

In diesem Buch wird kein Vorwissen voraus gesetzt. Wer lesen kann, kann denken. Umgekehrt kann auch denken, wer *nicht* lesen kann. Nur erschwert das die Erreichbarkeit. In der Schrift bewahren wir unsere kollektiven Urteile auf, die Ergebnisse unserer gemeinsamen Vernunft. Die Schrift entlastet das Gedächtnis, vorausgesetzt, wir merken uns, wo die merkwürdige Anmerkung zu der bemerkenswerten Stelle war.

Die hier beleuchteten Beispiele folgen keiner vorgefassten Systematik, sondern ergeben sich aus dem Werdegang der Begriffe und Zusammenhänge. Die Dialektik kann meines Erachtens nur anhand von Beispielen erlernt werden, nicht auch abstrakt, weil Materie und Leben niemals abstrakt sind, sondern immer konkret.

Das Abtasten und Begreifen der Dinge erfolgt in Etappen. Wir kehren öfter zu einem Thema zurück, um tiefer vorzudringen, um größere Zusammenhänge auszumachen. Deshalb ist eine Lektüre in betont sittsamer Weise angeraten. Wer hastet oder gar springt, wird rasch die Orientierung verlieren.

Der rote Faden zeigt sich nur in der Rückschau, nicht auch vor uns. Das ist in Labyrinthen so üblich, und bevor wir es nicht besser wissen, müssen wir davon ausgehen, dass die Materie ein Labyrinth ist. Für die Vogelperspektive ist unser Verstand nicht gebaut, wenn wir zu weit abheben, sehen wir nichts Begreifbares.

Wer stecken bleibt, soll bitte unterbrechen und über den klebrigen oder haltlosen Gedanken nachdenken, der zum Stolpern geführt hat. Das Aufrichten, das Lösen und der nächste Schritt kommen von selbst, weil auch das Denken schreitet. Niemand geht es besser, auch mir nicht. Die ersten fünfzig Seiten Dialektik können schon mal ein Jahr in Anspruch nehmen, später genügen wenige Stunden. Zur Abhilfe fasse ich mich hier möglichst kurz.

Ich behaupte nicht, irgend etwas zu wissen. Ich stelle nur die Methode vor, wie etwas in Erfahrung gebracht werden kann. Hier ist dieses Etwas die Materie.

Die Dialektik ist zwar vernünftig, aber das macht sie zu keiner Sammlung von Urteilen, zu keiner Schatztruhe der Vernunft. Die Dialektik bleibt nur vernünftig, solange sie eine Methode des Urteilens, eine Schule des Denkens bleibt. Sie versucht so zu denken, wie die Materie sich bewegt. Das Denken muss sich nämlich so bewegen wie die Materie, wenn es die Natur verstehen will.

Im Ergebnis besteht dann eine Einheit zwischen Denken und Materie, dem beurteilten Teil der Natur. Die dann erzielte Einheit, die Einheit von Denken und Materie, das ist die Natur. Wir können sagen, wenn wir richtig denken, die Materie richtig beurteilen, dann ist die Natur wieder ganz. Wir denken und leben dann in Einklang mit der Natur.

Anmerkung zum Autor

Ich bin Autodidakt und nicht autoritätsgläubig. Von Beruf bin ich Architekt. Das hat den Vorteil, dass ich lernen musste, Theorie und Praxis zu verknüpfen. Da galt es zu beurteilen, ob eine Idee Materie werden kann, etwa ein Entwurf ein Bauwerk, oder besser lieber nicht. Ich entwerfe hier ein Weltbild, wie es dem beruflichen Realitätssinn eines Architekten entspricht.

Die Materie muss nochmals gebaut werden? Freilich nicht, soweit sie Teil der Natur ist. Allerdings sehr wohl, soweit die Materie Teil des Bewusstseins ist, da muss weiter gebastelt, modelliert und umgebaut werden. Denn unser physikalisches Weltbild ist bislang nicht kausal, es hat Löcher und weist absurde Einbildungen auf. Unser recht wackeliges Weltbild muss sehr handfest und standfest korrigiert werden. Für ein tragfähiges Gerüst liefere ich hier eine erste Skizze. Ein lebenstaugliches Weltbild muss der Materie so kausal entsprechen, wie sie es tatsächlich ist.

Die Leute vom grauen oder scheckigen Fach werden mich solange wie möglich ignorieren. Dann werden sie meine Skizze zerpflücken und soweit löschen, als sie das als ihre akademische Pflicht ansehen, oder als ihre gesellschaftliche Leidenschaft betreiben. Diese sozialen Gegebenheiten werde *nicht ich* ändern, sondern das Leben wird mir diese Arbeit abnehmen. Ich bin Optimist in dem Sinne, dass ausreichend viele Menschen die sozialen Gegebenheiten überleben und umgestalten werden.

Ich werfe der dienstbeflissenen „Fachwelt“ vor, dass sie in einem glitzernden Käfig gestrandet ist, ohne Wirkung auf das reale Leben. Der versilberte Käfig hat einen felsigen Grund. Die aktuelle Wissenschaft dient einem maroden System, von dem sie sich weder geistig noch materiell trennen kann, weil sie von ihm erzogen, geprüft, kontrolliert und finanziert wird. Die Wissenschaft ist ohne Macht, ohnmächtig, sie blendet, aber hat sich selbst längst betäuben lassen.

Anmerkung zur Methode

Meines Erachtens ist oft schon die Methode der Wissenschaft falsch, nämlich dann, wenn sie vom Glauben an Zahlen abhängt. In der Folge werden Maße als das Gemessene angesehen, als die Natur oder Materie. Maß und Gemessenes müssen sich jedoch unterscheiden, damit ein Vergleich zustande kommt. Dieser Unterscheidung werden wir hier noch öfter begegnen und sie dann durchleuchten.

Die Dialektik wurde ursprünglich von den Griechen des Altertums entwickelt. Sie gerät anscheinend in Vergessenheit. Ich stelle sie anhand aktueller Fragen erneut vor, weil mir das notwendig erscheint. Wenn ich nicht der Letzte bin, dann hat diese Schrift eines ihrer Ziele erreicht.

Ein weiteres Ziel ist es, Philosophie und Physik wieder zu vereinen. Das wurde nach dem Auftauchen der Relativitätstheorie lange Jahre erfolglos versucht. Inzwischen wurden auch die Versuche aufgegeben.

Die Philosophie hat die Materie der Physik überlassen und andere Wege eingeschlagen. Sie hat sich abdrängen lassen und beschäftigt sich mit möglichst exakten Definitionen. Hoffentlich beginnt sie nicht, die Exaktheit auszurechnen und messen zu wollen.

Die Physik hat ihrerseits der Philosophie eine Absage erteilt und betrachtet die Materie als ihr alleiniges Herrschaftsgebiet. Es fehlen ihr aber grundlegende Entscheidungskriterien, sodass sich auch absurde Vorstellungen breit machen und hartnäckig halten können. Wenn die Materie dialektisch ist, dann muss die Physik dialektisch vorgehen, um in die Natur vorzudringen.

Die dialektische Methode verlangt zuerst eine *Analyse*, warum gegensätzliche Erscheinungen oder Wirkungen auftreten. Es ist heraus zu finden, welche gemeinsame Ursache zugrunde liegt.

Nach der Analyse ist die *Synthese* zu leisten, das heißt, aus der entdeckten Ursache sind die empirischen Erscheinungsformen her zu leiten, zu entwickeln.

Zuerst ist die *materielle* Ursache aus der Natur zu schöpfen, und dann ist die Materie aus dem *geistigen* Geschöpf zu rekonstruieren. Nur so können wir begreifen. Nur dieses Verfahren entspricht *materiell* unserer Lebensweise und *geistig* unserer Lebenserfahrung.

Für die Physik bedeutet das, dass sie sich nicht mit Prognosen und Messdaten begnügen darf. Beide gelten lediglich Zahlen. Richtig vorhergesagte Messdaten bestätigen *nicht* ein „Naturgesetz", sondern lediglich, dass das Vergleichen und Zählen gelingt. Vielmehr ist kausal zu begründen, *warum* das Vergleichen und Zählen gelingt, was beide erst möglich macht, was beide *verursacht*.

Das Vergleichen liefert „Einheiten", zählbare Glaubensartikel. Das Zählen bestätigt nur ihre Anzahl, *nicht* auch ihre Existenz. Erst die Vernunft kann über die Glaubensartikel urteilen, das aber niemals quantitativ, der Menge nach, sondern immer nur *qualitativ*, die Eigenschaften unterscheidend.

Das Urteil der Vernunft kann immer nur einer *Ursache* gelten, niemals auch einer *Menge*. Glaubensartikel, die an der Zahl haften bleiben, bleiben methodisch unvernünftig und somit sinnlos. Wenn wir das begreifen, öffnen sich neue Horizonte.

Ich kann hier nur einige Beispiele liefern, die mir wichtig erscheinen, und hoffen, dass die dialektische Methode Schule macht. Ein kausales Weltbild muss der Vernunft entsprechen, unserer Lebenserfahrung, unserer geistigen Lebensfähigkeit. Erlangen wir kein vernünftiges Weltbild, so sterben wir notwendig aus. Unsere Vernunft genügt dann nicht länger unserem Leben. Damit enden beide, weil sie einander bedingen.

Ich unterbreche den durchaus abenteuerlichen Gedankengang nicht durch holprige Zitate und deren Interpretation, sondern nenne lediglich die Urheber. Im Zeitalter digitaler Nachschlagewerke erscheint mir dies erstens als zulässig, und zweitens im Sinne der besseren Lesbarkeit auch als zweckmäßig.

Meinen Vordenkerinnen und Vordenkern danke ich an dieser Stelle pauschal und hoffe in ihrem Sinne auf regen Nachwuchs von NachdenkerInnen. Vor allem aber hoffe und erwarte ich, dass die Anwendung der dialektischen Methode zur Lösung von aktuellen und künftigen Problemen entscheidend beitragen wird.

Gottlieb Twerdy, Brunn, 14.3.2017

Kapitel 1 – Tag und Nacht

Wir beginnen unsere kritische Betrachtung mit jener von Tag und Nacht, die im Denken als *Gegensätze* gelten, jedoch in der Natur eine *Einheit* sind. Geltung und Daseinsweise divergieren, weichen voneinander ab. Warum ist das so?

Die *Geltung* besagt, Tag und Nacht sind augenscheinlich ganz verschieden, so verschieden wie hell und dunkel, wie Licht und Schatten. Die Geltung ist ein Werk des Bewusstseins, das die Sinneseindrücke gemäß der Lebenserfahrung beurteilt und speichert.

Wenn das Denken zu einem lebenstauglichen Urteil über seine Eindrücke und Vergleiche gelangt, dann bewahrt es dieses Urteil als Geltung auf. Das Urteil soll zudem logisch sein, der Prüfung durch die Vernunft standhalten. Das geprüfte Urteil soll künftig als vernünftig gelten, Geltung haben, solange die Sinneseindrücke vergleichbare Umstände melden. Am Tag ist es hell, bei Nacht dunkel, nur eine solche Geltung ist vernünftig.

Weil sich unser Leben am Tag und in der Nacht ganz unterschiedlich gestaltet, müssen umgekehrt auch Tag und Nacht *objektiv* ganz verschieden sein, so folgern wir. Tag und Nacht sind unterschiedliche Lebensbedingungen, also verschiedene Gegebenheiten. Umstände, die wir nicht ändern, aber begreifen können, sind gegenständlicher Natur, sind objektive Dinge, nach welchen wir uns richten müssen. Tag und Nacht sind objektive Gegensätze, sagt unsere Lebenserfahrung.

Als „Objekt“ fassen wir Dinge auf, die wir betrachten und beurteilen können. Sie befinden sich selbständig vor oder neben uns. Unser Denken kann sie nur abbilden, es findet sie vor und muss sie akzeptieren, ob es nun will oder nicht.

Wenn Tag und Nacht *objektiv* ganz verschieden sind, wie können dann Tag und Nacht *zugleich* eine Einheit sein? Zwei verschiedene Objekte können doch nicht ein und dasselbe Objekt sein. Was stimmt hier nicht?

Unsere Methode geht fehl, wir machen aus zwei Erscheinungsweisen zwei Objekte. Tag und Nacht sind nur für das Denken verschiedene Gegenstände.

Wir müssen fragen und uns erinnern, *was* das Eine ist, das seine Erscheinungsweise teilt. Es ist die Drehung der Erde. Wir bedenken sie erst, wenn wir mit der Teilung von Tag und Nacht unzufrieden sind. In der Natur gibt es nur die eine Erdrotation, die sich immer fast gleich fortsetzt. Also müssen Tag und Nacht eine Einheit sein, und ihre Einheit *ist* die Eigendrehung der Erde, ist nichts anderes als diese.

Was hilft uns diese altbekannte Einsicht? Wird es deshalb in der Nacht hell?

Nein, aber wir erhalten demnächst eine erste *These*. Thesen sind freche Behauptungen, an denen sich die Bissigkeit von Urteilen gut und nachhaltig schärfen lässt. Deshalb sind Thesen allseits beliebt, sie sind sozusagen das Futter für die lebenswichtige Bissfertigkeit. Hier werden sie nummeriert, damit sie mittels *Index* für das Wiederkäuen leichter zu finden sind.

Wenn Tag und Nacht nur zwei Erscheinungsweisen derselben Erdrotation sind, dann gibt uns das einen Hinweis auf die Daseinsweise der Erde. Die Erde ist nur so da, nur auf die Weise da, dass sie sich dreht. Dreht sich die Erde nicht, so ist sie nicht, so bleibt sie nicht Erde, so löst sie sich auf. Die Eigendrehung der Erde ist ein Verfahren, wie sie sich ganz und stabil erhält.

Die Einheit von Tag und Nacht ist im Resultat, im Ergebnis dasselbe wie die Einheit der Erde. Tag und Nacht bezeichnen die Methode, wie die Einheit hergestellt und bewahrt wird, nämlich mittels der Drehung. Die Daseinsweise ist die Bewegung der Rotation, ist deren Fortsetzung. Das Ergebnis ist der Körper des Planeten, ist dessen Fortsetzung. Die Einheit des Körpers verlangt seine Drehung als Daseinsweise *{These 1}*.

Soll dies allgemein gelten, so besagt das, dass sich *alle* Körper drehen. Wir werden den Grund aufzufinden haben. Zuvor aber zweifeln wir, ob wir verallgemeinern dürfen.

Drehen wir uns? Ja, alle unsere Zellen weisen einen Kreislauf auf zwischen Werden und Vergehen, zwischen Versorgung und Entsorgung. Allerdings können wir unsere Eigendrehung partiell teilen und zusammen fügen, weil wir Beine und Arme entwickelt haben. Wollen wir das hydraulisch betrachten, so können wir sagen, wir pumpen die Wirkung des Stoffwechsels mal auf die eine, mal auf die andere Seite. So können wir gehen und greifen.

Soweit unsere Einheit vorübergehend teilbar ist, soweit kann sie ausholen und einbringen. Die Symmetrie ist ein Verfahren, der Einheit wechselnde, aber gleiche Funktionen hinzu zu fügen. Umgekehrt kommt ein symmetrisches Ergebnis zutage, wenn sich einander ablösende Funktionen an einer Einheit ansiedeln.

Aber unsere Zellen drehen sich nicht um sich selbst. Nein, das tun sie nicht, weil sie keine selbständigen Körper sind, sondern Teil einer Struktur, eines Gewebes oder Organs. In einer Struktur gibt es eine gemeinsame Rotationsweise.

Wir können auch sagen, die beteiligten Partner teilen ihre Rotation untereinander auf, so wie das ihrer Funktion entspricht. Umgekehrt kommt die Funktion so in die Welt, dass die Rotationsweise zuerst geteilt und aufgefächert wird, dann aber wieder vereint stattfindet.

Wenn wir uns *mit* der Erde drehen, so sind wir Teil der Erde. Wenn wir uns *auf* der Erdoberfläche bewegen, so nehmen wir an der Drehung der Erde Teil, widersetzen uns aber partiell. Das kostet und gibt zugleich „Kraft“. Das Geben und Nehmen zugleich erzeugt den Mythos der Kraft, ist aber nur eine funktionelle Umlenkung des irdischen Stoffwechsels, der fortgesetzt werden muss.

Drehen sich alle Atome? Ja, alle Atome drehen sich und auch alle subatomaren Teilchen. Wir haben noch keinen Körper entdeckt, der sich nicht dreht, wenn er der Struktur *entnommen* wird, der er angehört.

Dreht sich auch das Universum?

Das können wir noch nicht beobachten. Wir können nämlich das Universum schlecht jener Struktur entnehmen, der es angehört. Daran arbeiten wir noch und bitten um Geduld. Einstweilen diskutieren wir das Aufblähen und Schrumpfen des Universums, so wie das unserer Auffassungsgabe oder Einbildung entspricht.

Wenn das Universum ein Körper ist, dann sollte sich auch das Universum drehen, besagt unsere These 1. Aber ist das Universum ein Körper?

Es ist vermutlich eine Einheit, so wollen wir hoffen, aber muss jede Einheit auch ein Körper sein?

Schauen wir uns weiter um. Wir können uns einem vermuteten Ganzen nur nähern, indem wir seine Teile begreifen. Nähern wir uns dem Universum, sofern das geht, begreifen wir seine Teile, soweit das geht. Was sehen wir?

Die Erde ist nicht allein. Während die Erde die Strahlung der Sonne aufnimmt, dreht sie sich. In der Folge werden umlaufend immer andere Teile der Erdoberfläche der Sonne zu- und abgewandt. Auf diese Weise wird die Einheit der Erdrotation in die zwei Erscheinungsweisen von Tag und Nacht geteilt.

Es ist das Verhältnis der Erde zur Sonne, das die Teilung der Einheit in zwei Gegensätze erzeugt. Dem können wir entnehmen, dass Gegensätze auf einem Verhältnis beruhen *{These 2}*. Wir haben zu prüfen, ob dies nur in unserem Beispiel oder allgemein zutrifft.

1.1 Der Austausch von Inhalt

Ein Verhältnis ist eine Relation, eine Beziehung zweier Seiten. Damit zwei Seiten eine Beziehung aufnehmen können, ein Verhältnis zueinander eingehen können, müssen sie etwas austauschen. Was wird ausgetauscht? Sind es Ursache und Wirkung? Ist es Information? Ist es Materie?

In unserem ersten Beispiel ist es „Strahlung", die ausgetauscht wird. Im sichtbaren Spektrum nennen wir sie Sonnenlicht, darüber entscheidet unser Sehsinn.

Instrumente, die mit Strom und Magnetismus arbeiten, können darüber hinaus auch solche „elektromagnetische Strahlung" empfangen und auswerten, die wir nicht sehen können.

Im folgenden bezeichne ich mit „Licht" immer alle Sorten von Strahlung. Der Sender ist die *Quelle* von Strahlung.

Das Senden heißt „emittieren", freisetzen von „Emittat". Mit „Emission" wird die Tätigkeit der Quelle bezeichnet, das Strahlen oder Aussenden.

Verwenden wir zum Beispiel eine Brieftaube, so ist sie *unser* Emittat. Verschwendet der gute Vogel auf seiner Mission ein paar Tröpfchen an Unbekannt, so ist seine Spende sein eigenes Emittat, nicht jedoch unseres. Es ist also immer darauf zu achten, wer sich wie freigebig betätigt. Hier kommt es ganz auf die Quelle an. Nur was sie geben kann und muss, nur das kommt frei. Ohne Quelle keine Emission, ohne Emission kein Emittat.

Die Antenne ist der Empfänger oder die *Senke* von Strahlung. Das Empfangen heißt „absorbieren", aufnehmen oder einverleiben von „Absorbat". Mit „Absorption" wird die Arbeit der Senke bezeichnet, das Empfangen oder Beobachten.

Wird unsere Brieftaube verbraten, so wurde sie leider falsch aufgefasst. Wird hingegen ihr Ring geöffnet und unsere Botschaft gelesen, so findet unser Emittat richtige Aufnahme und wird hoffentlich auch gebührend gewürdigt.

Hier kommt es ganz auf die Senke an. Nur was sie materiell und gegebenenfalls auch geistig verarbeiten kann, nur das wird zum Bestandteil der Senke. Ohne Senke keine Absorption und kein Absorbat. Ohne strebsames Gehirn kein Beobachter.

Findet die Strahlung keine Aufnahme, so ist ihr weiteres Schicksal sehr umstritten. Sie füllt dann zum Beispiel das Vakuum. Dort ist aber schon „nichts" und das soll freilich so bleiben. Auch dem fliehenden „nichts" rund um die Emittate des Urknalls geht es nicht besser.

Jegliches „nichts" teilt das Schicksal des leeren Raumes, von Strahlung unerbittlich bedrängt, gefüllt und damit zerstört zu werden. Sollte das Universum ganz zerstrahlen, so findet es sich nachher auf der anderen Seite, in seiner jetzigen Hülle. Aber wieder residiert das Universum dann im „nichts". Nach all den Mühen hat sich überhaupt nichts geändert.

Diesen Schwierigkeiten, zwar da zu sein, aber leer zu bleiben, entnehmen wir, dass jede Strahlung Aufnahme findet. Sie kommt aus einer Quelle und landet in einer Senke, zur Not in einer umfassenden Senke. Diesen „Ozean des Lichts" werden wir noch kennen lernen.

Unter „Strahlung" mögen wir uns vorstellen, was uns beliebt, oder schlicht als Vorstellung nicht versagt. Die einen glauben an fliegende Partikel, die anderen an schwingende Wellen, die übrigen an wechselnde Wirkungen, an Kräfte, an Energiefelder, an dienstbare Geister oder auch an gar nichts Bestimmtes.

Fest steht nur, dass irgend etwas ausgetauscht wird. Dieses irgend Etwas muss also austauschbar sein, das heißt, es wird ausgesandt, emittiert, und es kommt an, wird absorbiert. Wir behelfen uns mit der Vorstellung, dass dieses irgend Etwas zuerst ein *Inhalt* der Quelle ist, dann, nach seiner Freisetzung, zu einem *Inhalt* des

Zwischenraumes wird, und schließlich, nach seiner Einverleibung, zu einem *Inhalt* der Senke.

Der Austausch ist ein *Übergang* von *Inhalt* zwischen Quelle und Senke.

Billigen wir der Senke zu, dass sie *materiell* gegeben ist, wie etwa unser Instrument oder Auge, dann müssen wir auch zugeben, dass ihr Inhalt, der Inhalt der Senke, materieller Natur ist.

Nimmt die Senke neuen Inhalt auf, dann *macht* entweder *sie* jenes absorbierte Etwas zur Materie, welches lange zuvor die Quelle ausgesandt hat. Oder, sofern die Senke solche Leistungen *nicht* vollbringen kann, dann muss die Quelle ihrerseits schon Materie ausgesandt haben. Überdies muss in diesem Fall das ausgetauschte irgend Etwas auch unterwegs selbst als Materie Bestand gehabt haben.

Wie wir den Austausch von irgend Etwas auch drehen und wenden, seine Ergebnisse sind notwendig *materieller* Natur. Wenn der Inhalt übergeht, ist er vorher und nachher Inhalt. Sind Quelle und Senke reale Materie, so ist es auch ihr Inhalt, ganz gleich, wie er übergeht.

Wer an nichts Bestimmtes glauben mag, muss wenigstens zugeben, dass die Bestimmung des Inhalts darin liegt, immer Inhalt zu sein, zuerst in der Quelle, dann im Zwischenraum und zuletzt in der Senke. Also folgern wir, dass Strahlung einfach Inhalt im Übergang ist, zwischen Quelle und Senke *ausgetauschter Inhalt*.

Jegliches reale Verhältnis beruht auf dem *materiellen* Austausch von Inhalt *{These 3}*. Wem jetzt kulturelle oder biologische Beispiele einfallen, der oder die steht dem Leben nahe genug, um hier weiter zu denken. Dazu wünschen wir viel Vergnügen.

Wir aber plagen uns unterdessen mit den ganz elementaren Geschicken der Natur. Die Sonne fungiert als Quelle von Wärme und Licht, die Erde als Senke. Erst in diesem Verhältnis treten die Gegensätze von Tag und Nacht auf. Die Beziehung von Quelle und

Senke ist notwendig, damit die objektive Einheit der Erdrotation in verschiedene Erscheinungsweisen geteilt wird. Strahlt die Sonne nicht, so treten Tag und Nacht nicht auf. Absorbiert die Erde nicht das Emittat der Sonne, so bleiben Tag und Nacht abermals aus. Beide müssen aktiv sein, Quelle und Senke, Emittent und Absorber, damit Tag und Nacht auftreten. Das Verhältnis besagt, dass beide Körper aktiv sind. Tag und Nacht sind das Werk beider, sind ein gemeinsames Erzeugnis.

Die Einheit der Erdrotation wird nicht allein von der Erde in Tag und Nacht geteilt. Ist die Einheit der Erde auch von der Sonne abhängig, dann besagt das, dass die Erde in ihrem Dasein auch auf die Sonne angewiesen ist. Die Daseinsweise der Erde ist ihre Bewegung. Also ist ihre Bewegung auch von der Sonne abhängig.

Wir können zur Gegenprobe annehmen, die Daseinsweise der Erde sei nicht ihre Bewegung, sondern etwas anderes, etwa die bloße Existenz, und die Bewegung trete erst später hinzu.

Aber wenn die Erde existiert ohne sich zu bewegen, dann kann sie nicht als Senke aktiv sein. Damit sie das Sonnenlicht aufnimmt und verarbeitet, muss die Erde sich bewegen, und sei es auch nur, ihre Atome öffnen und schließen. Anders kann das Licht nicht absorbiert werden, als dass es in das Atom eingeht und dort eine Weile verbleibt, bevor es wieder ausgesandt wird. Selbst die Reflexion des Lichts verlangt einen solchen Vorgang, auch wenn sie mechanisch als Stoß und Gegenstoß aufgefasst wird. Der Gegenstoß kommt nämlich nicht anders als eine Emission zustande.

Tritt die Bewegung nicht erst später zur Existenz hinzu, so gehört sie untrennbar zur Daseinsweise. Finden wir keinen Unterschied zwischen Bewegung und Daseinsweise, so ergibt sich, dass Daseinsweise und Bewegung dasselbe sind *{These 4}*.

Sind beide, Tag und Nacht von der Sonne abhängig, so ist es auch ihre Einheit, die Erdrotation. Die Erde dreht sich um sich selbst, weil sie von der Sonne abhängig ist. Dass Tag und Nacht auftreten, besagt, dass zwischen Erde und Sonne eine notwendige

Beziehung besteht, notwendig für den Bestand des Planeten. Der Austausch von Strahlung ist bestimmend für das Verhältnis von Stern und Planet.

Wir folgern, wenn eine materielle Einheit in Gegensätze geteilt wird, so liegt ein solcher Austausch vor, der das Geschehen bestimmt. Treten Gegensätze auf, so müssen wir jenen dominanten Austausch finden, der zugrunde liegt. Das war der Austausch von Inhalt, haben wir zuvor eingesehen. Der Austausch von Inhalten ist somit der Ursprung von Gegensätzen *{These 5}*.

1.2 Die Substanz

Jetzt können wir vermuten, die Natur kenne Tag und Nacht gar nicht, nur unsere Betrachtung unterscheide Tag und Nacht. Wenn Tag und Nacht nur die Teile derselben einheitlichen Rotation sind, dann beinhalte die Natur nur diese eine Bewegung und könne darin keine Unterschiede machen oder hervorbringen. Eine Drehung ist eine Drehung und nichts weiter.

Nein, das ist zu kurz gegriffen. Gehen wir schrittweise vor, sehen wir genauer zu, was geschieht.

Soviel stimmt, in der Natur sind Tag und Nacht dasselbe, nämlich die Drehung der Erde um die eigene Achse. Dieselbe Erdrotation wendet ständig neue Kugelkeile der Sonne zu, sodass sie belichtet werden, und dreht zugleich die gegenüberliegenden Oberflächen der Erde in den Eigenschatten. Tag und Nacht wandern zugleich rund um die Erde, sie sind zwei Wanderer auf demselben Weg im selben Abstand. Was die beiden Wanderer verbindet und unterscheidet, das ist ihr Verhältnis zur Sonne. Der eine Wanderer, der Tag, absorbiert das Licht der Sonne, der andere, die Nacht, empfängt kein Sonnenlicht.

Allerdings sind diese Wanderer Zustände der Erde. Die Erde wird besonnt warm und im Schatten kalt, das ist eine materielle Veränderung ihrer Atome an der Oberfläche.

Besonnte Atome müssen mehr Strahlung verarbeiten als Atome im Schatten, ihre Absorption und Emission findet intensiver statt. Überhitzte Atome emittieren öfter ihren Überschuss an Strahlung oder Wärme. Auf diese Weise bewegen sie sich von der Strahlungsquelle weg, sie vergrößern ihren Abstand, sie repulsieren.

Mit „Repulsion" ist nichts weiter gemeint als die Vergrößerung des Abstands. Wir können die Repulsion auffassen als eine bloß *geometrische* Beurteilung der Bewegung. Hier sind noch keine Ursachen oder Folgen beinhaltet. Wächst der Abstand, so liegt Repulsion vor, die gegenseitige Entfernung.

Schwindet hingegen der Abstand, so lautet der Befund „Attraktion", gegenseitige Annäherung. Finden sich zwei „attraktiv", so besagt das nur, dass eine *geometrische* Annäherung erfolgt. Auch hier liegen die Gründe und Folgen noch völlig im Dunkel. Einstweilen wird nur die Distanz kleiner.

Wir haben den überhitzten Atomen allerdings eine Wirkung unterstellt. Wenn sie öfter emittieren, so setzen sie Inhalte frei. Wohin senden sie ihr Emittat?

Sie bringen es zwischen sich und die Quelle der Überlastung. Auf diese Weise repulsieren die Atome, sie füllen den Abstand mit ihren freigesetzten Überschüssen auf, sodass er an Inhalt wächst und damit auch geometrisch zunimmt.

Wahrlich eine Unterstellung, die wir gelegentlich zu prüfen haben werden, nämlich bei jeder Gelegenheit. Da ist schon eine.

Zunächst vergrößern die Atome ihren Abstand zur Sonne, und zudem ihren gegenseitigen Abstand. Das ergibt keine großen Sprünge, weil Photonen klein sind. Aber immerhin müssen die Elektronen ihre Runden ausweiten, wenn ein Photon einlangt und Aufnahme erwirkt. Also tut sich etwas, auch mechanisch oder geometrisch, wenn nichts weiter als Strahlung zu verarbeiten ist.

Die belasteten Atome repulsieren, sind aber zugleich voneinander abhängig, sie müssen weiter aus ihrer Mitte absorbieren, das ist, ihre Inhalte gegenseitig austauschen. So bleiben die Atome beisammen und der Erde treu. Die Erhaltung gelingt nur, wenn in gleichem Maße absorbiert als emittiert wird. Ansonsten gingen Inhalte verloren und folgte die Auflösung. Solange das Atom Substanz hat, muss es alte, verlorene Inhalte durch neue, kommende Inhalte ersetzen. Die Substanz besteht nur darin, dass der Austausch von altem und neuem Inhalt hinreichend gelingt *{These 6}*.

Abbildung-1 zeigt *schematisch*, wie eine Substanz arbeitet oder funktioniert. Einerseits erfolgt *Absorption*, die Aufnahme *neuer* Inhalte. Andererseits erfolgt *Emission*, die Freisetzung *alter* Inhalte. Dazwischen, innerhalb der Substanz muss die *Verarbeitung* der neuen Inhalte zur Substanz erfolgen. Mehr haben wir erst in Erfahrung zu bringen. Einstweilen sehen wir nur, wie *dynamisch* der Inhalt eines Körpers sein muss, damit er Bestand hat.

Kommen vermehrt neue Inhalte an, weil die Strahlung intensiv ist, so muss die Verarbeitung ebenso intensiv erfolgen. Das bedeutet, es erfolgt eine rasche Erneuerung der Substanz. Ein irdisches Atom, das im Licht der Sonne badet, wird darin teilweise neu, setzt seinen Inhalt neu zusammen, muss aber dann die überzähligen, alten und verbrauchten Inhalte entlassen, emittieren. Der intensiven Absorption folgt notwendig eine Emission in derselben Intensität.

Das Atom braucht dazu kein Bewusstsein, und schon gar keinen Willen, sein Regelsystem ist seine Rotationsweise und das genügt vollauf. Was in die Rotation eingeht, das wird Inhalt, was aus der Rotation ausscheidet, nicht mehr teilnimmt, das wird Emission. Der Gehalt an Inhalt entspricht jeweils der Kapazität der Rotationsweise. Die Substanz ist der Inhalt der Rotation und somit des Körpers, umgekehrt ist die Rotation die Erhaltungsweise des Körpers *{These 7}*. Wieder erhalten wir, dass die Daseinsweise die Bewegung ist, hier die Eigendrehung.

Beide Erhaltungsweisen der irdischen Atome, die Emission und die Absorption, ergeben im Resultat die Drehung der Erde. Mechanisch ausgedrückt wird peripher geschoben und zentral gezogen. Außen erfolgen Emission und Entfernung, innen erfolgen Absorption und Annäherung. Wenn außen geschoben und innen gezogen wird, so entsteht eine krumme Bahn. Eine krumme Bahn hat ein Zentrum, eine Mitte der Krümmung. Ist die *Krümmung* konstant, so ist es auch ihre Mitte, es entsteht eine Kugel als Rotationsform.

Ist der *Austausch an Inhalt* konstant, so entsteht eine elliptische Bewegung nicht um die Mitte, sondern um den Brennpunkt, wie wir dank Johannes Kepler noch sehen werden. Weil der Austausch an Inhalt konstant ist, nimmt die Erde die Form eines Ellipsoides an, sie wird zum Geoid *{These 8}*.

Die Form der Erde hat mit Kräften gar nichts zu tun. Kein Atom unterliegt einer „Flieh- oder Schwerkraft" oder dergleichen Gebietern. Keine Kraft findet ihr Opfer. Kräfte sind eine Zugabe der Physik, sie sind Maße, zählende Vergleiche von Bewegungen, nicht auch deren Ursachen. Vergleiche finden nur im Kopf statt. Er allein ist das Gehege der Kräfte.

Vielmehr muss schon jedes Atom seine Bewegung, seine Daseinsweise selbst aus sich hervorbringen. Dazu genügt der Wechsel von Absorption und Emission. Ändert sich die Erhaltungsarbeit, so ändert sich die Bewegung. Wie sehr oder wieviel, das können wir vergleichen und zählen, also messen und berechnen. Darauf beschränken sich *unsere* Kräfte, auf die wahrlich kein Atom warten könnte, selbst wenn es wollte.

Solange der Austausch an Inhalt gelingt, solange der Zuwachs infolge Absorption und die Abgaben infolge Emission einander ausgleichen, solange bewahrt die Erde ihre Substanz und damit sich als Körper. Indem sich die Erde auf diese Weise erhält, dreht sie sich.

Die Erdachse entsteht dort, wo die Intensität von Absorption und Emission nicht zunimmt, sondern gleich bleibt. Dort herrscht relative Ruhe, dort werden die Inhalte nicht vermehrt erneuert. Dort ist die Drehung am langsamsten und in der Mitte bleibt sie aus. Atome entlang der Erdachse bleiben unverändert, agieren und reagieren nicht, zumindest nicht aus dem Anlass von Licht und Schatten.

Am stärksten findet der Austausch an der Erdoberfläche statt, dort tritt die intensivste Erneuerung von Inhalten auf und somit die rascheste Bewegung, in unserem Fall jene der Drehung. Wir erhalten erstens den Austausch von Inhalt als Ursprung der Rotationsbewegung und zweitens die Geschwindigkeit als Maß des inhaltlichen Austausches *{These 9}*.

Nimmt die Geschwindigkeit zu, dann nimmt der Austausch von Inhalt zu. Die Beschleunigung beruht auf der Intensivierung des inhaltlichen Austausches *{These 10}*.

Die irdische Substanz wird außen durch das Sonnenlicht zur Erneuerung ihrer Inhalte angeregt. Die Peripherie gibt ihre Erhaltungsarbeit an das Innere des Körpers weiter. Überschüsse werden allseitig abgegeben, nach innen und nach außen. Damit werden tiefere Schichten zur Erneuerung angeregt, auch sie reagieren mit vermehrter Absorption und Emission. Was ist die Folge?

Hier können wir *nicht* den Umstand geltend machen, dass innen mehr Atome als außen anzutreffen sind. Vielmehr müssen wir diesen Umstand erklären. Warum versammeln sich die Atome in immer größerer Dichte? Sie könnten doch auch davonfliegen, sich voneinander entfernen, wenn sie vom Sonnenlicht gespeist werden? Von dort kommen doch neue Inhalte im Überfluss?

Hier können wir abermals keine Kräfte geltend machen, keine menschlichen Zutaten zur Natur. Die Erde muss es allein geschafft haben, sich zur Erde zu formen. Aber wie hat sie das getan?

Wir können auch so fragen: warum fliegen die irdischen Atome nicht in die Sonne, wenn sie von der Sonne mit neuem Inhalt versorgt werden?

So gefragt erhellt sich die Antwort. Die irdischen Atome repulsieren ja gegen das Sonnenlicht, wie uns die Erdumdrehung zeigt, wie uns Tag und Nacht belehren. Die Inhalte der Sonne werden zwar aufgenommen, aber nach ihrer Verarbeitung wieder abgegeben. Mehr noch, es bleiben nur jene Atome zusammen, die sich an dieser Erhaltungsarbeit beteiligen.

Das besagt, dass sich diese Atome *gegenseitig* versorgen und entsorgen. Die irdischen Atome weisen einen Austausch von Inhalten auf, der für ihre Erhaltung wichtiger ist als die Erneuerung von Substanz. Was die Sonne liefert, ist nicht dominant, nicht entscheidend, sondern nur zum Teil brauchbar. Kann das sein?

Wir fragen unsere Haut. Sie antwortet mit Sonnenbrand. Wir fragen die Pflanzen, sie lassen die Blätter hängen. Wir fragen die Tiere, sie dürsten. Die Sonne nimmt das Wasser von der Erde, sagen die Wolken. Also fragen wir, das Wasser kann fliegen, wo gehört es hin? Das Wasser antwortet mittels der Wolken, es fliegt nicht fort zur Sonne, es gehört zur Erde. Wir wollen wissen, aber wie macht das Wasser das? Woran entscheidet sich das? Folgt das Wasser vielleicht der Schwerkraft?

Das Wasser schweigt wie sein Spiegel. Wir müssen die Natur anders befragen.

Nehmen wir einmal an, die Erde ist flüssig. Zwar schwimmen da einige Schollen des Erdmantels mit Gebirgen herum, aber auch sie heben und senken sich wie Wellen, wenn auch behäbig wie Teig und bröckelig wie Geröll. Wann steigen die Atome in dieser Flüssigkeit auf und wann senken sie sich?

Wir können die Flüssigkeit sogar weglassen. Da sind Atome, die sich einmal voneinander entfernen, ein andermal einander annähern, das genügt. Wir können in eine Wolke schauen, oder in das Wasser, oder in einen Stein, immer gibt es Ausdehnung und Schrumpfung, also eben jene Entfernung oder Annäherung, welche die Atome untereinander aufrecht erhalten.

1.2.1 Annäherung und Entfernung

Mit den wachsenden oder schwindenden Abständen haben wir etwas eingeschmuggelt, was unser Interesse weckt, nämlich den Wechsel der Bewegung. Wenn die Bewegung nicht als Drehung stattfindet, dann besteht sie entweder aus Repulsion, aus Entfernung, oder aus Attraktion, aus Annäherung. Die Bewegung der Rotation teilt sich in Repulsion oder Attraktion, andere Bewegung ist nicht möglich *{These 11}*.

Sehr zweifelhaft, das wird uns noch beschäftigen, aber vorerst plagt uns etwas anderes:

Die Atome, die ihren Abstand verringern, die bewegen sich aufeinander zu, und jene, die ihren Abstand vergrößern, die bewegen sich voneinander fort. Wie machen sie das?

Bisher haben wir nur jene Eigendrehung anerkannt, in der sich die Substanz erhält. Jetzt schauen wir einmal zu, wie sie sich erfrischt. Da kommt neuer Inhalt angereist, etwa bei Tag Strahlung von der Sonne und bei Nacht solcher von den Sternen. Das ist doch sicher eine Annäherung, eine Bewegung, fürwahr eine richtige Attraktion. Aber wer attrahiert da wen oder was? Und schlimmer noch: wie geschieht das? Mechanisch gefragt: wird da gezogen oder geschoben? Worum feilschen wir hier?

Diese Schwierigkeiten umgehen wir erst einmal als bloße Schwierigkeiten für das Denken. Die Natur kennt derlei Mühe nicht. Wenn schon Atomteile oder Strahlung das schaffen, dann begnügen wir uns vorerst mit der Einsicht, dass sie es eben irgendwie, aber immerhin faktisch zuwege bringen. Was genau? Nun, dass sie zueinander finden oder kommen, dass sie attrahieren.

Das ist doch seltsam und bemerkenswert, die Natur kann etwas, was wir zwar auch können, aber nicht verstehen. Wir verstehen nicht, wie sich ein Atom oder Teilchen bewegt. Das halten wir einmal fest, schnüren es am Reisegepäck fest, das ist hoch wahrscheinlich wichtiger, ja unverzichtbarer Ballast.

Schöne Bescherung, unsere Reise durch Tag und Nacht hat uns nichts gebracht als einen unverdaulichen Brocken. Was hilft uns da die Geschichte?

1.2.2 Quelle und Senke

Lauschen wir ihrem fragenden Einwand. Die Reise der Erde ist doch ein historisches Erbe aus der Drehung des Urnebels, aus dem das Sonnensystem entstand?

Ja, aber das erklärt noch nicht die Drehung des Urnebels. Die zeitliche Verschiebung der Ursache ändert an ihr nichts. Der Urnebel drehte sich aus denselben Gründen wie es die Erde heute tut, oder wie es alle Körper belieben oder müssen, und so auch das Sonnensystem seit seiner Entstehung.

Die Staubteile im Zentrum absorbierten gegenseitig Strahlung und Teilchen, so vereinigten sie sich und bildeten ein wachsendes „Gravitationszentrum". Das ist eine Senke der Absorption, die mehr Strahlung aus der Umgebung aufnimmt als sie ihrerseits als Quelle in die Umgebung abgibt.

Halt, das ist schon zuviel des Schmuggelguts. Da werden Dinge eingeschleppt, die wir nicht untersucht haben. So etwas können wir nicht zulassen.

Da ist die Rede von einer Senke, die mehr nimmt als sie gibt. Gibt es so etwas überhaupt? Kann es so etwas geben? Bisher sind wir doch davon ausgegangen, dass sich Atome und Substanzen stabil erhalten, dass sie ihre Inhalte zwar im Austausch erneuern, aber nicht auch vermehren. Jetzt will es die Geschichte anders?

Gut, die Geschichte hat womöglich Recht, zumindest methodisch. Wir dürfen nicht unterstellen, dass alle Substanzen stabil sind, sich erfolgreich erhalten. Es wird solche geben, die an Inhalt abnehmen, und solche, die an Gehalt wachsen. Es gibt nicht nur einen Austausch von Inhalt, sondern auch eine Umverteilung?

Ja, solche Vorgänge müssen wir zulassen, wenn wir alle Möglichkeiten in Betracht ziehen wollen. Genau das aber müssen wir tun, um die Unmöglichkeiten heraus zu filtern.

Dieser Ansatz hilft uns allerdings einen großen Schritt weiter. Wenn es eine Umverteilung gibt, dann müssen Quellen und Senken von Inhalten auftreten, wie etwa Sonne und Erde, und in der Folge müssen Erscheinungen wie Tag und Nacht zutage treten.

Stopp, wir sind im Kreis gegangen. Wir haben das als Erklärung gefunden, was wir erklären wollten. Wir haben immer schon Quellen und Senken unterstellt oder akzeptiert, aber nie gefragt, was sie dazu macht. Das müssen wir jetzt nachholen.

Eine Quelle ist ein Körper, der seinen Inhalt abgibt, freisetzt, wenigstens seinen überzähligen Inhalt. Welche Gründe er dazu hat, das wird er uns nicht anders mitteilen wollen als mittels seiner Spende. Uns bleibt nur die Annahme, dass seine Rotation nicht allen Inhalt umfassen kann, nachdem der Inhalt erneuert wurde. Was nicht länger an der Rotation aller Teile teilnimmt, ist damit zugleich freigesetzt, emittiert.

1.2.3 Druck

Unsere Vorstellung von solchem Überschuss oder Ausschuss verzeichnet hier nicht geringe Schwierigkeiten. Unsere Brieftaube ist sichtlich baden gegangen. Ist das ein Hinweis? Wir bemühen das Wasser, dessen Quellen uns erquicken.

Der Regen füllt die Schichten im Boden, bis sie voll sind, dann quillt das Wasser hervor, und zwar dort, wo der Boden nicht dicht ist. Ist der Boden rundherum undurchlässig, dann gerät das Wasser unter Druck. Seine Moleküle rücken dann zusammen. Wir fragen, was zwischen ihnen ist oder geschieht, was den Druck ausmacht.

Zwischen den Molekülen muss es einen Austausch von Inhalt geben, sonst gibt es zwischen ihnen kein Verhältnis, haben wir oben gelernt. Wenn der Druck ein Verhältnis ist, dann ist er ein Austausch von Inhalt.

Nehmen wir einmal an, die Elektronen werden zwischen den Atomkernen ausgetauscht, das heißt, sie umrunden mehrere Kerne auf ihrer Bahn, bevor sie diese wechseln, neue Umläufe aufnehmen. Dieses Treiben macht die Atome zu Molekülen, hält sie zusammen. Irgend etwas macht die Elektronen dabei wählerisch, obwohl sie angeblich elementar sind, also kein Wahlrecht genießen. Die Wahllosen umrunden verschiedene Kerne, aber teilen sie so gewählt unter sich auf, dass möglichst Sättigung zwischen allen Kernen und Elektronen entsteht. Was verspeisen Elektronen und Kerne gegenseitig? Was macht sie satt oder nicht satt? Es kann nur die Strahlung sein, die sie untereinander austauschen.

Der Austausch von Strahlung im Atom erzeugt die „Ladung". Wird sie positiv genannt, so liegt eine Quelle vor, wird sie negativ aufgefasst, so haben wir eine Senke aufgestöbert. Auch dieser Austausch ist jedoch notwendig ein Austausch von Inhalt, weil anderer Austausch nicht möglich ist. Atomkerne und Elektronen tauschen ihre Inhalte gegenseitig aus. Dass sie „elementar" sein sollen, stört sie offenbar nicht.

Ist dieser Austausch intensiv, so entsteht Druck. Der Druck ist somit ein Maß für die Intensität des Austausches von Inhalt zwischen Kern und Schale. Hoher Druck besagt inhaltsreichen Austausch, Inhalt wird oft und umfassend ausgetauscht.

Jetzt bohren wir ein Loch in den Boden, dort, wo wir darunter Wasser unter Druck vermuten. Es schießt hervor, ein artesischer Brunnen tut sich auf. Der Druck verwandelt sich in Bewegung. Die Moleküle vergrößern ihren gegenseitigen Abstand, sie repulsieren gegen einander. Wie machen sie das?

Sie emittieren ihren inneren Überschuss. Zugleich verringern sie damit den überhitzten Austausch zwischen Kern und Elektron. Atomar kehrt wieder Ruhe ein, höhere Stabilität, indem die Moleküle fließen. Wir erhalten: was sich äußerlich bewegt, kommt innerlich zur Ruhe. Und umgekehrt: was nicht voran kommt, gerät unter Druck *{These 12}*.

1.3 Die Erhaltung

Was wir da postulieren, ist eine „Sehnsucht" des Körpers nach innerer Ruhe. Dürfen wir das?

Jede Substanz versucht sich möglichst stabil zu erhalten, und verwendet dazu die Bewegung. Die Bewegung ist der Weg zur Ruhe *{These 13}*.

Wie das funktioniert, das haben wir eigentlich schon erfahren. Bei *Mangel* an Inhalt öffnet sich die Rotationsweise und nimmt neue Teile auf. Das ist der Vorgang der Absorption, der Einverleibung von neuem Inhalt. Er ergibt die Annäherung an die Quelle, die Bewegung der Attraktion. Das Trennende wird von der Substanz aufgenommen.

Bei *Überschuss* an Inhalt öffnet sich die Rotationsweise und entlässt alte Teile. Die Emission zeitigt die Entfernung, die Bewegung der Repulsion. Das Trennende wird vom Körper hervorgebracht.

Wenn wir unterstellen, dass die alten Teile *verbraucht* sind, dann unterstellen wir auch, dass der Inhalt im Körper umgebaut, zerlegt und angepasst wird. Das Atom verarbeitet oder verdaut die Strahlung, die es aufnimmt, und gibt den Rest ab.

Anders würde es keinen Sinn machen, Inhalt auszutauschen. Wenn der Inhalt immer gleich bliebe, dann könnte er auf keine Weise ausgetauscht werden. Jeglicher Austausch machte dann keinen Unterschied zwischen Vorher und Nachher, der Inhalt bliebe immer gleich.

Das aber hätte zur Folge, dass es keine Strahlung gäbe. Sie bliebe aus und könnte nicht aufgenommen werden. Tritt hingegen Absorption auf, sehen wir zum Beispiel irgend etwas, so gibt es die Strahlung, den Austausch der Inhalte, und folglich auch die Erneuerung der Inhalte.

In der Physik gelten Elektronen zwar als elementar, als unveränderlich, zugleich wird ihnen aber zugemutet, Photonen aufzunehmen und abzugeben. Das geschieht so regelmäßig, dass aus dem Spektrum des Atoms, aus der Farbverteilung seines Lichtes, abgelesen werden kann, wie es sich stabil erhält und dazu fortbewegt.

Hier ist anzumerken, dass ein Inhalt *veränderlich* sein muss, wenn er wächst und schwindet. Wenn das Elektron Licht aufnimmt oder abgibt, dann verarbeitet das Elektron das Licht, erstens zu sich selbst, zu seiner Körperlichkeit als Elektron, zweitens zur Versorgung und Entsorgung des Atomkerns, und drittens zur Bewegung aller beteiligten Partner.

Auch das Licht kann nicht elementar sein, sonst würde es sich seiner Verarbeitung widersetzen. Seine Verarbeitung, sein Austausch machte dann keinen Unterschied im Elektron oder Atom. Was aber keinen Unterschied hervorbringt, das wirkt nicht, das bleibt unwirklich.

Wirklich hingegen ist die Aufnahme und Abgabe von Licht durch alle Atome. Sie alle sind Quellen und Senken von Licht, verarbeiten also das Licht in ihrem Inneren zu ihrer Körperlichkeit und zudem zu ihrer Bewegung. Sendet das Atom Licht aus, so entfernt es sich. Ein emittierendes, strahlendes Atom eilt von der Quelle fort. Empfängt das Atom Licht, so nähert es sich. Ein absorbierendes, Strahlung einverleibendes Atom bewegt sich zur Quelle.

Jetzt müssen wir noch einsehen, dass jedes Atom beide Erhaltungsweisen seiner Substanz ständig aufrecht erhält und untereinander abwechselt. Während ein Atom einerseits emittiert, absorbiert es andererseits, und das vielfältig. Es ist nicht nur von Quellen umgeben, sondern auch von Senken. Allen diesen Austauschpartnern muss es entsprechen, um stabil zu bleiben. Umgekehrt genügen nur alle diese Partner gemeinsam zur Erhaltung des Atoms.

1.3.1 Das Milieu

Damit erhalten wir ein Milieu. Kein Körper ist allein stabil, sondern nur im Verhältnis zu allen anderen Körpern, mit denen er einen Austausch von Inhalten unterhält. Die Strahlung ist das, was die Welt zusammenhält. Wir müssen nur jenes „Innerste“ weglassen, das Johann Wolfgang Goethe suchte. Ist der Austausch zu intensiv, so erfolgt die Bewegung der Entfernung. Ist der Austausch zu gering an Inhalten, so erfolgt die Bewegung der Annäherung.

Kommt es zur relativen Stabilität, so stimmt mit der erreichten Dichte die Intensität des Austausches. Die Erneuerung des Inhalts stimmt dann bei allen beteiligten Partnern überein. Sie alle rotieren erfolgreich und stabil. Ihr Verhältnis ist dann harmonisch.

Was Harmonie ist, das lehrt uns am schnellsten die Musik. Sie ist jenes Verhältnis der Substanzen, das die Luft vermittelt. Bleiben die Substanzen stabil, so bleiben es die Luft, unsere Trommelfelle und auch unsere Nervenzellen. Das empfinden wir als harmonisch, als anregend und ausgleichend zugleich.

Gibt es hingegen zwischen den anderen Substanzen und der Luft einen Austausch, der sich atomar nicht ausgleicht, so registrieren wir Spannung. Die Elektronen kehren nicht dorthin zurück, wo sie herkommen. Jedes Geräusch belehrt uns über den Zustand der Quelle, weil wir diesen Zustand absorbieren und verarbeiten, also in der Tat auswerten.

1.3.2 Die Gravitation

Wird der Austausch von Inhalten intensiver, so erfolgt die Beschleunigung. Beim Stoß, bei einer Zündung oder Explosion ist der Austausch anfangs am intensivsten, später nehmen Austausch und Geschwindigkeit ab, bis beide verebben. Anders beim freien Fall, bei der Gravitation. Da nimmt der Austausch zu und mit ihm die Geschwindigkeit der Annäherung. Das Fallen wird immer schneller. Warum?

Da dürfen und müssen wir vermuten, dass der Austausch von Inhalten zu keinem stabilen Ergebnis führt. Die körperliche Erhaltung misslingt offenbar. Die Erneuerung der Inhalte führt zu keiner Sättigung.

Entweder können die alten Inhalte nicht ersetzt werden, oder sie können nicht ausgeschieden werden. In beiden Fällen wächst der fallende Körper an unbrauchbarem Inhalt an. Er wird gehaltvoller, aber dieser Gehalt ist ungeeignet, kann nicht verarbeitet werden. Es kommt zu keiner stabilen Rotationsweise, zu keiner Trennung von Innen und Außen, zu keiner selbständigen Bewegung. Die Bewegung des „freien Falls" ist nicht frei, sondern unfrei, unselbständig. Während aus der Quelle wachsend absorbiert wird, bleibt die Emission aus oder erfolgt nicht auch gegen die Quelle.

Diese Vermutung prüfen wir am Ergebnis. Das Fallen führt zur Vereinigung von Quelle und Senke. Die Senke zerplatzt beim Aufprall und ihre Teile werden nach und nach von der Quelle verschluckt. Also war die Quelle immer dominant. Sie hat die Art und Weise des Austausches bestimmt und damit das Geschick der Senke. Die Senke hat nur einen Ausflug unternommen und kehrt zur Quelle zurück, wenn ihr Überschuss an Inhalt verbraucht ist.

Zur Untermauerung dieses theoretischen Gebäudes bemühen wir wieder das Wasser. Wir mögen richtig feste Fundamente.

Das Wasser nimmt das Licht der Sonne auf und erwärmt sich dabei, das heißt, das Wasser intensiviert den Austausch von Strahlung zwischen seinen Molekülen. Daraufhin verdunstet es und hebt sich vom Boden oder Meer ab. Unser Fundament verduftet. Das wird Folgen haben.

Die Moleküle kommen gerade so weit, als dass sie erkalten. Ihr innerer Austausch erkaltet und erfriert, kommt für einen Moment zum Stillstand. Das ist der Wendepunkt der Bewegung, aus dem Steigen wird das Fallen. Was geschieht hier?

Die Moleküle steigen solange auf, als ihre Emission von Strahlung das ermöglicht und erfordert, das heißt, sie entfernen sich solange von anderen Molekülen, hier auch von jenen der Luft, bis der gegenseitige Abstand zur eigenen Erhaltung hinreicht. Der Aufstieg ist der Repulsion geschuldet, der Erhaltung mittels Emission.

Dann aber ist der Überschuss an Strahlung verbraucht, an die Luft abgegeben, und eine weitere Versorgung für die „gehobene Position“ bleibt aus. Das Licht der Sonne genügt nicht zur Erhaltung.

Der Nachschub an geeigneter Strahlung erfolgt lediglich vom Boden her, nur von der Erde, ist aber nur ausreichend für ein Dasein eben dort. Also absorbiert das gehobene Molekül nach Kräften, das ist, so wie eh und je, weil es nicht anders kann, aber diesmal vom Boden als Quelle. Damit fällt es, kehrt es zurück in sein gewöhnliches Dasein zwischen den gleichartigen Molekülen. Der Abstieg oder Fall ist der Attraktion geschuldet, der Erhaltung mittels Absorption.

Während seiner Rückkehr sammelt das Molekül jedoch Strahlung aus nur einer Richtung, im Sprachgebrauch aus der Erdmitte, obwohl es zu seiner Erhaltung rundum versorgt und entsorgt werden müsste. Der allseitige Austausch von Inhalt bleibt aus, es dominiert der einseitige, der gerichtete Austausch.

Das führt zur Beschleunigung bis hin zum ungebremsten Aufschlag. Das Wasser, das den fallenden Tropfen aufnimmt, springt auf, schlägt Wellen, verarbeitet rundum den Überschuss an *einseitigem* Austausch, bis er wieder *allseitig* geschieht und damit zur Ruhe kommt.

Die Wellen an der Oberfläche, die sich kreisförmig gleichmäßig ausbreiten, zeigen, dass alle Moleküle im Wasser gleichartig an der Verarbeitung beteiligt werden. Jedes Molekül erhält gleich viel Überschuss, verarbeitet ihn auf gleiche Weise, und gibt in der Folge gleich viel Strahlung wieder ab. Der jeweils gleichen Emission entsprechen die gleichen Wellenberge, nämlich die gleichen Entfernungen der Moleküle.

Der jeweils gleichen Absorption entsprechen die gleichen Wellentäler, nämlich die gleichen Annäherungen der Moleküle. Je erfolgreicher die Verarbeitung gelingt, desto mehr breitet sie sich aus, desto seichter und weitläufiger werden die Wellen, weil immer mehr Moleküle teilnehmen. Am Ende der Verarbeitung ist das Wasser eben gegen die Luft, beide Substanzen ruhen in sich.

Es ist aber nicht die unbeteiligte Erdmitte, die hier zu Unrecht einer Wirkung bezichtigt wird, sondern lediglich Wasser und Luft sind am Werk. Dieselbe Menge an Strahlung, die *vor* dem Aufstieg gesammelt wird, wird *im* Aufstieg vom Wasser verbraucht und freigesetzt, nämlich an die Luft abgegeben. Zuerst erwärmt sich das Wasser, beim Aufstieg des Wassers erwärmt sich die Luft. Der Grund ist der Strahlungshaushalt der Erde. Sie gewinnt an Inhalt aus der Sonne, und verteilt den Überschuss zwischen Wasser und Luft.

Am Wendepunkt zwischen Aufstieg und Fall der Wassermoleküle ist aller Überschuss aus der Sonne an die Luft abgegeben. Die Luft könnte nun abheben und sich mit dem Gewinn davonmachen. Das tut sie auch.

Sie kann jedoch das erkaltete Wasser nicht versorgen. Das Wasser beginnt intensiv zu absorbieren, zuerst aus der Luft, die aber zur Erhaltung versagt, dann aus dem Boden. Die Wärmestrahlung des Bodens ist jedoch nur eine Leihgabe, sie wird zum Boden zurück gebracht.

Dabei wird auch der Luft jene Wärme wieder entzogen, die ihr im Aufstieg vom Wasser überantwortet worden war. Die Luft wird vom Nebel und vom Regen gekühlt. Bei der Rückkehr des Wassers wird der ursprüngliche Überschuss aus der Sonne erneut eingesammelt und schließlich der Erde zurück gegeben.

Auf diese Weise erhält sich die Erde als Körper stabil, auch wenn einige Teile vorübergehend auf Reisen sind, seien sie nun Luft oder Wasser, oder Gebirge oder Flugzeuge, oder bloß wir selbst.

1.3.3 Die Wurfparabel

Wir können zur Probe einen Stein werfen, er tut nur dasselbe. Er folgt einer „Wurfparabel". In diesem Beispiel haben wir über die Nahrung Strahlung aus der Sonne in den Muskeln gespeichert und beim Werfen dem Stein einverleibt, der sie verarbeitet und der Erde zurück bringt.

Verwenden wir mehr Hitze, eine Kanone und Zündstoff, so übertragen wir die Emission des Pulvers auf das Geschoss. Es steigt auf, solange es gegen den Boden emittiert, und fällt, solange es aus dem Boden absorbiert.

Alle irdischen Atome und Moleküle verhalten sich gleichartig, weil alle gleichartig emittieren und absorbieren. Unsere mechanischen Techniken sind nur Umwege im Wärmehaushalt des Planeten.

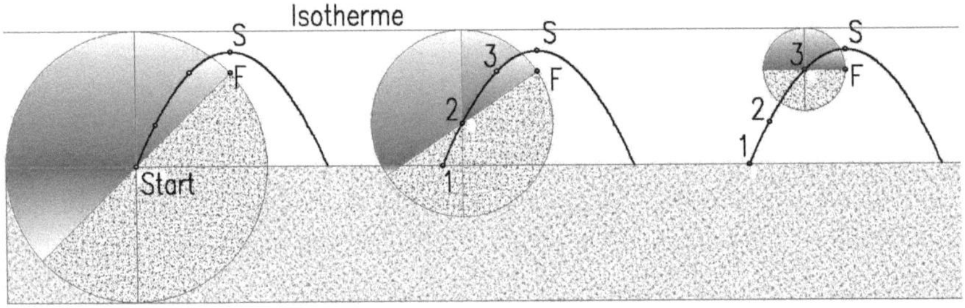

Abbildung-2 zeigt, wie ein *Ausflug* von der Erdoberfläche erfolgt. Da das irdische Atom keine Kräfte zur Verfügung hat, muss es die Parabel seiner Bahn ohne menschliche Zugaben hervorbringen. Dazu stehen ihm nur Emission und Absorption bereit. Das genügt allerdings, wie sich gleich zeigen wird.

Am Start emittiert das Atom heftig, vor allem gegen den Boden. Es absorbiert ebenso heftig aus der Luft. Seine Erhaltungsarbeit reicht bis zum thermischen Horizont, der „Isotherme" des Wurfs. Weil die Erde im Vergleich sehr groß ist, ist dieser Horizont so waagrecht wie der Erdboden. In dieser oberen Luftschicht endet die gesteigerte Absorption des Atoms, dort ist der irdische Wärmehaushalt wieder allseitig ausgeglichen.

Die Emission und die Absorption des Atoms müssen einander ausgleichen, sonst verliert das Atom an Substanz. Deshalb sind die beiden Halbkugeln seiner Erhaltungsarbeit jeweils gleich groß. Die Absorption ist *diffus* dargestellt, die Emission *körnig*, das aber nur grafisch. Was das überhitzte Atom austauscht, das ist Wärme.

Auffällig ist, wie sich die Erhaltungsarbeit des Atoms teilt. Die Trennung der Arbeit erfolgt nicht wie mechanisch erwartet im rechten Winkel zur Bahn, auch nicht waagrecht, sondern in einer schrägen Ebene zwischen Start und Brennpunkt F der Parabel.

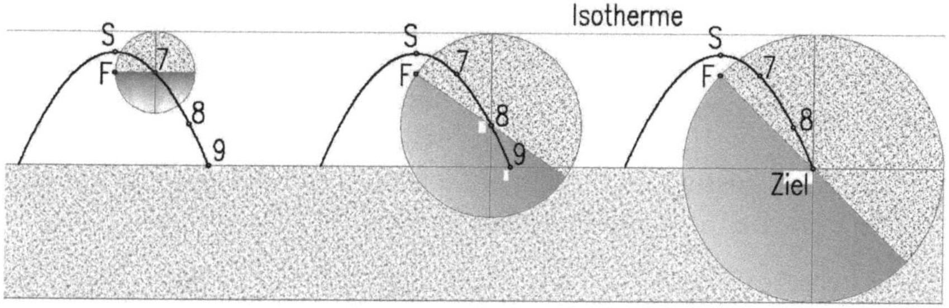

Abbildung-3 zeigt, dass sich dieser Brennpunkt im Lauf des Geschehens als der *Drehpunkt* der gesamten Bewegung erweist. Alle Kugeln der Erhaltungsarbeit drehen sich um diesen Brennpunkt. Immer erfolgt *hier* die Trennung von Absorption und Emission. Immer sind hier beide gleich Null.

Nur hier kann die Erhaltungsarbeit wechseln, also kann sie sich auch nur hier drehen oder wenden. Deshalb teilen sich alle Kugeln an diesem Punkt. Der *Brennpunkt* ist der Wendepunkt jeder *Erhaltungsarbeit* und deshalb auch der *Drehpunkt* der Bewegung.

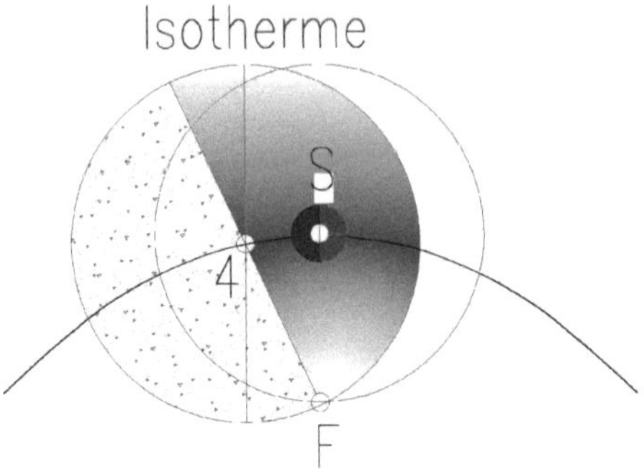

Abbildung-4 Im Aufstieg des Atoms werden die Kugeln kleiner, bis sie am Scheitel S zugleich Isotherme und Brennpunkt erreichen. Dort wendet sich die Absorption des Atoms der Erdoberfläche zu, sein Fallen beginnt.

Der *Scheitel* ist der *Wendepunkt* der Bewegung, weil sich dort das Verhältnis zur Erde umkehrt.

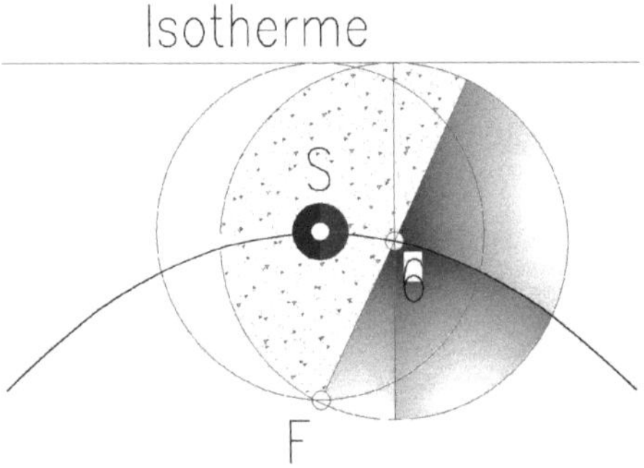

Abbildung-5 Im Aufstieg war die *Emission* der *eigenen Überhitzung* dominant. Im Fall überwiegt die *Absorption* der Erdwärme. Die Absorption erzielt keine Stabilität, weil sie nicht allseitig, sondern hauptsächlich von unten erfolgt. Sie wächst an. Die Emission wird entsprechend gesteigert. Sie beruht jetzt auf den Überschüssen, die aus der Verarbeitung der *Erdwärme* entstehen.

Die Erhaltungsarbeit erfolgt zunehmend bis zum Aufschlag. Sie endet jeweils wieder an der Isotherme und in gleichem Abstand am Brennpunkt. Auch im Fall erfolgen Drehung und Trennung der jeweiligen Erhaltungsarbeit am Brennpunkt.

Wo Emission und Absorption einander ausgleichen, ineinander übergehen und auseinander hervorgehen, dort herrscht relative Ruhe zur Umgebung, dort endet die Arbeit des Atoms. Das ist jeweils im Brennpunkt F gegeben. Er ist der Ruhepunkt in der Erhaltungsarbeit des Atoms. Der *Ruhepunkt* in der Erhaltungsarbeit ist abermals der *Drehpunkt* der Bewegung.

Die andere Zone der Ruhe beginnt an der Isotherme, am thermischen Horizont. Er ist die „Leitlinie“ der Parabel. Geometrisch ist eine Parabel dadurch definiert, dass alle ihre Punkte jeweils gleichen Abstand vom Brennpunkt und von der Leitlinie aufweisen. Dem entsprechen die jeweils gleichen Radien der Erhaltungsarbeit. Die Verarbeitung der Wärme nimmt im Steigen ab, im Fallen wieder zu, aber immer sind die Abstände zur Ruhe gleich groß.

Das Atom bringt die Parabel aufgrund seiner Erhaltungsarbeit aus sich hervor. Wo die Erhaltungsarbeit endet, dort ist die Leitlinie der Parabel. Wo sich die Erhaltungsarbeit wendet, dort endet und ruht sie ebenso. Dort entsteht der Brennpunkt der Parabel.

Wir merken, es sind *keine* Kräfte gefordert zur Genese der Bewegung und der Bahn. Umgekehrt sind die Kräfte keine Ursachen, sondern lediglich Maße der Bewegung. Ursache ist allein die Erhaltungsarbeit, allein der Wechsel von Absorption und Emission.

1.4 Die Verbindung

Wenn sich alle irdischen Moleküle gleichartig erhalten, dann ist die Verbindung zwischen Meer, Luft, Wolke und Boden immer intakt und wirksam. Diese Verbindung besteht im Austausch von Inhalten, von Strahlung. Der Austausch von Inhalt wird nie unterbrochen, sondern immer nur den jeweiligen Erfordernissen der Erhaltung angepasst.

Dabei sind hauptsächlich *zwei* Quellen von Strahlung am Werk, die Sonne und die Erde. Wir dürfen folgern, dass auch *zwei* Arten von Strahlung wirksam sind, das ist, ausgetauscht werden. Die Strahlung der Sonne ist das Licht und die Strahlung der Erde ist die Wärme.

Die Wärme gilt zwar als „chaotische“ Bewegung der Moleküle, aber das ist ganz verkehrt. Das ist geistlose Statistik. Erst die Verarbeitung der Wärmestrahlung *ergibt* die Bewegung. Die Bewegung ist Wirkung, der Wärmehaushalt ist Ursache. Zudem ist die erzeugte Bewegung keinesfalls chaotisch, wie uns die Wurfparabel gelehrt hat, sondern jedem Photon getreu. Wie soll denn ein Atom „chaotisch" sein, das sich stabil erhält und nur aus diesem Grund bewegt?

Wärme und Mechanik sind nicht nur „gekoppelt", sondern kausal verbunden. Die Mechanik ist die Wirkung der thermischen Erhaltungsarbeit. Der Umstand, dass sich der Wärmehaushalt in mechanische Bewegung verwandelt, besagt auch, dass Wärme niemals verloren geht, auch als Strahlung nicht. Kein Inhalt geht verloren, jeder Inhalt wird ausgetauscht und damit erhalten.

Das macht die Wärme aber nicht „gesetzmäßig", wie wir jetzt vielleicht denken. Was wir uns als „Gesetze" der Natur vorstellen, das ist immer nur eine Regelmäßigkeit, die wiederholt in unseren Vergleichen mit dem Leben auftaucht. Wir sprechen besser von einer „kausalen Verbindung", wenn wir eine Ursache erkannt haben. Damit ist auch ausgedrückt, dass es sich lediglich um *unsere* Beurteilung von *Materie* handelt, nicht auch von Natur.

Weil das Licht der Sonne auch wärmen kann, gibt es den Kreislauf des Wassers. Weil aber das Licht der Sonne die Wärme der Erde nicht ersetzen kann, gibt es die „Schwerkraft" oder „Erdbeschleunigung" oder „Gravitation".

Alle drei Größen sind Maße derselben Bewegung, nämlich jener, die der Rückkehr in die Versorgung mit irdischer Wärme entspricht. Die vermeinte „Anziehungskraft" der Erde ist in Wahrheit die Attraktion des gehobenen Moleküls, ist *dessen* absorbierende Erhaltungsarbeit *{These 14}*.

Es wird nicht von *unten* „gezogen", die Quelle hat keine Haken oder Netze, sondern es wird *oben* absorbiert, die Senke gleicht ihren Mangel an Substanz aus. Die *eigene* Aktivität der Senke bringt sie zur Quelle zurück. Oben wird gearbeitet, nicht unten. Die Quelle sieht keine Senke, die Quelle ignoriert jede Senke. Alle Senken sind für eine Quelle unwirklich, weil sie nicht wirken.

Wenn Galaxien und Sterne vermeintlich aneinander „ziehen“, dann werfen sie ebenfalls keine Kräfte, Fernwirkungen, Gravitationswellen oder andere Notbehelfe unserer hilflosen Vorstellung aus, sondern sie absorbieren schlicht jene Inhalte, die sie zur Erhaltung brauchen.

Wie gut ihnen dieses Unterfangen gelingt, das beweisen sie mittels ihrer Erscheinung, das ist, mittels des Lichtes, das sie *nach* erfolgter Erhaltungsarbeit emittieren. Zugleich stellen die Himmelskörper damit gegenseitig jene Inhalte bereit, die sie zur Erhaltung brauchen. Sie alle füllen ihren Zwischenraum mit jener Strahlung, welche der allgemeinen Versorgung dient.

Dabei finden sich zuweilen Partner im Austausch, wenn der ausgetauschte Inhalt auf beiden Seiten entspricht. Was die Quelle gibt, wird von der Senke aufgenommen, dann wechselt das Verhältnis, nämlich der Austausch von Inhalt. Aus der Senke wird eine Quelle, und umgekehrt.

Solche Partner bleiben zusammen, sie bleiben äquidistant, sie bilden eine rotierende Struktur, einen körperlichen Verband. Innerhalb einer Struktur gleichen sich Absorption und Emission gegenseitig aus. Deshalb gleichen sich auch „Gravitation“ und „Fliehkraft“ aus, also Annäherung und Entfernung. Beide finden nämlich nicht mehr statt.

Die ewigen Rätsel der „Fernwirkung“ tun sich nur auf, wenn mit der *halben* Erhaltungsarbeit gerechnet wird, weil auf die andere Hälfte vergessen wird. Zwar wird jeder „Masse“ eine „Anziehungskraft“ zugesprochen, eine Gravitation, aber sie ist nur die halbe Arbeit, nämlich jene der Absorption. Dieselbe Masse bleibt kein Körper, keine Struktur, kein Verband von Quellen und Senken, wenn sie nicht auch emittiert. Der Absorption muss die Emission entsprechen, sobald ein Körper vorliegt.

Die ganze Erhaltungsarbeit liefert allerdings stabile Verbände, Substanzen. In einer Substanz ist alles „untergetaucht“, was wichtig zur Erhaltung ist, und zwar in der Form. Im Inneren der Form sind Absorption und Emission vereint. Alle Teilnehmer am Verband ver- und entsorgen sich gegenseitig. Von außen ist *keine* wesentliche, keine *substanzielle* Absorption mehr erforderlich. Sie findet nur mehr *unwesentlich* statt.

Stabile Galaxien fressen eben *nicht* gegenseitig ihre Sterne und Wolken. Wir unterstellen ihre unveränderte, immer währende Gravitation nur deshalb, weil wir uns methodisch mit dem halben Maß der Bewegung begnügen. Die Allgegenwart der unersättlichen Gravitation ist ein Fauxpas der Methode *{These 15}*. Da lebt die Kraft ohne ihre materielle Ursache fort, sie wird zum Gespenst. In Wahrheit erlischt mit der *ursächlichen* Absorption auch die *erwirkte* Attraktion, und somit deren *Maß*, die Gravitation.

Nach außen erfolgt auch *keine* wesentliche *Emission* mehr. Das Licht der Galaxien lässt nicht nur uns kalt und im Dunkeln, sondern auch die Milchstraße. Die Galaxien drehen sich und ihre Runden, ihre gemeinsame Struktur ist nahezu stabil.

Warum sehen wir das nicht? Warum sehen wir das anders? Warum glauben wir nur an eine Materie, die knallt und expandiert, während sie frisst? Ist das nicht eine Projektion des herrschaftlichen Beutegängers?

1.4.1 Die Hintergrundstrahlung

Befragen wir den duldsamen Zwischenraum. Was geschieht zwischen den Strukturen, sofern sich keine Partner finden?

Dort verweilt der ausgesandte Inhalt, solange er frei ist, nämlich noch auf Reisen zwischen Emission und Absorption. Frei gekommener Inhalt ist allerdings kalt und dunkel, bis er gesehen, das heißt, bis er absorbiert wird. Ohne Absorption kann ein emittierter Inhalt nicht wahrgenommen werden. Er bedarf der Senke, um zu wirken, um wirklich zu werden.

Sogar die „Hintergrundstrahlung“ muss zuerst absorbiert, vom Empfänger einverleibt werden, bevor sie entdeckt und als wirklich anerkannt werden kann. Sie gilt in der Physik zwar als Relikt und Beweis des Urknalls, muss aber in Wahrheit ständig neu erzeugt werden, solange die Quellen ein wenig aktiver als die Senken sind.

Die Hintergrundstrahlung ist sehr kalt, nämlich drei Grad Kelvin über dem „absoluten" Gefrierpunkt aller Substanzen. Wenn eine Substanz gefriert, dann kommt ihre Erhaltungsarbeit zum Erliegen. In der Folge vereinigen sich ihre Teile gesondert.

Der Umstand der großen Kälte besagt, dass die Quellen in der Tat nur wenig aktiver sind als die Senken. Die Emission überwiegt die Absorption nicht wesentlich. Den letzten Rest der Emission schlucken die Aufnahmegeräte, welche die Hintergrundstrahlung absorbieren und messen.

Setzen wir voraus, dass irdische Atome fremdes Licht absorbieren und verarbeiten können, so ergibt sich, dass die Emission ferner Quellen fast unwirksam ist, weil sie zu mager ist, zu selten gespeist wird.

Daraus folgt, dass fast alle Himmelskörper Teil von stabilen Strukturen sind. Fast alle Strahlung wird lediglich innerhalb der Verbände ausgetauscht. Fast keine Strahlung bleibt frei, solange es Strukturen gibt, körperliche Verbände. Wir erhalten als Ergebnis, dass das Universum strukturiert ist *{These 16}*, wenigstens in jenem Umfeld, aus dem wir Hintergrundstrahlung aufnehmen können.

1.4.2 Das Werden

Wir aber wollten den Zwischenraum erkunden. Wir fragen erneut, was geschieht *zwischen* den Strukturen?

Kann eine Quelle ihren Inhalt so weit fort werfen oder schleudern, dass er bei irgend einer späteren Senke ankommt, die ihn dann vielleicht aufnimmt, falls er dazu geeignet ist?

Nein, keine Quelle kann das, denn die Emission verebbt mit der Entfernung, ihre Wirkung erlischt. Auch kann eine Emission niemals gezielt erfolgen, denn, wie gesagt, Quellen sehen keine Senken. Aber was kommt nach dem Erlöschen der Emission? Wie kommt ein emittierter Inhalt selbst voran? Wie bewegt sich Strahlung?

Nach dem Abbau des Überschusses setzt das Fallen ein, die Absorption aus neuen Quellen. Auch der freigesetzte Inhalt ist nicht anders auf Reisen als die Körper es sind. Allerdings bleibt die Strahlung unter sich, solange keine körperlichen Senken auftauchen, das ist, solange deren Absorption nicht einsetzt. Also muss die Strahlung unter sich Inhalte austauschen. Wie macht sie das? Wie können emittierte Inhalte selbst und weiterhin Inhalte austauschen?

Nehmen wir zur Gegenprobe zuerst einmal an, die Strahlung kann *keine* Inhalte unter sich austauschen. Die Folge ist, dass sie ruht. Ohne Emission gibt es keine Entfernung, ohne Absorption keine Annäherung, ohne beide Erhaltungsweisen gibt es keine Bewegung.

Ruht aber die Strahlung, nachdem sie erkaltet ist, so versagt ihre Erhaltungsweise. Die Strahlung zerfällt in Teile, sie löst sich auf, sofern sie Teile hat. Hat die Strahlung hingegen *keine* Teile, ist sie unteilbar, dann kann sie sich nicht mitteilen, sie kann nicht aufgenommen und verarbeitet werden. Sie ist dann unwirklich. Unteilbare Strahlung gibt es nicht, wirkliche Strahlung ist teilbar. Somit löst sich Strahlung auf, wenn ihre Erhaltungsarbeit ausbleibt. Wir können auch sagen, sie verdünnt sich, je mehr sie ruht.

Dieser Vorgang kann nicht gestoppt werden. Die Strahlung löst sich solange auf, bis eine gegenseitige Absorption einsetzt, und damit neue Erhaltungsarbeit. Absorbiert sich aufgelöste Strahlung gegenseitig, so egalisiert sich alle Strahlung, sie wird homogen, kalt und dunkel.

Die Strahlung bildet jene Hintergrundstrahlung, die überall gleichartig anzutreffen ist. Dieser dunkle, ruhende Ozean aus erkalteter Strahlung ist das Medium, in dem sich sichtbares Licht als

Welle fortpflanzt *{These 17}*. Wie das vonstatten geht, das werden wir noch beleuchten.

Wir sind nur gewohnt, mit Festkörpern, Flüssigkeiten oder Gasen umzugehen. Schon das „Plasma“ ist uns nicht vertraut, in dem atomare Verbände aufgelöst sind. Gänzlich unvorstellbar erscheint uns, dass Materie auch noch *wesentlich* anders sein könnte. Was sollen wir uns darunter vorstellen?

Es handelt sich um den Aggregatszustand des Werdens.

Die Teilchen lösen sich in Strahlung auf, die Strahlung verdünnt sich ihrerseits, wird homogen. Dann erreicht die Auflösung eine andere Region, in der dasselbe geschieht. Auch dort verdünnt sich Strahlung und wird homogen, gleicht ihre Unterschiede immer mehr aus.

Bei der Begegnung der dunklen Ozeane kommt es zu einer Durchdringung, womit die gegenseitige Absorption einsetzt. Neue Teilchen entstehen, zuerst nur vorübergehend. Das Vakuum erzeugt „virtuelle“ Teilchen, sagt die Vakuumphysik.

Dann entstehen öfter Teilchen, die ihre Unterschiede bewahren, deren Erhaltungsarbeit einsetzt und gelingt. Mit den neuen Substanzen taucht die *Dauer* auf, die Fortsetzung der Erhaltungsarbeit. Sie ist der Rotation geschuldet, der Vereinigung von Absorption und Emission.

Mit der Rotation setzt die Körperlichkeit ein, die Erhaltung und Mehrung der Substanz, sowie ihre Bewegung. Quellen und Senken bilden sich aus, entfernen und nähern einander, ordnen sich zu Strukturen. Das Universum entsteht, wird so, wie wir es antreffen.

Das aber geschieht unentwegt. Das Werden vereint Anfang und Ende. Es lässt weder einen ersten Anfang zu, noch ein letztes Ende. Gibt es das Werden, so gibt es nur solche Anfänge und Enden, die ineinander übergehen und auseinander hervorgehen. Das sind alle Anfänge und Enden.

Gibt es das Werden, so gibt es nur alle Anfänge und Enden zugleich. Sie sind dann alle nur Teile desselben Werdens. Gibt es das Werden, so bleibt es, wie es ist. Es kann nur so anfangen, dass es zugleich aufhört. Das bringt das Werden so zuwege, indem das Alte vom Neuen abgelöst wird, indem sich das Alte in das Neue verwandelt. Das Werden ist der Wandel von Alt und Neu *{These 18}*.

Gibt es *kein* Werden, so bleiben jeder Anfang und jedes Ende aus, dann gibt es weder Anfang noch Ende. Dann gibt es auch nicht Alt und Neu, dann gibt es keine Entwicklung. Gibt es Alt und Neu nicht, so gibt es keinen Austausch von Inhalt, keine Strahlung, keine Quellen und Senken, keine Rotation, keine Bewegung. Dann gibt es auch Tag und Nacht nicht, keine Erhaltungsarbeit, keine Daseinsweise. Gibt es keine Daseinsweise, so gibt es auch kein Dasein. Uns gibt es dann auch nicht, kein Leben und Denken, überhaupt keine Materie.

Ohne Werden gibt es nur das Postulat eines Nichts, das alles sein soll. Dieses Nichts macht allerdings nicht nur das Postulieren zunichte, sondern auch dessen selbstvergessenen Urheber. Umgekehrt macht der Urheber sein Postulat zunichte, das Nichts.

Nur was geworden ist, kann gegeben sein, vom Denken aufgestöbert und beurteilt werden. Will das Denken ein Sein, das nicht geworden, sondern nur gegeben ist, so verlangt das Denken einen Gegenstand ohne Werden, einen absoluten Gegenstand.

Der absolute Gegenstand des Denkens ist jedoch auch vom Denken absolut, losgelöst, abgehoben, das heißt, er kann vom Denken nicht erfasst werden. Dieses Denken fordert etwas Undenkbares als Gipfel seiner Kreation, ist also absurd.

Ist das Werden notwendig gegeben, so ist es notwendig der allgemeinste Aggregatszustand der Materie. Freigesetzter Inhalt ist solche Materie, ist Materie im Werden *{These 19}*.

1.4.3 Die Entfernung

Kehren wir zurück in vertrautere Gefilde. Wir wollen näher erkunden, was zwischen den Strukturen wirklich geschieht.

Die Emission erwirkt die Entfernung der Körper. Was wirkt, ist wirklich. Also muss die Emission wirklich sein. Auch was erwirkt wurde, muss wirklich sein, sonst wurde es ja nicht erwirkt. Also muss auch die Entfernung wirklich sein. Schauen wir zur Sicherheit nochmals nach. Was sehen wir?

Die Emission muss zwar wirken, als Ursache der Entfernung tätig und im Gange sein, aber die Emission selbst kann ebenso wenig wahrgenommen werden wie die Entfernung.

Sobald wir nämlich die gegenseitige Entfernung zweier Strukturen „erblicken", empfangen wir das Licht oder die Strahlung zweier Quellen, *absorbieren* wir deren Emission, nur um diese auch zu verarbeiten. Der mit jeder einzelnen Quelle ausgetauschte Inhalt muss zuerst in unsere Sinnesorgane eingehen und dann vom Verstand ausgewertet werden.

Erst nach diesem Vorgang „sehen" wir die Entfernung, das ist, wir erkennen sie an der Wirkung, die sie *in uns* entfaltet. Wir sind die Senke im Austausch des Inhalts, welche die Gabe jeder Quelle deutet.

Die Entfernung ist eine geistig erschlossene Ursache ebenso wie die Quelle. Beide sind notwendig materiell gegeben, sind aber ohne ihre Wirkung im Denken *nicht* wahrnehmbar. Das sollten wir uns für unsere späteren Abenteuer einprägen, wenn wir in Raum und Zeit vordringen.

Wenn die Entfernung nur *geistig* erschlossen ist, ist sie dann wirklich oder unwirklich?

Sie ist *so* wirklich *wie* jede Ursache, die wir aus einer Wirkung rekonstruieren. Die Entfernung ist eine rekonstruierte Ursache. Sie ist *materiell* als Ursache gegeben, weil sie wirkt. Aber sie ist nur *so* dem Denken gegeben, als sie vom Denken *geistig* beurteilt wird. Die Entfernung ist materiell *und* geistig gegeben. Sie ist geteilte Natur, in Materie und Geist geteilte Natur.

Die Entfernung ist geteilter Natur?

Was eine Quelle gibt, das muss die Senke aufnehmen, bevor es wirken kann. Aber nur eine Senke, welche die Wirkung beurteilen kann, kann auch auf die Ursache und auf deren Entfernung rückschließen. Eine Senke ohne Bewusstsein kennt weder die Quelle noch deren Entfernung.

Wir können auch sagen, erst das Bewusstsein stellt zugleich mit der Verbindung die Entfernung fest. Es verbindet nämlich Ursache und Wirkung, und erkennt auf diese Weise den Abstand der Quelle.

Wenn uns ein Apfel schmeckt, so ist sein Geschmack die Wirkung. Wir schließen auf einen guten Apfel als Ursache. Freilich gehen wir von der Wirkung gern spontan auf die Ursache über, wir überspringen bei der Beurteilung die Schritte der Kausalität. Der Geschmack des Apfels soll die Ursache dafür sein, dass uns der Apfel schmeckt. Das ist nicht nur tautologisch, es sagt nicht nur zweimal dasselbe, sondern das ist auch falsch.

Was der Apfel spendet, uns zur Beurteilung überlässt, das ist nicht sein Geschmack, sondern ein Teil seines Inhalts. Es ist ein Emittat des Apfels, das wir beurteilen. Erst die Verbindung dieser Materie mit unserem Urteil ergibt als Resultat den Geschmack des Apfels. Kosten wir nicht, so gibt es keinen Geschmack des Apfels.

Wenn uns ein Apfel *nährt*, so ist unsere Vitalität die Wirkung. Wir schließen auf einen nahrhaften Apfel als Ursache. Wir müssen aber nicht urteilen oder schließen, damit uns der Apfel nährt. Sein Inhalt ist auch dann Ursache, wenn diese nicht bedacht wird. Der Austausch von Inhalt ist ein Übergang von Materie, der keines Bewusstseins bedarf. Er wirkt ursächlich auch ohne dem Denken.

Dann ist doch auch der Inhalt ungefragt Materie?

Nein, ein nicht befragter Inhalt ist nicht *Materie,* sondern nicht beurteilte *Natur*. Jeder Inhalt ist *ungefragt* Natur. Erst wenn Teile davon absorbiert werden, erst dann wird die Quelle bemerkt. Sie ist dann beurteilte Materie, ein erschlossener Teil der Natur.

Kapitel 2 - Natur und Materie

Wir dürfen nicht an *objektive* „Materie" als solche glauben? Nur was unser Verstand daraus macht, nur das ist Materie? Dann ist die Welt doch ganz *subjektiv*, jede Person sieht sie anders, und ganz willkürlich, jeder Mensch sieht nur, was er will?

Nein, wir müssen die Materie richtig verstehen lernen. Wir müssen jede Quelle von Emission sorgfältig aus ihrer Spende von Inhalt rekonstruieren. Wir müssen jedes Objekt solange beurteilen, bis wir alle Unterschiede in dem verstehen, was uns das Objekt überlässt, zur Verfügung stellt.

Die *unmittelbar wirkende* Materie ist jenes Emittat, das unsere Sinnesorgane verändert. Aber schon diese erste Veränderung ist beidseitig bedingt, einerseits durch die eintreffende Spende und ihre Wirkungsweise, andererseits durch die Arbeitsweise des Sinnesorgans. Jede andere, weitere Materie ist *vermittelt*, und so auch unsere Vorstellung davon.

Was ist dann Materie überhaupt? Ist sie nur ein Hirngespinst, nur ein geistiges Konstrukt? Leben wir in einer Welt, die wir uns einbilden?

Da müssen wir unterscheiden zwischen der Materie und unserer Vorstellung davon.

Zunächst ist die Materie jener Teil der Natur, von dem sich unser Bewusstsein absondern muss, damit es selbst entsteht und lebenserhaltend arbeiten kann. Die Materie ist der vom Bewusstsein beurteilte Teil der Natur *{These 20}*.

Sie ist der *Gegenstand* des Denkens, soweit dieser Gegenstand dem Leben entspricht. Außerhalb der Reichweite des Lebens kann das Bewusstsein nicht urteilen. Dort gibt es in der Folge auch *keine* Materie, weil die Natur außerhalb dieser Reichweite ohne Teilung verbleibt.

Wo die Natur nicht beurteilt wird, dort wird sie nicht in Materie und Bewusstsein geteilt. Sie besteht dort *ungeteilt*, ohne Frage oder Zweifel, vom Denken gänzlich unberührt.

Das gilt im Großen wie im Kleinen. Wo das Denken nicht hinkommt, dort ist keine Materie, *sondern* nicht befragte Natur. Allerdings muss diese ungefragte, ungeteilte Natur bestehen, denn sie beherbergt jenes Leben, das die Teilung in Materie und Denken vornimmt. Die einzige Aussage, die wir machen können und müssen, ist, dass die ungeteilte Natur als Herberge tauglich ist, denn sie duldet das Leben.

Wir können sagen, Materie und Bewusstsein bilden zusammen das beurteilbare *Diesseits* der Natur, unseren erforschbaren Lebensraum.

Die ungeteilte Natur liegt außerhalb dieser Bedingung, außerhalb dieser Bestimmung durch das Leben. Sie ist nicht anders bestimmt, sie ist sonst gänzlich unbestimmt.

Die ungeteilte Natur beinhaltet weder Materie noch Bewusstsein, sondern nur sich selbst. Denn sie verbleibt jenseits ihrer Teilung, sie besteht jenseits des Denkens. Sie kann auch nicht als Gott, Geist oder All bezeichnet werden, denn eine solche Beurteilung setzt ein prüfbares Denken voraus, das über sich hinaus gelangt. Wir können zwar unsere Vorstellungen transzendieren, aussenden, so weit wir wollen, aber prüfen können wir sie nur in der Reichweite des Lebens.

Die ungeteilte Natur dürfen wir das *Jenseits* nennen, weil diese Aussage alles umfasst und beinhaltet, was sich vom Diesseits des Lebens unterscheidet, oder unterscheiden könnte. Das Jenseits ist nichts anderes als aller Unterschied vom Diesseits *{These 21}*, und ist so zugleich die Möglichkeit des Diesseits *{These 22}*.

Die Herberge des Lebens muss kein Leben beinhalten, muss es jedoch möglich machen. Wir können auch sagen, die *Materie* ist das beurteilbare *Diesseits* der Natur, und die Natur ihrerseits ist jenes Jenseits, welches das Diesseits erst ermöglicht.

Weil die Materie so real wie unser Leben ist, muss die Natur ebenso real sein. Die Natur ist ein reales Jenseits. Sie muss das Diesseits nicht nur möglich machen, sondern auch real, damit das Leben in ihr sein kann. Die Natur erwirkt die Materie, ist also deren wirkliche Ursache. Umgekehrt sind Materie und Bewusstsein das von der Natur Erwirkte. Materie und Bewusstsein sind die Wirklichkeit der Natur, sobald diese geteilt wird.

Die Grenze der Teilung wird vom Leben und seinem Denken gezogen. Je größer die Reichweite des Lebens wird, desto größer wird das Diesseits, desto gehaltvoller und feiner wird die Materie, weil sie immer besser beurteilt wird.

Wollen wir annehmen, dass dabei das Jenseits immer kleiner wird, dann unterstellen wir ein Ganzes, über das wir allerdings keine Aussage treffen können. Das Ganze von Diesseits und Jenseits ist allerdings kein Mirakel, sondern wieder die reale Natur.

Im Diesseits ist die Natur *geteilt* in die beurteilbare Materie und in das Bewusstsein, im Jenseits ist sie *ungeteilt* verblieben. Das besagt auch, dass wir die Natur als Ganzes nicht beurteilen können, sondern immer nur jenen Teil, der das Leben möglich und real macht, also hervorbringt und duldet.

Wenn uns diese Unbestimmtheit des Ganzen beunruhigt, so können wir uns damit trösten, dass das *belebte* Universum das Diesseits ist, und das *unbelebte* Universum gelte *uns* als das Jenseits.

Diese Vorstellung ist zulässig und brauchbar, weil sie nur dasselbe aussagt: soweit unser Denken reicht, soweit reicht das Urteil des Lebens. So weit teilt es auch die Natur in Materie und Bewusstsein. Jetzt hängt alles an der Frage, wo das belebte Universum aufhört und das unbelebte anfängt. Genau diese Grenze zieht das Leben mit seiner Urteilsfähigkeit. Anderes ist weder möglich noch notwendig.

Wenn Physiker das ganze Universum irgendwie ausrechnen wollen, dann glauben sie, dass die Reichweite des Denkens dazu ausreicht. Allerdings bleibt offen, wie die Reichweite des Lebens so erstreckt werden könnte, dass die Ergebnisse der Rechenmodelle überprüfbar werden.

Können wir Urknall und Endknall so lange nachmachen, bis wir uns an beide gewöhnt haben? Können wir die Raumzeit solange verbiegen, bis sie sich selbst als Himmel und uns als marginale Zugabe in die Welt setzt?

Können Zahlen eine Kausalität in die Welt setzen, der sie selbst geschuldet sind? Alle Mathematik kann nur Zahlen vergleichen. Keine Mathematik kann Zahlen begründen. Woher aber die Zahlen nehmen, wenn nicht vom Zählen?

Das Zählen ist notwendig auf das Leben angewiesen. Nicht nur im Tun, im Vollzug, sondern auch in der Voraussetzung des Zählbaren. Nur das Leben kann beurteilen, was gezählt werden kann, das ist, was welchem Vergleich standhält.

Aus der Natur wird etwas Zählbares geschöpft, wir zählen vergleichbare *Geschöpfe*. Ihr Schöpfer ist allein unser Denken. Wir nehmen uns heraus, woran wir glauben wollen. Wir lösen den Zusammenhang, wir isolieren, wir abstrahieren und landen beim Begriff.

Diese begriffenen, als zählbar gefundenen Geschöpfe sind nicht ungeteilte Natur, sondern sind beurteilte Materie in vergleichbaren *Portionen*. Den heraus geschälten und geputzten Geschöpfen wird unterstellt, dass sie gleich bleiben, dass jede „entdeckte" *Einheit* der nächsten Zahl genügt. Diese Voraussetzung macht sich in einem logischen Zirkel selbständig. Was sich nicht ändert, das bleibt gleich, das muss gleich bleiben, das ist eine reale Einheit.

Schon die Voraussetzung ist falsch. Keine Materie bleibt gleich, denn keine Materie ist ohne Austausch von Inhalt gegeben. Noch während wir zählen und rechnen, verschwindet das Objekt, an das wir glauben, verwandelt es sich in einen anderen Gegenstand.

Was allein gleich bleibt, das ist unser Begriff, das ist unser Geschöpf, mit dem wir hantieren und rechnen. Was wir der Zahl als Einheit anheften, das ist nicht Materie, sondern ein Postulat, eine Konvention von dem, was wir als zählbar erachten.

2.1 Die ungeteilte Natur

Dass die Natur gegeben ist, das müssen wir anerkennen, sobald wir uns unseres Lebens und Denkens gewahr werden. Indem sich unser Bewusstsein von der Materie absondert, erkennen wir beide zugleich. Beide sind gleich und zugleich real.

Ich bin da, sagt das Bewusstsein. Aber wo bin ich? Ich bin in der Welt. Da bin ich und da ist die Welt.

Damit ist die Natur geteilt. Ich bin Geist, nämlich die Fähigkeit zum Urteil, sagt das Bewusstsein, und alles andere, die ganze Welt, das ist Materie. Das ist alles beurteilbar, das ist somit Gegenstand meines Urteils, also meines Denkens. Auch mein Körper ist Materie, denn ich kann ihn ebenso bedenken und beurteilen.

Die idealistische Schule des Denkens geht sogar so weit, dass sie das Denken als *Ursache* ansieht für den Umstand, dass die Materie auftaucht, dass sie zum Gegenstand des Denkens wird. Da wird die Materie vom Denken erwirkt, erzeugt, hervorgebracht. Da wird der Geist zum Schöpfer der Materie, seines eigenen Gegenstandes.

Das aber ist ein Fehlschluss. Das Denken muss die Materie zwar schöpfen, kann das aber nur *aus* der Natur. Vor dem Denken ist zwar noch keine Materie gegeben, aber die ganze, ungeteilte Natur. Wird dann die Natur durch das Denken geteilt, so ist der andere Teil, die Materie, notwendig zugleich gegeben, sonst erfolgt die Teilung nicht.

Das Denken muss teilen, sonst entsteht es nicht. Das Teilen des Denkens ist dasselbe wie sein Schöpfen. Das Denken trennt sich von seinem Geschöpf. Beide entstehen zugleich oder gar nicht.

Die *methodisch* notwendig erfolgte Teilung der Natur machen wir nie zum Thema, sie ist eine *selbstverständliche* Voraussetzung für das Denken. Die Methode des Denkens gehört zum Denken wie die Arbeitsweise zur Arbeit, wie die Sichtweise zum Sehen. Die Methode des Denkens ist seine Daseinsweise, seine Bewegung *{These 23}*.

Fügen wir die beiden Teile wieder zusammen, Materie und Bewusstsein, heben wir die gedankliche Teilung der Natur wieder auf, so können wir nicht weiter denken, denn wir geben mit dem Abstand den Gegenstand preis. Gibt es keinen Abstand zum Betrachten und Beurteilen, keine Absonderung, so erlischt der Unterschied zwischen dem Denken und dem Bedachten. Mit dem Unterschied verschwindet der Gegenstand. Gibt es keinen Gegenstand des Denkens, so gibt es auch kein Denken.

Im Ergebnis ist die *ungeteilte* Natur wieder unbedacht, sie besteht ohne Denken, ohne Zweifel und ohne Urteil. Wir mögen dann fühlen, dass wir leben, ohne Trennung, ohne Unterschied, ohne Abstand „ganz eins mit der Natur" sein, aber wir können nichts darüber sagen, weil mit den Gegenständen die Begriffe erloschen sind.

Dann aber wollen wir eine umfassende Einheit gedanklich herstellen. Die ganze Welt *soll* uns beinhalten, die Natur, das Leben, das Denken und Fühlen. Das Universum soll alles umfassen, das Ganze sein, wie schon sein Name sagt. Sein Name ist Pflicht, zugedachter Zweck.

Dieses Ganze soll alle Materie und alles Bewusstsein beinhalten, und zudem alle nicht bedachte, nicht beurteilte Natur. In der Reichweite des Lebens befinde sich die beurteilbare Materie, und rundherum oder vielleicht auch dazwischen sei die ungeteilte Natur. Sie ist das unerforschte Nest, und wir sind mitten drin mit unserem Denken und mit unseren Utensilien des Lebens.

Aber dürfen wir *ein Ganzes* unterstellen, nur weil wir es uns wünschen? Woher kommt der Wunsch, dass die Materie umfasst werde, nicht nur das Leben berge, sondern selbst auch geborgen liege?

Die Vorstellung eines Universums, das alle *Natur* beinhaltet, sowohl die geteilte als auch die ungeteilte, diese Vorstellung widerspricht sich selbst. Sie verlangt ein Universum, das als das Ganze beurteilbar ist. Sie postuliert, dass das Ganze Materie sei. Wenn das Ganze beurteilbar ist, dann sind alle seine Teile Materie. Die Welt besteht dann durchgängig aus *Materie*.

Die ungeteilte Natur ist stillschweigend bereits verschwunden. Das Postulat hat sie gelöscht, der Vorstellung unterworfen, dem eigenen Wunsch oder Zweck. Diese Vorstellung macht das zunichte, was es sich vorstellen möchte, ist somit absurd.

Das Postulat von einem beurteilbaren Universum, von einer rundum beurteilbaren Materie, leugnet die unberührte Natur, will sie aber beurteilbar machen, dem Bewusstsein gefügig machen, will sie wenigstens geistig beherrschen. Das Postulat duldet die ungeteilte Natur nicht.

Die Reichweite des Lebens soll ausreichen, alle Natur mittels des Denkens zu beurteilen. Nicht das faktische, tätige Leben dient als Kriterium, sondern die Vorstellung, der *Anspruch* des Denkens, der *Wille*.

Dieser Wille gelangt dahin, das Denken durch das Rechnen zu ersetzen. Wir sollen den Zahlen glauben, *nicht* dem Leben und seinen Wirkungen. Was auf diese Weise als Universum *errechnet* wird, das ist ein *willkürliches* Ganzes.

Die Natur soll gefügig gemacht, dem Geist *unterworfen* werden. Deshalb soll *alle* Natur *lediglich* Materie sein. Der Wunsch generiert eine absurde Vorstellung, die sich selbst widerspricht. Das „Standardmodell" ist ein absurdes Geschöpf des menschlichen Willens *{These 24}*.

Wer hingegen anerkennt, dass die Wirkungen des Lebens notwendig auf dessen Lebensraum beschränkt bleiben, der muss auch die Einbildung von sich weisen, das Denken könne irgendwie auch Gegebenheiten jenseits des Lebens erfassen.

Das „Geheimnis der unberührten Natur“ liegt in dem Umstand, dass sie das Leben duldet oder sogar begünstigt. Dieser Gnade der Natur gebührt Ehrfurcht und sie ist es, was uns berührt, wenn wir „unberührte Natur“ anzutreffen glauben, wenn wir in ungeahnte, ungeschaute Gefilde vordringen.

Wer diese Ehrfurcht kennt, spricht instinktiv von „Natur“, nicht hingegen von „Materie“. Er oder sie wissen spontan, dass ein Urteil bislang ausgeblieben ist. Beide berichten in solchen Momenten davon, „von der *Natur* überwältigt“ worden zu sein. Vom Anblick, vom Eindruck, von Etwas, das noch nicht bestimmt ist, das unbestimmt geblieben ist, dass noch ohne Begriff ist, ohne Urteil.

Das Fehlen der Worte begleitet die Erfahrung einer Natur, in die Verstand und Vorstellung zuvor nicht vorgedrungen waren. Wo noch kein Urteil hin gelangte, dort ist bloße Natur, *reale* Gnade, vom Denken unberührt, weil das Denken noch zu klein ist. Genau in diesem Sinne gebührt dem Jenseits Ehrfurcht. Das ist kein Vorschlag einer Naturreligion, sondern die bloße, völlig bewusste Anerkennung des Realen.

Die Naturreligionen kannten die Ehrfurcht und praktizierten sie, haben sie aber personifiziert. Wo das Urteil fehlte, wurden höhere Lebewesen eingesetzt, damit auch dort das Urteil zustande komme, und im Sinne des Lebens gnädig wirken könne. Das eigene, unzulängliche Bewusstsein wurde durch ein größeres ersetzt, das alle Wirkungen verursacht. Die Natur wurde zwar als Ursache erkannt, aber zugleich als *unbegreifliche Person* angesehen. Die Teilung der Natur in Bewusstsein und Materie gelang nicht.

Daran hat sich inzwischen soviel geändert, dass wir den Anspruch auf Herrschaft hinzu gesellt haben. Darüber ist die Ehrfurcht verloren gegangen. Wir respektieren die Natur nicht, sondern wollen die Materie unserem Willen unterwerfen. Wieder ist die Teilung misslungen.

2.2 Die geteilte Natur

Unsere Vorstellung von „Materie“, von beurteilter Natur, ist ein geistiges Erzeugnis, und ist notwendig Flickwerk. Wir fügen zusammen, was uns *passend* erscheint, und immer sind es Vergleiche mit solchen Dingen, die dem Leben bereits besser vertraut sind. Wir können unser Weltbild nur schrittweise aufbauen. Jeweils dient die Erfahrung als Fundament und neue „Bausteine“ kommen hinzu, vorausgesetzt, dass sie sich einfügen lassen.

Schon das „Ding“ ist etwas, das handfest und dienstbar sein muss, damit wir es begreifen können. Der Zugriff erfolgt zuerst optisch, wir absorbieren die Erscheinung, dann haptisch, wir nehmen das Ding zwischen Daumen und Zeigefinger, dann olfaktorisch, wir riechen, absorbieren erste Moleküle, schließlich beißen wir hinein und hoffen, dass es uns dabei besser geht als dem Ding.

Wir prüfen unsere Dominanz, ob unser Leben dieses Ding aufnehmen kann, oder nicht. Was wir als Kind gelernt haben, das setzen wir dann mittels Apparaten und Werkzeugen fort. Schließlich bilden wir nach, was wir begriffen haben. Wenn der Versuch gelingt, dann glauben wir dem Ergebnis und unseren Voraussetzungen.

Der Versuch und seine Voraussetzungen sind allerdings gebunden an die Mittel und Wege, die unser Leben bereit stellt. Was wir begreifen, in einen Begriff fassen, das dient unserem Leben, oder ist unserem Leben fern zu halten. Das Leben ist unser einziges Kriterium, ob eine Vorstellung brauchbar oder unbrauchbar ist. Das Leben ist das *einzige* Kriterium der Wahrheit *{These 25}*.

Jedes Urteil, das wir treffen, erhebt entweder eine Vorstellung zum Begriff, oder es verwirft den Begriff als falsch, als untauglich. Entweder gilt die Vorstellung als unhaltbar, als dem Leben nicht entsprechend, als nicht ebenso real. Oder der Begriff steigt auf in unser Repertoire an Glaubensartikeln, die wir zum Vergleich heranziehen, wenn wir neuer Materie begegnen.

Gelingt in der Folge ein ähnlicher Vergleich, dann erkennen wir das Objekt wieder, es entspricht unseren Erwartungen und Vorstellungen von Materie, unserer Idee, wie Materie ist oder sein soll.

Das Ideal ist insofern „Vorbild", als es unsere *Erwartung* prägt *{These 26}*. Treffen wir Materie an, die dem Ideal ähnlich genug ist, so ordnen wir sie *spontan* hier ein. Das Ideal ist eine offene Schublade für unsere Funde.

Der ideale „Apfel" ist eine Vorstellung, wie materielle Äpfel *zu sein haben*, damit sie Äpfel genannt werden dürfen. Ideal und Fund müssen einander entsprechen, damit das entsprechende Urteil über die Materie zustande kommt. Der *ideale* Apfel ist der *Glaube*, dass alle *realen* Äpfel vergleichbar sind. Was dem Ideal nicht entspricht, das kann nicht „Apfel" sein. Wir suchen dann nach einem anderen Ideal, nach einem passenderen *Vorbild*.

Das Ideal ist auch eine *Schablone* für unsere Wahrnehmung. Was augenscheinlich entspricht, das wird sofort als Apfel aufgefasst, nicht auch anders gesehen. Wir *denken* sofort, schon beim Anblick „ein Apfel". Wir *sehen* ohne Frage einen Apfel, wir erkennen den Apfel wieder, den wir als Ideal aufbewahren.

Der *Verstand* meldet, einen Apfel zu *sehen*. So, auf diese Weise sehen wir, wir erkennen das Geglaubte, Erwartete. Wir prüfen das Ergebnis des Verstandes nur, wenn Zweifel auftauchen.

Ohne Schablone, ohne *Vorurteil* oder Ideal sehen wir alles Mögliche, nehmen aber nichts davon wahr. Die *Wahrnehmung* bedarf des Ideals, der Erwartung als Filter der Eindrücke. Das vom Ideal geprägte, vorgeformte Wahrnehmen ist die *sinnliche* Erkenntnis *{These 27}*.

Ohne Ideal kann der Verstand nicht arbeiten, nämlich nichts erkennen, weil der Vergleich misslingt. Der Verstand wird dann unruhig. Wenn keine unserer Vorstellungen greift, wenn uns kein Ideal zu Hilfe kommt, dann werden wir neugierig und ängstlich zugleich. Die Sache kann gefährlich werden, ist aber verlockend wie keine andere. Erst wenn wir erkennen, atmen wir auf. Wir brauchen erfolgreiche Vergleiche. Der *Verstand* ist das Organ des Vergleichens *{These 28}*.

Die *Vernunft* setzt nachher ein. Sie verlangt die Überprüfung dessen, was wir zuvor als wahr hingenommen haben, als wahrlich, als real gegeben. Sie zweifelt den Erfolg des Vergleiches an, prüft andere Vergleichsmöglichkeiten, andere Ideale, andere Erfahrungen.

Die Vernunft ist die Prüfung des Verstandes durch vertieften Vergleich. Wenn das so oder so sein soll, wie eben gesehen oder gehört, dann muss in der Folge dieses und jenes zutreffen oder versagt sein. Ursache und Wirkung werden auf logische Abfolge überprüft. Die *Kausalität* wird zum Kriterium, ob die getätigte Wahrnehmung zuverlässig ist, ausreichend begründet erfolgte.

Wenn nicht, dann folgte die Wahrnehmung bloßem Wunschdenken, einer Täuschung, einem Vorurteil, einem Irrtum. Sie ist dann zu wiederholen, bis aller Zweifel ausgeräumt ist. Die *Vernunft* ist das Organ von Versuch und Irrtum, das Organ des *kontrollierten* Vergleichens *{These 29}*.

Auf derart erprobte, lebenstaugliche Weise glauben wir an Atome und Galaxien, an Kräfte und Energien, an Wellen und Teilchen, an Strahlung oder Felder, und schließlich an ein Universum als Sammlung aller erdenklichen Objekte und Bewegungen.

Wir setzen die gesamte Materie, die von uns geteilte Natur, aus solchen Objekten zusammen, die unsere Vernunft als *kausal* beurteilt, die unser Verstand mit dem *Ideal* gleich gesetzt hat, das er zwecks Erkennen aufbewahrt.

Unser Verstand braucht das *Ideal* und unsere Vernunft verlangt die *Kausalität*. Unser Bewusstsein begehrt ein „kausales Ideal" als Materie. Wir schöpfen die Materie so aus der Natur, als wir sie begehren, als wir sie haben wollen. Schöpfen wir richtig?

2.3 Alles und nichts

Manche glauben zur Ergänzung des gut sortierten Universums an ein „nichts", an das Ausbleiben jeglicher Sammlung. Dort ist gar nichts, hören wir. Weil das Universum schon alles gesammelt hat, das Sortiment vollständig ist, bleibt rundherum nichts aufzulesen. Dieses „nichts" ist der *Erfolg* der Sammlung, deren getätigte Vollendung. Eine *weitere* Sammlung kann *nicht* erfolgen, sie bleibt aus.

Andere glauben lieber an das umfassende „All", an die Vollständigkeit des Umfassens oder Sammelns, während es im Gange ist. Rundherum bleibt wieder nichts, diesmal, weil es verschluckt *wird*. Dieses zweite „nichts" ist der *Vollzug* der Sammlung. Sie schreitet fort, duldet nichts außerhalb. Die *weitere* Sammlung *muss* erfolgen, damit sie vollständig und vollendet wird.

Wir bemerken, ganz gleich, ob die Sammlung vollendet *ist* oder *wird*, immer bleibt rundherum *nichts*. Denken wir das Universum als Sammlung aller Etwas, dann denken wir zugleich ein Nichts als Fertigstellung der Sammlung. Ist alles drin, so ist nichts draußen.

Materiell ergibt sich nichts als Schatztruhe, denn die Sammlung ist ein so vollendeter Schatz, dass er noch jede Truhe mit einkassiert. Das Nichts gehört zum Universum wie die vom Schatz einverleibte Schatztruhe. Eine andere Truhe steht dem Universum nicht zu, wenn es ordentlich sammelt.

Der Grund dieses erstaunlichen Ergebnisses muss im Sammeln liegen. Mit dem Sammeln wird zugleich der Übergang in das Universum, das Einwerfen in die Schatztruhe, vorausgesetzt. Wird das Sammeln postuliert, so verlangt es das Absorbieren, das Einverleiben, den Wechsel von Außen nach Innen.

Gesammelt kann nur werden, wenn ein Behältnis gefüllt wird, wenn es ein Innen gibt. Gibt es ein Innen, so gibt es ein Außen. Das Sammeln verlangt die Grenze zwischen Innen und Außen. Eine

Sammlung ohne Grenze ist keine Sammlung, denn dann ist sie gar nicht erfolgt.

Wir selbst verlangen mit dem Sammeln das Außen, das wir zugleich jedoch nicht haben wollen, nämlich als „nichts" verleugnen.

Leugnen wir allerdings das Außen, so kommt auch das Innen nicht zustande, und damit kein Sammeln. Widersprechen unsere geistigen Vorhaben einander, so müssen wir von ihnen absehen. Das Universum als Sammlung funktioniert nicht. Das Universum kann keine Sammlung sein.

Verzichten wir auf das Sammeln und Verschleudern, so ergeben sich weder Außen noch Innen. Ein solches Universum absorbiert und emittiert keine Inhalte, sondern *vereint* sie. Das Universum ist nur *so* ganz, *als* es sich stabilisiert. Das Universum bildet Strukturen und vereint diese zu sich. Mehr sehen wir nicht. Anderes glauben wir nur.

Ist denn das Vereinen nicht auch ein Sammeln?

Nein, da gibt es einen wesentlichen Unterschied. Beim Vereinen sind die Körper aktiv, die einander vereinen, indem sie sich gegenseitig versorgen und entsorgen. Sehen wir das Universum als Verein von Strukturen an, dann machen die Strukturen einander *selbständig*. Der Verein ist so gut, als er funktioniert. Der Verein erstreckt sich über so viele Mitglieder, als an ihm teilnehmen.

Was sich hingegen *nicht* vereint, nicht Teil nimmt, das bleibt nicht draußen, wie wir vielleicht denken, sondern es wirkt nicht mit, ist also unwirklich. Nur das Unwirkliche befindet sich außerhalb. Umgekehrt ist das Außen unwirklich. Es gibt kein Außen.

Gibt es kein Außen, so gibt es auch kein Innen. Das bedeutet, es gibt keine Grenze. Sie kommt nicht zustande. Die Strukturen erzeugen keine *gemeinsame* Grenze, sondern nur die jeweilige Grenze ihres besonderen Inhalts, nur ihre spezifische Form. Anderes können Strukturen nicht tun. Der Verein der Strukturen kann *sich* nicht begrenzen, und deshalb auch das Universum nicht.

Im Gegensatz zum Vereinen ist beim Sammeln ein *Sammler* aktiv, der *über* die Körper verfügen will und kann.

Der Sammler setzt sich außerhalb seiner Sammlung, er generiert das Außen, denn Innen ist seine Sammlung. Der Sammler setzt die Grenze seiner Sammlung. Er muss den Unterschied von Innen und Außen denken, erdenken, erschaffen, sonst bleibt er ohne Sammlung. Der Sammler agiert wie ein Bewusstsein, das die Materie als seine Sammlung von Objekten überschauen will.

Erblicken wir im Universum einen Sammler, dann muss auch das Universum ein Außen und Innen generieren, seine Grenze. Es ist dann ein *Beutegänger* wie wir. Es steht geistig über und räumlich außerhalb seiner Beute und beurteilt den Schatz als vollständig, weil auch noch die Truhe erfolgreich erbeutet wurde oder wird.

Nur ist ein solches Universum nicht Materie, sondern Bewusstsein. Das *nichts*, das außerhalb verbleibt, ist die Aufhebung aller Materie, denn alle Materie wurde erbeutet und in die Truhe geworfen. Alle Materie aufheben oder beseitigen kann aber nur ein solches Bewusstsein, dass sich über alle Materie erhebt. Es ist ein Bewusstsein, das die ganze Natur *vereinnahmen* will. Es duldet neben *sich* keinen Gegenstand, sondern nur nichts. Es bleibt allein.

Die Teilung der Natur in Materie und Bewusstsein erfolgt somit falsch, wenn wir Außen und Innen postulieren, voraus setzen. Das Universum als *Sammlung* ist eine Projektion des Schatzbildners, des Jägers und Sammlers.

Lassen wir die unbewusste Voraussetzung fallen, dass das Universum Beute machen muss, so entfällt mit der Sammlung das Einholen oder Einbringen. Außen und Innen entfallen dann als Prämisse. Das Universum funktioniert dann als Verein der Strukturen, und zwar diesmal real, materiell und wirklich. Die Materie bleibt übrig, sie wird nicht zu nichts gedacht. Das Denken fügt sich ein.

Verzichten wir *nicht* auf das Sammeln, dann tauchen Außen und Innen wieder auf. Wir beurteilen dann allerdings nur, was wir *selbst voraus setzen*, nämlich die Grenze des Universums. Beurteilen wir unsere eigene Voraussetzung, so urteilen wir absurd.

Außen und Innen sind absurde Voraussetzungen in der Beurteilung des Universums. Sie sind der Wunsch des Jägers und Sammlers, dass das Revier erst dort endet, wo kein Revier mehr ist. Der Anspruch auf Überschaubarkeit und Herrschaft verlangt, dass alles Revier sein möge, was ist. Was nicht Revier sein könne, das sei nicht, sei also nichts. Die Unterscheidung, diese Teilung der Natur findet jedoch nur im Denken des Beutegängers statt. In der Natur gibt es keine Entsprechung.

Das Wunschdenken teilt die Natur ohne reale Entsprechung. So gelangt es zu jener *irrealen* Materie, die es begehrt. Ist alle Materie wunschgerecht im Revier versammelt, so ist außen nichts. Neben dem Wunsch bleibt nichts. Der Wunsch gebiert das Nichts als den Saum seines umfassenden Anspruchs, und erschöpft damit die Vorstellungskraft. Wunsch und Vorstellung sammeln zuerst alle Wasser, aber vertrocknen schließlich am Ufer, dem Nichts. Denn alle diese Wasser sind nur wunschgerecht, nicht auch wirklich.

Entfallen Außen und Innen des Universums als absurde Postulate, so entfallen auch Alles und Nichts überhaupt. In der Tat bezeichnen beide Abstraktionen, nichts und alles, genau dasselbe, nämlich das Ausbleiben jeglichen Unterschieds.

Wo nichts ist, da ist kein Unterschied, und wo kein Unterschied ist, da ist alles ohne Unterschied, ist also alles.

Wo nichts ist, da ist zugleich alles, beide sind sie zusammen und unterscheiden sich nicht. Die Vorstellung vom All oder Nichts besagt nur, dass wir keinen Unterschied suchen oder finden können, dass wir ohne Urteil bleiben müssen. Wir wollen dann eine Materie ohne Urteil. Mit anderen Worten wollen wir dann die ungeteilte Natur.

In ihr ist kein solcher Unterschied, den wir ausmachen oder beurteilen könnten. Wollen wir die ungeteilte Natur, so wollen wir, dass unser Urteil ausbleibt, dass unser Denken ausbleibt. Unser Leben soll dann eingebettet sein in ein Gehege, das zwar da sein muss, weil wir da sind, das aber nicht weiter beurteilt werden kann.

Das All und das Nichts bezeichnen in der Tat, faktisch, die ungeteilte und unteilbare Natur. Beide genügen dem Leben auf gleiche Weise, sie sind beide so real wie das Leben. Ein anderes Urteil ist weder möglich noch notwendig. Die ungeteilte Natur ist Alles und Nichts zugleich, weil sie kein Urteil unterscheiden oder teilen kann *{These 30}*.

2.4 Die Beurteilung der Materie

Damit lassen wir ab vom All oder Nichts, von der Natur ohne Urteil. Wir wenden uns wieder der Materie zu, dieser widerspenstigen, aber beurteilbaren Sache des Denkens.

Wir brauchen unser Urteil, unser Denken. Wir müssen die Natur teilen, das ist, unser Bewusstsein auf die Erfordernisse des Lebens heben. Wir sammeln unsere Urteile über die Objekte der gemeinsamen Erfahrung und ihre Summe ergibt unser Weltbild.

Wir tauschen es emsig aus, holen Meinungen ein, bestätigende und gegenteilige Erfahrungen, logische Einwände, Erklärungen, Zweifel und Fragen. Wollen wir wissen, ob das Weltbild richtig oder falsch ist, dann stellen wir unsere Vorstellungen auf die Probe. Wie machen wir das?

Wir erkunden die Materie mittels unseres Wirkens. Wir beißen in die Frucht, riechen am Holz, reiben am Stein. Wir beschleunigen Teilchen und filtern die Artefakte, die aus der Vereinigung und Trennung hervorgehen. Wir glauben dabei an einen „Zusammenstoß“ und suchen jene „Elementarteilchen“, die wirklich und letztlich *elementar*, unveränderlich sind, indem sie unversehrt hervorgehen aus dem Ende und Anfang der Mechanik.

Dieses oder jenes Teilchen soll seine Teilung verweigern und damit unser Weltbild bestätigen, das Standardmodell, das den Urknall ebenso beweist wie unsere Rechenkünste. Aber, und das ist das Fiasko der Mechanik: was seine Teilung verweigert, das kann sich weder bewegen noch mitteilen. Was am Austausch der Inhalte nicht teilnimmt, das wirkt nicht, ist nicht wirklich, ist nicht von dieser Welt, egal ob von uns als Standard gefordert oder nicht.

Da stützen wir uns lieber auf unsere Lebenserfahrung. Was sagt unser gewöhnliches, alltägliches Denken, das als „gesunder Menschenverstand" umso mehr kursiert als es verachtet wird?

Wir betätigen uns als Ursache, als Quelle von Emission, und sehen zu, wie sich die Materie als Senke verhält. Entspricht die erwirkte Veränderung unseren Erwartungen, dann bezeichnen wir unsere Vorstellungen vom Gegenstand unseres *Wirkens* als zutreffend, als wahr. Die Materie gilt dann *so* als Materie, *wie* wir uns das vorstellen. Die Materie ist dann so, wie sie sein soll, erfüllt sie doch die Pflichten, die wir ihr auferlegt haben. Ist das nicht richtig ideal?

Die Materie ist in solchen Versuchen *vorrangig* Empfänger, Absorber unserer *Emission,* zumindest im Wirkungsbereich. Sie ist zunächst teilweise gefügige, gewollt veränderbare Senke, und erst *zuletzt* wieder als Quelle tätig, wenn wir sie auf diese Weise befragt haben.

Wir müssen beachten, dass wir nur *solche* Antworten erhalten können, die unseren Fragen entsprechen oder widersprechen. Alle anderen Eigenschaften der Materie liegen jenseits unserer Voraussetzungen und Vorstellungen. Wir können nämlich nur so fragen, als dies unseren Werkzeugen, unseren Begriffen, Händen, Sinnen und Instrumenten entspricht, unserer bisherigen Erfahrung und deren Infragestellung.

Was uns die Materie sonst noch mitteilen mag, das ignorieren wir. Wir bemerken es nicht, unser Verstand kennt es nicht, nimmt es *mangels Ideal* nicht wahr. Es gehört zu den „Störungen" des Versuchs, die möglichst auszuschalten sind.

Unser Verstand geht schrittweise vor. Soviel ist erkannt, was kommt jetzt, welche Möglichkeiten gibt es noch, was ist der nächste Schritt im Erkunden und Begreifen?

Der Grund ist wieder, dass wir auf Vergleiche angewiesen sind. Auch unser Verstand kann sich nur so bewegen wie die Materie, auch unser Verstand muss seine Inhalte austauschen. Das Eine gilt als substanziell, als alt und erprobt, anderes als falsch, als zu verwerfen, was kommt Neues hinzu?

Noch ein Umstand ist wichtig. Wir erkunden unsere Wirkung in der Materie, indem wir *lebendig* eingreifen. Wir haben dabei die Materie zu beurteilen, können das aber nur tun, indem wir die Veränderung in *unserem Leben* beurteilen, und sei es nur jene in unseren Sinnen und in unserer Vorstellung.

Die befragte Materie muss unseren Körper, *unsere Materie* nachvollziehbar verändern, sonst können wir keinen Zusammenhang herstellen. Die *finale* Wirkung *im* Leben muss *kausal* der zuvor *vom* Leben erzeugten Wirkung in der Materie entsprechen.

Am Anfang steht das Leben, das auf die Materie bewusst, gezielt, *zweckmäßig* einwirkt. Dann reagiert die Materie entsprechend oder widersprechend, wirkt ihrerseits auf unser Leben ein. Sehen oder hören wir dann, was wir sehen oder hören wollten, so finden wir unsere Absicht bestätigt.

Unsere Sinne, *wir selbst* haben uns *materiell* so *zweckmäßig* verändert, als wir das wollten, als wir das bezweckten. Was wir im Ergebnis wiederfinden, das ist *unser anfänglicher Zweck.* Die Kette von Ursache und Wirkung gilt dann als kausal, als wiederholbar und bestätigt. Nur so gelangen wir zu einem Urteil über die Materie.

Das beurteilte Ergebnis aber sind *materiell* wir selbst, unsere eigene Materie hat sich planmäßig verändert. Dass die untersuchte Materie sich *ebenso* planmäßig verändert hat, das können wir wieder nur erschließen.

Auch wenn wir Instrumente dazwischen schalten, Aufnahmegeräte, Sensoren, Detektoren, immer muss zuletzt unser Sinn melden, was anfangs unser Verstand *bezweckt* hat. Nur wenn die kausale Kette lückenlos geschlossen ist, nur dann dürfen wir schließen, dass die beurteilte Materie *zweckmäßig* reagiert hat. Die Fortsetzung des Zwecks ist das Kriterium des Urteils *{These 31}*.

2.4.1 Die Abhängigkeit der Materie

Die Materie soll von unserem Urteil abhängig sein? Ist sie nicht vielmehr völlig unabhängig? Als „Materie" gilt doch gerade das, was sich dem Bewusstsein widersetzt, was von ihm unberührt existiert?

Nein, nur die nicht beurteilte *Natur* ist völlig von uns unabhängig. Aber sie ist eben weder beurteilt noch beurteilbar. Wir kennen sie nicht und können sie nicht kennen. Sie mag in unser Leben einwirken oder nicht, wir wissen es nicht. Wir denken, dass sie da ist, weil sie das Leben duldet. Sobald wir sie beurteilen, wird sie zur Materie, das aber nur so, *wie* wir sie beurteilen.

Ein fremder Stern ist aber doch ganz gewiss unabhängig davon, was wir von ihm denken, „wie" wir ihn beurteilen?

Ein fremder Stern ist schon beurteilt, denn wir absorbieren sein Licht und vergleichen seine Wirkung. Ein fremder Stern ist Teil der Materie, ihm steht schon unser Bewusstsein gegenüber. Das bedeutet, dass wir uns ein *Bild* vom Stern machen, und nur dieses Bild gilt uns als „die Materie des Sterns". Die weitere oder übrige Natur des Sterns bleibt uns verborgen. Sie ist nicht beurteilt. In der Folge wird sie vergessen. Sie wird nicht mehr erforscht oder erfragt.

Wir begnügen uns mit unserer Sterntheorie als Erklärung der „Sternmaterie" solang, bis wir damit scheitern. Erst wenn wir solche Sterne beurteilen müssen, die nicht in unser Bild passen, erst dann denken und suchen wir weiter. Wir wollen dann „weiter in diese Materie vordringen", die Natur des Sterns also weiter teilen.

Zuerst existiert der Stern fraglos als Teil der von uns nicht berührten Natur. Ist er dunkel, so wissen wir nicht um ihn, wir können seine Existenz nur vermuten oder behaupten. Ist er sichtbar, so machen wir uns ein Bild, wie er ist oder sein könnte. Je mehr seiner Natur wir beurteilen können, desto mehr wird der Stern zur Materie, zum Gegenstand unseres Urteils, zur „objektiven" Quelle unseres „subjektiven" Bildes.

In diesem Verfahren bleibt der Stern *einerseits* Teil der Natur, von unseren Anstrengungen unberührt. *Andererseits* entwickelt und behauptet sich im Denken eine „Sternmaterie" so, wie wir sie laufend beurteilen. Solang unser Bild vom Stern falsch ist, erforschen wir lediglich unsere Einbildung oder Vorstellung.

Wir müssen vorsichtshalber davon ausgehen, dass fast alle unsere Forschung unserer Einbildung gilt, denn fast alle unsere Vorstellungen von Materie erweisen sich früher oder später als falsch. Bestand hat nur, auch im Begriff der Materie, was sich allgemein im Leben bewährt.

Glaubt jemand, die *Natur* der Sonne zu kennen?

Nein, wir haben nur ein solches Bild von der Sonne, wie es dem Leben genügt. Deshalb glauben wir, die *Materie* der Sonne ausreichend beurteilen zu können.

Wir erwarten nicht, dass die Sonne morgen blau ist und sich übermorgen in drei rote Teile teilt. Das erprobte Urteil genügt, dass wir uns nicht weiter mit der *Natur* der Sonne beschäftigen. Vielmehr erforschen wir die *Materie* der Sonne, das ist jener Gegenstand, den wir mehr und mehr beurteilen können.

Wir erforschen die Quelle jenes Lichtes, das irdische Atome absorbieren, verarbeiten und wieder abgeben können. Das ist, wir erforschen den Austausch von Inhalten, den irdische Atome und solare Atomteile untereinander aufrecht erhalten.

Doch halt, tun wir das wirklich?

Nein, diesen Austausch erforschen wir nur einseitig, nur aus Sicht der Senke. Wir erforschen *nicht*, was die Sonne ihrerseits absorbiert. Das aber muss sie tun, um sich als Körper zu erhalten.

Also ist unser Begriff der „Sonnenmaterie" einseitig und damit falsch. Er kennt und beinhaltet keine Absorption. Ist unser Begriff der Sonnenmaterie falsch, so ist es auch jener der „Sternmaterie", denn die Sonne dient immer als Vergleichskörper.

Unsere Sterntheorie hinkt auf einem Bein, sie glaubt, mit der Emission allein sei das Auslangen zu finden, mit der halben Wirkung oder Wirklichkeit. Ein Austausch von Inhalt kann aber nur so beurteilt werden, dass beide Erhaltungsweisen, Absorption und Emission untersucht und begriffen werden.

Einerseits begnügen wir uns mit der Kernfusion als „Energiequelle", andererseits sprechen wir die „Gravitation" der Raumzeit zu, nicht der Absorption der Sterne und Galaxien. Wie sollen Himmelskörper Jahrmillionen und Jahrmilliarden Bestand haben, wenn ihre Erhaltungsarbeit nicht ebenso lang aufrecht ist?

Dazu gehören aber *beide* Austauschformen von Inhalt, die Emission ebenso wie die Absorption. Mit der halben Arbeit kommt keine Rotation zustande, also auch kein Körper.

In einer Galaxie muss sogar die Absorption die vorwiegende Tätigkeit sein, denn sonst würde sie keine Spiralarme „einfangen". Das schauen wir zwar an, begreifen es aber nicht.

Würde die Galaxie die Sterne und Wolken nicht vereinen, sondern zerstreuen, so käme keine Rotation zustande. Die Spiralarme wären dann hyperbolische Jets, oder die Emission erfolgte überhaupt diffus. Die gekrümmten Spiralarme werden hingegen sichtlich umso dichter, je näher sie dem Zentrum kommen. So sieht die Absorption in der Tat aus, die Vereinigung zum Körper. Galaxien sind mehr Senken als Quellen.

Sterne sollen dagegen nur Quellen sein?

Wie kann sich denn ein Stern einem Schwarzen Loch nähern, wenn er nicht dessen emittierte Inhalte absorbiert?

Nur absorbierende Körper können attrahieren. Also muss auch der Stern mehr absorbieren als er emittiert. Sonst würde er keiner Galaxie angehören. Sterne *und* Galaxien absorbieren *mehr* als sie emittieren. Allerdings ist nur ihr Emittat sichtbar. Was Sterne absorbieren, das ist nicht sichtbare Materie. Aber es reicht hin, dass Galaxien Sterne ansammeln und einverleiben.

Sind wir vielleicht von der Emission zu geblendet?

Versuchen wir unser Geschick anderswo. Dunkle Himmelskörper sind unabhängig von unserem Urteil. Sie sind unberührte Natur. Solange sie nicht wirken, können wir nicht urteilen, also auch nicht sagen, dass es sich um Materie handelt, geschweige denn um welche. Unser Bewusstsein kann sich nur soweit von diesen Gegenständen absondern, als es vermutet, dass es sie gibt.

Wir postulieren eine *vermutete* Materie, und dass sie sich zwischen bereits beurteilten Himmelskörpern aufhält, zwischen realer Materie. Wir übertragen der hypothetischen Materie jene Fähigkeiten, die wir den Sternen absprechen, nämlich die Erhaltung durch Absorption. Die dunkle, vermutete Materie soll mit *ihrer* Gravitation die Welt zusammenhalten, damit unser sonst nur strahlendes Modell Bestand hat.

Indem es seine Dienste erweist, kann das vermutete Dunkle nicht ganz anders sein, denken wir, sondern muss es wenigstens berechenbar sein. Wir unterstellen, das wir alle Materie ausrechnen können, auch jene, die wir lediglich vermuten.

Wir glauben an unser Modell, weil wir eine Natur ablehnen, die nicht beurteilt werden kann. Wir denken wie Don Quijote. Nur ein Ritter der Zahl kann die Welt ganz beherrschen, denn sein Speer durchdringt alles genau so, wie er das will. Die unberührte Natur bleibt unterdessen von unseren Vermutungen ebenso unberührt wie von unseren Geschicken.

Wenn wir nicht aus ihr schöpfen können, so müssen wir von der unberührten Natur ablassen.

Die Materie verspricht mehr Erfolg. Die Materie ist *nicht* von uns unabhängig, denn sie hängt von unserem Urteil ab. Erst unser Urteil bringt die Materie zutage, teilt die Natur in das Denken und seinen Gegenstand. Ohne Urteil gibt es keine Materie, sondern lediglich unberührte Natur.

Wir glauben unserem Urteil, dass diese oder jene Materie „objektiv" so ist, dass der von uns geprüfte Aspekt zutrifft, eine wirkliche Eigenschaft der Materie bezeichnet. Allerdings ist unser Urteil eine gedankliche *Zutat* zur Materie.

Die Teilung der nicht beurteilten Natur erzeugt und verlangt stets beide Teile, die Materie *und* das Urteil. Fehlt ein Teil, so gibt es auch den anderen nicht. Nicht nur ohne Urteil, auch ohne Natur gibt es keine Materie.

Sobald die Natur geteilt wird, treten Materie und Urteil notwendig gemeinsam auf. Die Materie hat *zwei* Voraussetzungen, erstens die Natur, und zweitens ein Bewusstsein, das die Teilung vornehmen kann, indem es sich absondert, selbständig macht.

Was passiert, wenn wir uns irren, wenn die Teilung falsch erfolgt?

Wir heften der Materie unser Urteil an und prüfen diese Verbindung anhand unseres Lebens. Die Materie kann unser Urteil wie ein falsches Etikett abstreifen, dann lernen wir dazu und fertigen ein neues Attribut an. Aber immer ist unser Begriff eine Absonderung des Denkens von seinem Gegenstand.

Wir sehen die Sache dann besser ein, können sie besser begreifen und bezeichnen, das heißt, unser Denken ist gewachsen. Nur das Denken macht die Materie zu *unserem* Gegenstand. Ohne unser Denken ist die Materie nicht *gegenständlich*, sondern dann ist sie für sich, dann ist sie unbehelligt von unseren Anstrengungen, dann ist sie ungeteilte Natur.

2.5 Das Sonnensystem

Aus den dunklen Geschicken des Hintergrunds kehren wir in die sonnigen Gefilde des Urnebels zurück. Wir wollten vor geraumer Zeit die Geschichte befragen, warum der Urnebel sich dreht und warum er sich wozu verdichtet hat. Immerhin sind wir neben dem Sonnensystem auch ein Resultat dieser beachtlichen Dichtkunst, also ist unsere Neugierde als legitime Form der Selbsterhaltung anzusehen.

Da war die Rede von Senken, die mehr und mehr Staub aus dem Urnebel absorbieren und sich schließlich vereinen. Die Senken fallen ineinander. Das erscheint als „Verschmelzen" des Staubs, denn die Überschüsse werden als Hitze freigesetzt. Aber die Erhaltungsarbeit misslingt weiterhin, der innere Mangel der Moleküle bleibt aufrecht, kann nicht ausgeglichen werden. Die Senken sind *gegenseitig* unzureichende Quellen.

In der Folge unterbleibt ein *allseitiger* Austausch. Ohne Rotation kommt keine stabile atomare und molekulare Substanz zustande. Der gegenseitige Austausch der Atome bleibt dominant, bleibt einseitig und gerichtet. Die Absorption der Atome erfolgt einander zugewandt, die Emission abgewandt. Die damit erzeugte Bewegung entspricht dem „fallenden Ast" der früheren „Wurfparabel".

Noch fehlt hier der geschlossene Boden, die dominante Quelle der Erdwärme, aber er wächst bereits aus den Senken zusammen. Weil der Mangel an Inhalt jeweils einzeln nicht ausgeglichen werden kann, kommt es zur *gegenseitigen* Absorption, zur *Vereinigung* der Moleküle. Die Staubteile des Urnebels wachsen zu massiven „Planetoiden" zusammen, zu Vorformen der Planeten.

Unterdessen kreisen alle Staubteile und Planetoiden weiter um das „Gravitationszentrum". Warum?

Die peripher heranwachsenden Körper absorbieren weiterhin die Strahlung aus der zentralen Quelle der Emission, aus der entstehenden Sonne. Die Überschüsse und Verluste des Zentralkörpers versorgen den Urnebel, während er sich verwandelt.

Die Trabanten absorbieren nicht nur gegenseitig ihre Inhalte, sondern unterdessen auch die Strahlung des Zentrums. Die Absorption aus dem Zentrum führt abermals nicht zur Stabilität, vielmehr halten die gegenseitige Vereinigung und das Anwachsen an.

Die aus der Vereinigung *resultierende*, gemeinsame Emission der Trabanten genügt jedoch, die Absorption aus dem Zentrum auszugleichen. Das Fallen *in* das Zentrum unterbleibt. Es kommt zu keiner weiteren Annäherung an die zentrale Quelle, vielmehr wird ein Umlauf um das Zentrum generiert. Rotation ist die Folge und bildet eine Struktur, einen Körper, hier das Sonnensystem.

Die Entstehung der Sonne im Zentrum verändert diese Situation nicht. Das Zentrum ändert zwar seine Emission, setzt sie aber fort. Damit „bindet" die Sonne scheinbar ihre Trabanten, weil diese die Inhalte des Zentrums ihrerseits aufnehmen, absorbieren.

Entscheidend ist, dass die Trabanten die Spende des Zentrums zu ihrer Substanz verarbeiten können, und zwar in jedem Stadium ihrer Genese. Alle aufkommenden Substanzen setzen die Bewegung des Urnebels fort, seine Rotation, das aber nur, solange der Austausch zwischen Zentrum und Peripherie funktioniert. Der Austausch zwischen Quelle und Senke, zwischen Emittent und Absorber muss nicht gleich, aber wirksam bleiben.

Diese Bedingung ist nur erfüllt, wenn die Sonne ihrerseits nicht nur als Quelle, sondern *auch* als Senke arbeitet. Anders kann die Sonne nicht lange genug stabil bleiben. Eine Quelle die nur sendet, löst sich zu früh auf, um ein System zu bilden.

Dass die Sonne ihrerseits absorbieren muss, besagt aber nicht, dass die Sonne aus den Trabanten Strahlung absorbiert. Ihre Quelle kann eine andere sein.

Eine Struktur ist intakt, wenn die eine Seite gibt, was von der anderen Seite aufgenommen wird. Dann wechselt das Verhältnis.

Quelle und Senke tauschen ihre Funktion. Nur so bleibt das Ganze intakt, das ist, die Substanz materiell erhalten.

Das gilt jedoch nur für eine selbständige Struktur, wie etwa für eine Galaxie. Das Sonnensystem ist aber keine selbständige Struktur, sondern eine *abhängige* Struktur, denn es ist Teil der Milchstraße.

Warum sollte die Sonne überhaupt Inhalte aufnehmen, ganz gleich, aus welcher Quelle? Die Sonne gibt doch viel mehr Strahlung ab, als sie absorbiert? Das ist doch offensichtlich?

Nein, das ist nur augenscheinlich. Das müssen wir erst kausal überprüfen. Schon oben haben wir Sternen und Galaxien *mehr* Absorption als Emission zugemutet.

Wir sind nicht Teil der Sonne, sondern Teil der Erde. Das besagt, dass die Erde unser eigentlicher Austauschpartner ist. Unsere Atome sind mehr auf den irdischen Austausch von Strahlung und Teilchen angewiesen als auf den solaren oder kosmischen Austausch. Sonst wären wir nicht da, sondern anderswo.

Die Sonne hat überwiegende Bedeutung für unsere Sinnesorgane, für unser Leben, und in der Folge auch für unser Denken. Deshalb geben wir der Sonne mehr Bedeutung als der Erde. Das besagt aber noch nicht, dass sie diese größere Bedeutung auch wirklich hat. Wir können ihr *unsere* Bedeutung zwar gedanklich verleihen, nicht aber auch materiell.

Fragen wir, was materiell geschieht.

Wir sind mit der Erde auch Teil des Sonnensystems. Wir sind noch immer Sternenstaub aus dem Urnebel. Daraus sind wir gemacht, vereint aus Sternenstaub. Die Materie des Urnebels hat sich zwar umgeformt, sie hat neue Verbindungen und Strukturen ausgebildet, aber sie ist Sternenstaub geblieben.

Weil diese Materie dieselbe geblieben ist, setzt sie ihre Daseinsweise fort, ihre Bewegung. Sie rotiert weiterhin um ihre Mitte, die inzwischen ein leuchtender Stern ist. Der Sternenstaub in der Mitte hat sich so sehr verdichtet, dass die Kernfusion eingesetzt hat.

Was ist dabei geschehen, warum ist das geschehen? Warum bleibt die Sonne Teil der Milchstraße? Was absorbiert die Sonne, sodass auch wir Teil der Milchstraße bleiben? Warum bleibt Sternenstaub seinem Zentrum treu, seiner Galaxie?

Widmen wir uns zuerst dem Sonnensystem. Die Fragen nach dem Zusammenhang mit der Milchstraße vertagen wir, bis wir mehr Einsicht gewonnen haben. Als Voraussetzung begnügen wir uns mit der interstellaren Wolke aus Sternenstaub. Da schweben Teilchen im Zwischenraum der Sterne, die Relikte früherer Sterne. Ihre Emission hat ihre Flucht gezeitigt, ist inzwischen jedoch erloschen. Die Hintergrundstrahlung genügt nicht zur Erhaltung, sie ist zu mager und zu kalt. Was geschieht?

2.5.1 Die Vereinigung

Teilchen vereinigen sich dann, wenn sie sich *einzeln nicht*, jedoch gemeinsam ver- und entsorgen können. Sie brauchen dazu nichts weiter zu tun als weiterhin zu absorbieren und zu emittieren. Geeignete Strahlung wird aufgenommen, ungeeignete Strahlung wird emittiert. Das geschieht ohne Unterlass, wird von jedem Teilchen vollbracht, weil dies seine Daseinsweise und Bewegung ist.

Auf eine *Emission* folgt die Entfernung von der ungeeigneten Quelle. Die Senke reagiert mit Emission, wird selbst zur Quelle. Die Emission *ist* zugleich die *Entfernung* oder gegenseitige Absonderung, weil die Strahlung zwischen zwei Quellen *vermehrt* wird.

Auf eine *Absorption* folgt die Annäherung an eine geeignete Quelle. Die Absorption *ist* zugleich die *Annäherung*, weil die Strahlung zwischen Quelle und Senke *vermindert* wird.

Mehr geschieht nicht, aber auch nicht weniger. Mehr ist nicht gefordert, aber auch nicht möglich. Alle Materie muss aus Absorption und Emission erklärt werden, ohne sonstige Beigaben *{These 32}*.

Entsprechen einander Absorption und Emission, gibt die Quelle, was die Senke aufnimmt, so kommt es zur Vereinigung. Die Vereinigung ist dasselbe wie der *wechselseitige* Austausch von Inhalt. Quellen und Senken sind nur deshalb vereinigt, weil sie einander im Austausch von Strahlung ablösen.

Nachdem die Quelle ihren Überschuss ausgesandt hat, wird sie zur Senke und deckt ihren Mangel aus dem Emittat der anderen Seite. Nachdem die Senke absorbiert hat, wird sie ihrerseits zur Quelle, emittiert ihren Überschuss und versorgt damit den Partner. Solche Teilchen bleiben zusammen. Sie bleiben nicht nur äquidistant, oszillieren im selben Abstand, sondern sie rotieren um die gemeinsame Mitte, sobald sie auch seitliche Abweichungen im Austausch einbeziehen.

Vereinigen sich immer mehr Teilchen, so wächst die Dichte, ihre gegenseitige Nähe. Nimmt der Abstand zum Austauschpartner ab, so geschieht der Austausch von Strahlung *rascher*, in kürzeren Abständen. Er wird womöglich auch *umfangreicher*. Kommen ringsum neue Partner hinzu, so wird der Austausch zudem *allseitig*.

Nun könnten wir vermuten, dass der allseitige, intensivere, häufigere Austausch alle Teilnehmer ver- und entsorgt, sodass sie schließlich zur Ruhe kommen und sich zu einer stabilen Substanz vereinigen. Das aber geschieht offenbar nicht. Vielmehr geschieht das Gegenteil, das Zentrum *wächst weiter* an Teilen, seine Dichte nimmt immer rascher zu. Warum?

Wir könnten jetzt „schwere Kräfte" zu Hilfe rufen und in die Mitte senden. Aber sie finden nicht hin, können nicht fliegen, haben keine Mittel zum Ziehen und erkennen kein Teilchen, nicht eines. Wir müssen ohne Kräfte auskommen, wie die Teilchen, deren Geschick wir erkunden. Wie ihnen *materiell* stehen uns *geistig* nur Absorption und Emission zur Verfügung.

Der Austausch im Zentrum wird schneller, intensiver und zudem allseitig. Wird er deshalb aber auch *gleichartig*?

Nehmen die Unterschiede im ausgetauschten Inhalt ab oder zu? Wird der Austausch *qualitativ* immer verschiedener, verschiedenartiger, oder immer gleichartiger?

Nehmen wir an, die Teilchen im Sternenstaub sind anfangs ganz unterschiedlicher Art, sie bestehen aus allen möglichen Atomen und Atomteilen, so wie diese aus einer „Supernova" hervorgehen, aus einer Sternexplosion. Die Staubteilchen schweben „frei" in einer Wolke zwischen den Sternen, die als Austauschpartner zu weit entfernt sind und damit unwirksam bleiben.

Fehlen rundum wirksame Quellen neuer Inhalte, so erfriert die Wolke. Ihr innerer Austausch wird so arm, dass sich kein Teilchen stabil erhalten kann. Da bleibt kein bisschen Freiheit. Kein Teilchen kann seine Verluste an Strahlung ausgleichen. Also absorbiert es alle geeignete Strahlung, die anzutreffen ist.

Das an Substanz verarmende, erfrierende Teilchen absorbiert aus allen möglichen Quellen. Das ist auch, es nähert sich allen anderen Teilchen. Deren Verhalten ist nur dasselbe. Alle Teilchen nähern einander, indem sie gegenseitig mehr Strahlung aufnehmen als sie geben. Die Wolke kondensiert und kollabiert. Die Teilchen vereinigen sich zum Stern. Sie folgen keiner Gravitation, sondern versuchen, ihren Mangel an Inhalt auszugleichen.

Damit werden die Teilchen allerdings nicht fertig, der Mangel bleibt aufrecht. Die Teilchen vereinigen sich weiterhin, auch nachdem der Stern entstanden ist. Sie sind jetzt einander sehr nahe, ihr Austausch ist intensiv, ihre Emission ist hoch. Sie werden heiß und flüssig, sie schmelzen. Die schweren Teilchen sinken ab, die leichten schwimmen auf. Es setzt eine Differenzierung ein, eine Schichtung der Substanz.

Die tieferen Teilchen werden immer heißer. Sie verdampfen, sie lösen sich in ihre Bestandteile auf, eine *atomare* Vereinigung kommt nicht zustande. Die Atome verlieren ihre Schalen, mittig entsteht Plasma, peripher entsteht umso mehr Überschuss, umso mehr Strahlung.

Aber wieder können sich die Atomkerne im Zentrum nicht *einzeln* oder gegenseitig stabilisieren. Ihre Absorption kann sie nicht sättigen, weil sie zu *gleichartig* ist. Die Atomkerne vereinigen sich aus *Mangel* an Versorgung, die Kernfusion setzt ein. Nur die *Überschüsse* werden emittiert. Sie bilden das Licht des Sterns, aber im Innersten wächst der Mangel an geeigneter Strahlung, an Substanz bildenden Inhalten, an substanziellen Inhalten für *ein Atom*.

Die Folge der zunehmenden Dichte ist, dass der Austausch der Teilchen immer *gleichartiger* wird. Die mitgebrachten Unterschiede entweichen als Emittat zuerst in die Peripherie und dann in die Umgebung des Sterns. Die Atomkerne werden *destilliert*. Ihre Genese und ihr Wachstum verlangt die Destillation, das Absondern vom Rest.

Der Stern ist noch immer die erfrierende, kondensierende Wolke, nur dass inzwischen eine Differenzierung eingesetzt hat zwischen Kern und Schale des Sterns. Im Zentrum der Sonne vereinigen sich die Atomkerne, weil sie einzeln nicht *versorgt* werden können. In den Schalen der Sonne trennen sich die ausgestoßenen Atomteile, weil sie einander nicht *entsorgen* können.

Der Stern ist *außen* die fortschreitende *Trennung* von Absorption und Emission, ist die *Auflösung* der Rotation, ist die Auflösung der Körperlichkeit, der Übergang des Körpers in die Bewegung *{These 33}*. Der Stern ist *innen* die grundlegende Erneuerung der Substanz. In seiner Mitte erneuert der Stern die Atomkerne, bringt sie in jeder Sternphase immer gehaltvoller hervor. Der Stern ist mittig die Genese der Atomkerne *{These 34}*.

Nun gewinnen wir besser Einblick, wie unsere Geschichte begann. Der Urnebel ist eine freie Wolke aus Sternenstaub, die aus Mangel an Versorgung anfangs kondensiert und später kollabiert.

Die Teilchen vereinigen sich zu einem Stern, der von den Resten des Urnebels umgeben wird.

Die Materie der Wolke verdichtet sich *einerseits* zu einem zentralen Körper, der sich nicht stabilisieren kann. Der mittige Stern bleibt unterversorgt. Seine Absorption reicht nicht hin, den Mangel an Substanz zu decken. Die Mitte des Sterns muss weiter kollabieren, sich weiter vereinigen, auch wenn die Verschmelzung der Atomkerne bereits eingesetzt hat.

Andererseits verbleiben Reste des Urnebels in der Umgebung des Zentralkörpers. Der Stern kann sich *weder* selbst erhalten, *noch* kann er alle Materie der Wolke vereinigen.

Der Stern emittiert umso mehr, als er an Inhalten gewinnt, als er Staubteile zu sich vereinigt. Hier finden wir, was der Stern *anfangs* absorbiert, am Beginn des Systems. Es ist derselbe Urnebel, derselbe Sternenstaub, den auch die Planetoiden zu sich vereinigen. Zentrum und Peripherie arbeiten anfangs *gleichartig,* nur verschieden wirksam.

Die äußeren Teile des Urnebels absorbieren zuerst gegenseitig, dann *auch* aus der neuen Quelle von Strahlung in ihrer Mitte. Der Austausch von Staub wird schließlich *abgelöst* durch den Austausch von Strahlung. Der Stern wird zum dominanten Austauschpartner der neuen Inhalte. Auf diese Weise bleibt er das Zentrum der gemeinsamen Bewegung, sowohl der Eigendrehung des Systems, als auch der Rotation um das galaktische Zentrum.

Geht die Vereinigung von *Staub* in den Austausch von *Strahlung* über, so bilden sich nach und nach Himmelskörper, welche die frühere Bewegung der Staubwolke fortsetzen. Das besagt, dass die neuen Himmelskörper den alten Austausch mit dem galaktischen Zentrum, den schon die Staubwolke aufrecht erhielt, zwar verwandeln, aber fortsetzen.

Schon die Wolke muss aus dem Zentrum Strahlung absorbiert haben, sonst hätte sie ihren Wirt verlassen, ihren Umlauf beendet.

Nicht nur die Sonne, das ganze Sonnensystem absorbiert Inhalte aus dem Zentrum der Milchstraße.

Aber warum bildet das Sonnensystem eine flache Scheibe?

Eine flache Rotationsform beruht auf dem Umstand, dass *zwei* einander umkreisende Körper notwendig eine Ebene aufspannen. Es ist die Ebene der gemeinsam erzeugten Bahn. Erst wenn viele neue Austauschpartner hinzutreten, verbeulen und überlagern sich die Ebenen, sodass Ellipsoide entstehen.

Liegt der Urnebel des Sonnensystems als Scheibe vor, so besagt das, dass *zwei* dominante Partner den Austausch bestimmten, sich also zwei Teile des Urnebels zur Sonne vereint haben. Liegt noch das fertige Sonnensystem als Scheibe vor, so besagt das, dass die Sonne noch immer ein nicht ganz vereinter Stern ist. In der Sonne arbeiten Quelle *und* Senke gemeinsam und *wechselseitig {These 35}*.

Das muss in der Tat auf *alle* stabilen Sterne und Körper zutreffen, denn anders kommt Stabilität nicht zustande. Alle Körper vereinen Quelle und Senke in sich, zu ihrer Substanz. Die Substanz ist die Einheit von Quelle und Senke *{These 36}*.

Früher fanden wir, dass die Rotation Absorption und Emission vereint, und damit die Substanz hervorbringt. Ist aber die Rotation die Einheit von Emission und Absorption, so ist sie auch die Einheit von Quelle und Senke. Die Substanz ist Quelle und Senke, weil sie rotiert, weil sie emittiert und absorbiert. Umgekehrt ergibt sich, dass jede Substanz rotiert, indem sie als Quelle *und* Senke arbeitet.

Was als Quelle und Senke fungiert, das rotiert und ist in der Folge Substanz. Emission und Absorption genügen zur Genese der Substanz ebenso wie zu ihrer Erhaltung. Das besagt, es gibt keinen anderen Ursprung des Körpers als seine Erhaltungsarbeit *{These 37}*.

Hätte die Sonne inzwischen Absorption und Emission in ihrem Inneren allseitig ausgeglichen, so würde ihr Emittat eine homogene Kugelwolke bilden. Dann wäre das Sonnensystem ein kurzes Ellipsoid, fast eine Kugel, die Planeten würden nicht *ebene* Ellipsen als Bahn hervorbringen. Denn die Trabanten bewegen sich nur in jenem Emittat, das sie zu ihrer Erhaltung brauchen. Anderes können sie nicht tun.

2.5.2 Kepler's Flächensatz

Die Ellipsen der Bahnen beruhen darauf, dass geometrisch ausgedrückt, „vom Fahrstrahl in gleichen Zeiten gleiche Flächen gebildet werden", wie Johannes Kepler entdeckt hat. Wie konnte er das entdecken?

Er hat den *kausalen* Zusammenhang der Messdaten von Tycho Brahe heraus gefunden, und ihnen damit einen Sinn gegeben, den wir verstehen können. Diese Methode des Entdeckens sei allen Forschern angeraten, die versuchen, mit Statistik auszukommen.

Die flächengleichen Segmente sind „Tortenstücke" gleichen Inhalts, wenn unsere Torte wie hier aus Strahlung besteht. Der *Austausch von Inhalt* zwischen Zentrum und Trabant ist *konstant*, gleich bleibend an Gehalt, Intensität und Wirkung.

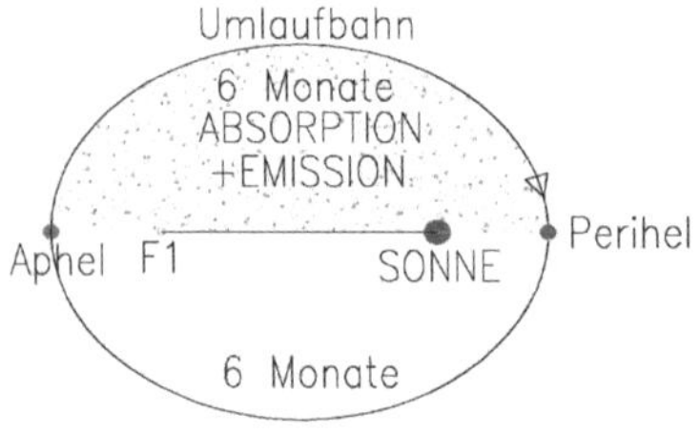

Abbildung-6 zeigt den Austausch von Inhalten zwischen „Perihel", der größten Nähe zur Sonne, und dem „Aphel", der größten Ferne zur Sonne. Dazwischen vergeht ein halbes Jahr.

Abbildung-7 teilt oben den Austausch in zwei Vierteljahre, die Inhalte sind gleich groß. Unten sind Inhalte und Zeiten verschieden. Die gleichen Zeiten sind gleiche Intervalle oder Abschnitte des inhaltlichen Austausches. Jede Sekunde wird *dieselbe* Menge an Strahlung ausgetauscht, oder jedes Jahr.

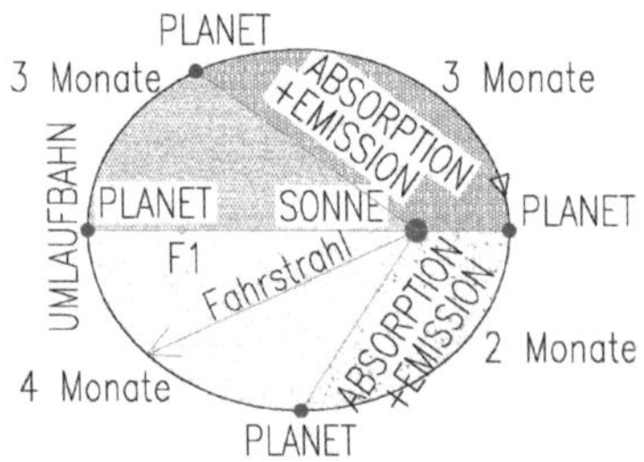

Wechselt der Inhalt konstant, so wechselt auch die Form konstant. Eine konstante Erhaltungsarbeit bringt eine Ellipse als *Bewegung* hervor. Die konstante Erhaltungsarbeit bringt auch einen stabilen *Körper* hervor, den Planeten. Das erklärt die Treue des Trabanten und die Gleichförmigkeit seiner Bewegung.

Abbildung-8 zeigt die Sonne im Brennpunkt F2 der Ellipse. Die *Emission* des Planeten bildet eine Halbkugel, die wie bei der Wurfparabel an der Isotherme und am leeren Brennpunkt F1 endet.

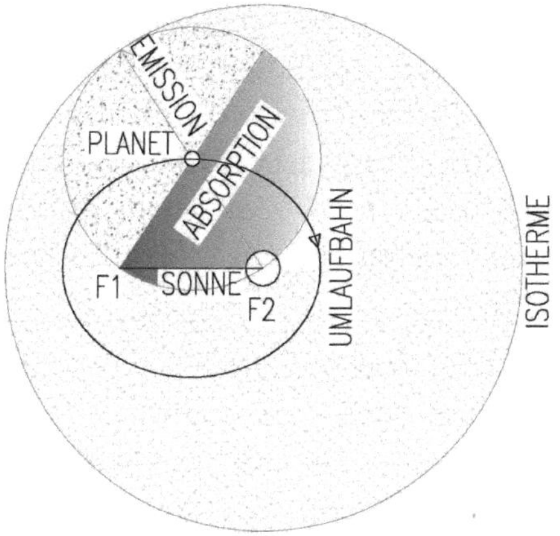

Die Isotherme ist hier ein kreisförmiger Horizont, weil die Emission der Sonne eine Kugelwolke bildet.

Die *Absorption* des Planeten bildet die andere Halbkugel und ist der neuen Quelle zugewandt, deren Emission er soeben in ausreichender Dichte erreicht hat. Der Planet ändert nun seine Erhaltungsarbeit und Bewegung.

Abbildung-9 Hier ist der Planet ein wenig vorgerückt. Er steigert seine Absorption und Emission, in der Folge nimmt seine Geschwindigkeit zu.

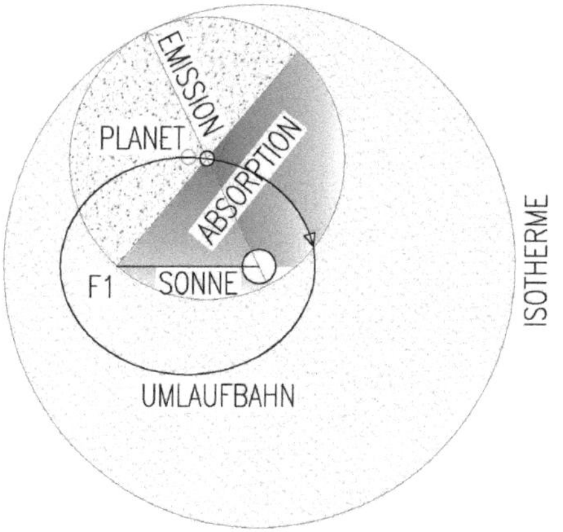

Die Absorption *endet nicht an der Sonne,* sondern der Planet taucht *tiefer* in die *Emissionswolke* der Sonne ein, deren Dichte mit der Nähe zur Quelle weiter zunimmt.

Die Sonne wirkt *nicht* direkt auf den Planeten, sondern nur *mittelbar* über ihre Emissionswolke, die bis zur Isotherme reicht. Umgekehrt besagt das, dass der Planet nicht auf die Sonne selbst reagiert, sondern lediglich auf die Strahlung, in die er eintaucht.

Wirkt die Sonne nicht selbst und unmittelbar, so ist sie *keine direkte* Ursache. Sie verfügt über *keine* Kraft der „Gravitation". Vielmehr setzt die Sonne ihre Emissionswolke frei, ihren Ozean aus Licht. Er ist als *unmittelbare* Ursache tätig, weil er die Änderung in der Erhaltungsarbeit des Planeten erwirkt. Wirkt der Ozean aus Licht als Ursache, so ist er notwendig nicht nur kausal, sondern auch *materiell* gegeben. Strahlung ist Materie.

Die Wirkung der solaren Emissionswolke endet an der Isotherme, weil dort ihre Dichte zu gering ist, um die Erhaltungsarbeit des Planeten weiter zu beeinflussen. An der Isotherme endet die Emission des Planeten, die aus seiner Verarbeitung von Sonnenlicht herrührt, solange er sich nähert.

Ebenso endet die Emission des Trabanten am leeren Brennpunkt F1. Er erweist sich wieder als der *Drehpunkt* der Bewegung, weil sich dort die Erhaltungsarbeit teilt, und weil sie dort wechselt. Dort geht die Absorption in die Emission über.

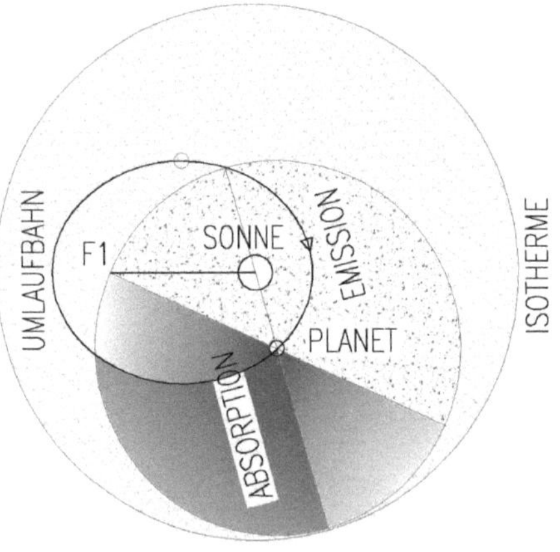

Abbildung-10 zeigt den Planeten nach der Passage des Perihel. Seine Erhaltungsarbeit und damit auch seine Geschwindigkeit haben bis zum Perihel zugenommen und nehmen jetzt wieder ab.

Die Emission ist nun der Sonne zugewandt. Die Atome des Planeten haben den Mangel in ihrer Substanz gedeckt. Die Verarbeitung des Sonnenlichts ergibt nun Überschüsse, die gegen den dichten Ozean des

Lichts abgegeben werden, *nicht* jedoch *direkt* gegen die Quelle. Der Trabant flieht nicht die Quelle selbst, sondern deren Emissionswolke. Er begibt sich in Zonen geringerer Dichte, aus welchen auch die Absorption erfolgt. Auf diese Weise entsteht die Bahn dort, wo die Dichte des Ozeans der Erhaltungsarbeit entspricht.

Abbildung-11 Hier erreicht der Planet alsbald den Aphel, wo er der Sonne am fernsten ist. Dort ist seine Erhaltungsarbeit am geringsten, so auch seine Geschwindigkeit.

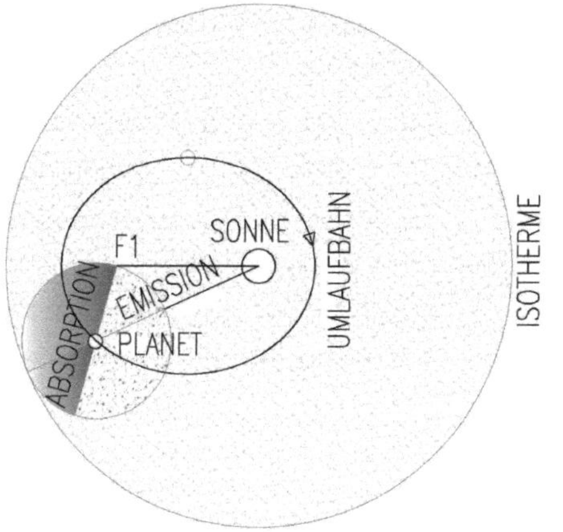

Am Aphel wird der Trabant wieder seine Absorption der Sonne zuwenden und damit einen neuen Umlauf beginnen.

Jetzt müssen wir noch klären, warum die Bahn eine Ellipse sein soll, wie bisher unterstellt, wie sie in der Tat jedoch vom Planeten selbst hervorgebracht werden muss.

Geometrisch ist eine Ellipse dadurch definiert, dass alle ihre Punkte jeweils gleichen Abstand aufweisen von einem Kreis und einem Fixpunkt innerhalb des Kreises. Der Kreis ist die Isotherme. Der Fixpunkt ist der leere Brennpunkt F1.

Der Trabant bewahrt immer den gleichen Abstand zu beiden Bedingungen, weil seine Erhaltungsarbeit jeweils dort endet. Wieder genügen Absorption und Emission zur Genese der Bahn. Die Substanz und die Bewegung des Trabanten sind gleichermaßen stabil. Sie bedingen einander materiell und kausal.

2.5.3 Der Wärmehaushalt

Wir haben vorne bemerkt, dass die Sonne nicht direkt auf den Planeten wirkt, sondern nur *mittelbar* über ihre Emissionswolke.

Welche Rolle kann der *Einfallswinkel* des Lichts spielen, wenn die Emissionswolke rundum anzutreffen ist?

Wir vermuten, dass der Trabant wärmer wird, wenn er seine Absorption der Quelle zuwendet. Das trifft jedoch nicht zu, denn seine Emission ist ebenso groß und wirksam wie seine Absorption. Der Planet wird nicht heißer, sondern arbeitet intensiver, er bewegt sich schneller.

Dasselbe gilt für die Abwendung und Repulsion. Der Planet wird nicht kälter, denn abermals absorbiert er soviel als er emittiert. Der gesamte Wärmehaushalt bleibt stabil, denn es wird jeweils soviel Wärme in Bewegung verwandelt, als zur Stabilisierung der Substanz notwendig ist. Der Planet generiert seine Bahn mittels seines Wärmehaushalts.

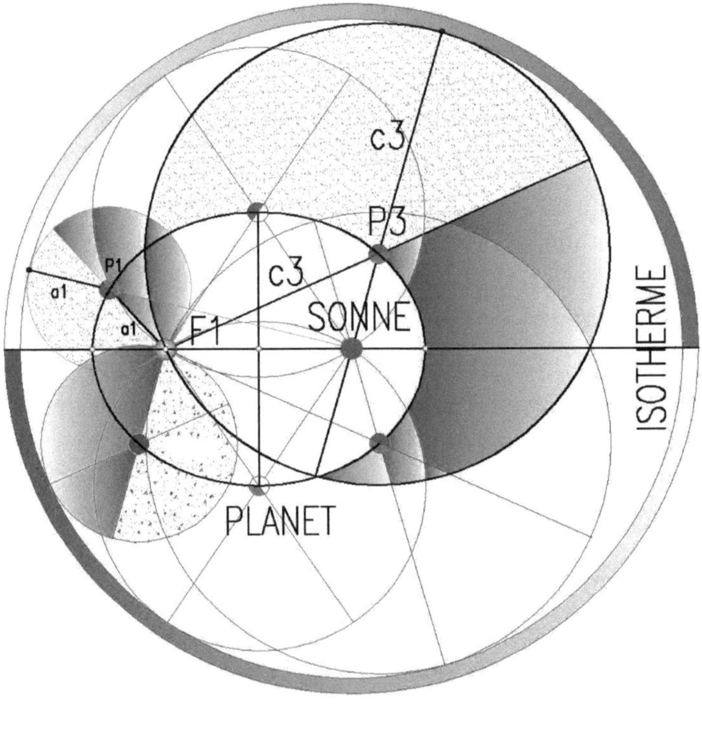

Abbildung-12 zeigt sechs Stadien in der Erhaltungsarbeit des Planeten. Nahe der Sonne wird der Trabant im dichten Ozean aus Licht hoch aktiv und schnell. Fern der Sonne wird er im dünneren Emittat immer langsamer. Das sehen wir am Umfang seiner Emission und Absorption, die gemeinsam wachsen und schwinden.

Auf diese Weise bleibt der *gesamte* Wärmehaushalt stabil. Dies gilt allerdings nur für den ganzen Planeten, nicht auch für seine beweglichen Teile.

Luft und Wasser reagieren *gesondert* auf die Emission der Sonne. Sie generieren beide ihre *zusätzliche* Bewegung auf der Oberfläche des Planeten, den Wind und die Meeresströme. Der Wasserkreislauf ist ihre *gegenseitige* Erhaltungsarbeit.

Auch das Klima hängt davon ab, wie *dicht* die Emissionswolke der Sonne jeweils anzutreffen ist. Das Klima ist die *gegenseitige* Erhaltungsarbeit von Luft und Wasser *{These 38}*. Wenn wir nicht klüger werden, werden wir beide einbüßen, indem ihre Absonderung erlischt, indem sich Luft und Wasser vereinen.

Weil die Erdachse zur Erdbahn geneigt ist, tauchen beim Erdumlauf jeweils andere Ozeane und Luftzonen in die dichtere Emissionswolke der Sonne ein. Das ergibt die Jahreszeiten. Sie folgen dem Wärmehaushalt der Atmosphäre und Ozeane.

Mit dem *Einfallswinkel* des Lichts hat das gar nichts zu tun. Ein Photon wird absorbiert, wenn es ermangelt wird, ganz gleich, wie oder von wo es daherkommt. Vielmehr muss es schon anzutreffen, schon da sein, wo es gebraucht wird.

2.5.4 Die Tageszeiten

Auf der Tagesseite absorbiert der Planet das Emittat der Sonne. Soviel ist augenscheinlich. Aber auch wir begnügen uns allerdings mit der *Emissionswolke* der Sonne. Wir müssen nicht *in* die Sonne schauen, damit es hell wird. Das können wir auch gar nicht. In keine Substanz können wir hinein schauen.

Wir sind beim Schauen immer auf das angewiesen, was „dabei heraus" kommt, *materiell* auf das Emittat und *geistig* auf das Ergebnis. Dabei meiden wir zu dichtes Licht, weil es uns schadet. Wir sehen auch niemals „Lichtstrahlen", sondern glauben lediglich an solche, wenn wir die Quelle grafisch abbilden wollen.

Der Tag ist reale Arbeit, nämlich die *Absorptionstätigkeit* des Planeten *{These 39}*. Die Stunden des Tages sind *materiell* die Portionen an Sonnenlicht, welche die Erde aufnimmt. Stunden gelten zwar lediglich als Maß der Zeit, sind real allerdings Licht. Die Erde bringt ihre Zeit hervor, indem sie das Licht der Sonne in sich aufnimmt. Bei Nacht tut sie dasselbe auf der uns abgewandten, anderen Seite. Dort wird die Tagesarbeit fortgesetzt.

Die Absorption erfolgt *nicht* aus der Sonne *selbst*, sondern allein aus ihrer Emissionswolke. Das erhellt schon aus dem Umstand, dass die Sonne acht Minuten später wirken müsste, sollte sie ihr Geschick dennoch versuchen. Sind aber acht Minuten zwischen Ursache und Wirkung gegeben, so müssen die Minuten selbst wieder etwas ganz Reales sein. Auch sie sind Licht, Materie.

Wie wir dank Johannes Kepler gelernt haben, entsprechen gleiche *Intervalle* gleichen *Inhalten* im Austausch. Die 24 Stunden drehen die Erde, weil sie inhaltlich ein *wirkliches* Emittat der Sonne sind. Sie sind nicht bloß 24 geometrische Teile oder Portionen der Drehung, sondern auch reale, *materielle* Portionen des Lichts.

Die Nacht ist *geometrisch* der Eigenschatten der Erde gegen die Sonne. Materiell geschieht ganz anderes. Auf der Nachtseite emittiert der Trabant die *eigenen* Überschüsse aus der Verarbeitung der Absorption auf der Tagesseite. Die Nacht ist die Emission der Erde, ist die andere Hälfte der Erhaltungsarbeit *{These 40}*. Die Stunden der Nacht drehen mit, sind aber bereits Portionen der Erdwärme, nicht mehr solche des Sonnenlichts.

Freilich stehen sich Tag und Nacht wieder gegenüber, 12 Stunden Absorption und 12 Stunden Emission, jeweils in gleicher Intensität und Wirksamkeit. Die Erhaltungsarbeit ist ganze Arbeit. Der

Planet verwandelt das Emittat der Sonne in sein eigenes. Erdwärme ist verwandeltes Sonnenlicht. Eine Überlastung ist durch eigene Emission abzuarbeiten. So wird Wärme scheinbar „übertragen".

Die Übertragung von Wärme ist die Übertragung der *Emissionstätigkeit*. Der Hauptsatz der Thermodynamik bedeutet, dass sich die Emission *fortpflanzt*, nicht jedoch „das Chaos" breit macht *{These 41}*.

Das Chaos ist ein Glaubensartikel jener Statistik, die den Grund leugnet, den sie nicht findet. Weil sie die Suche verweigert, bleibt sie grundlos, und somit beliebig. Den vermeintlich unabwendbaren „Wärmetod" gibt es nicht, sondern lediglich - und immerhin - die lebenserhaltende Arbeit der Substanz.

2.5.5 Die Ausdehnung

Wie reagiert die Erde, wenn die Sonne ihre Emission steigert? Wird die Erde dann „verbrannt", wie prophezeit, weil die Gravitation jede Flucht unterbindet?

Die Erzeugung von Heliumkernen aus Wasserstoffkernen im Zentrum der Sonne endet, wenn alle Wasserstoffkerne verarbeitet sind. Dann wird das *Helium* seinerseits zum Rohstoff, es setzt die Fusion von *Kohlenstoff* aus Helium ein. Sollte reichlich Materie hinzukommen, eine eher seltene Himmelsgabe, so werden wie bei Riesensternen *Eisenkerne* fusioniert. Dort endet die Genese von Atomkernen zwar nicht, aber was vorgeht, ist schon ausreichend ersichtlich. Die Kerne werden immer reichhaltiger an Protonen.

Gemäß der aktuellen Sterntheorie bläht sich die Schale der Sonne beim Verschmelzen von Helium zu Kohlenstoff zu einem Roten Riesen auf, weil sie dann „mehr Hitze" freisetzt.

Diese Hitze ist aber wieder eine Freisetzung des Überschusses aus dem Zentrum. Jede Hitze kommt aus der Kälte, jede Emission aus der Absorption. Die Atomkerne fusionieren nur deshalb zu immer schwereren Kernen, weil ihre *gesonderte* Erhaltung misslingt.

Je mehr Protonen einen Kern, einen gemeinsamen Verband bilden, umso mehr *übrige* Atomteile werden freigesetzt. Was nicht in die Rotation eingeht, das geht aus ihr hervor. Wird mehr Hitze frei, so ist dies mehr *überschüssiger Inhalt*. Es wird mehr Inhalt zuerst in die Randschichten der Sonne entlassen, das bewirkt deren Ausdehnung, und zuletzt in das Sonnensystem.

Erhitzte Substanzen dehnen sich aus. Das gilt nicht nur für die Sonne, sondern auch für das Sonnensystem. Die erste Wirkung der Fusion von Kohlenstoffkernen ist, dass sich die Sonne ausdehnt. Die zweite Wirkung ist, dass sich das ganze Sonnensystem ausdehnt. Es bewahrt jedoch seinen wesentlichen Inhalt. Denn was die Quelle gibt, das wird von den Senken aufgenommen, von den Trabanten. Nicht alle Strahlung wird bewahrt, aber genau so viel, als die Trabanten zu ihrer Erhaltungsarbeit brauchen.

Dehnt sich das Sonnensystem aus, so entfernen sich die Trabanten vom Zentrum. Wie machen sie das?

Die Planeten arbeiten so wie bisher. Sie absorbieren und emittieren, diesmal jedoch gesteigert, weil der Inhalt des Systems zugenommen hat. Ein gesteigerter Austausch von Inhalt ergibt *Beschleunigung*. Die Planeten werden schneller und bleiben auf diese Weise stabil. Ihrer gesteigerten Absorption entspricht eine gesteigerte Emission.

Wenn mehr Inhalt ausgetauscht wird, dann wird die Substanz umfassender erneuert, sie wird dynamischer. Das ganze Sonnensystem wird dynamischer. Was die Mitte vermehrt spendet, wird rascher und öfter aufgenommen und verarbeitet. Die *Frequenz* des Austausches nimmt zu. Dann wird der vermehrte Überschuss seitens der Trabanten freigesetzt. Was geschieht mit dem Emittat der Trabanten?

Wenn die Sonne nicht nur vermehrt emittiert, sondern auch vermehrt absorbiert, dann nimmt sie den Überschuss der Planeten auf. Das ist unwahrscheinlich, weil die Sonne heißer ist. Die Quellen ihrer Absorptionstätigkeit müssen andere sein, zudem im Zentrum der Milchstraße liegen.

Wenn die Sonne ihre Absorption nicht *aus* dem System steigert, dann nimmt das Emittat im System weiter zu. Das Sonnensystem dehnt sich weiter aus. Wie lange geschieht das?

Das System dehnt sich solange aus, bis die *gegenseitige Absorption* aller Teilnehmer wieder ihrer *gegenseitigen Emission* entspricht. Die Trabanten *vergrößern* ihre Umlaufbahn, bis ihr Austausch nicht mehr überhitzt ist, bis ihre Absorption nicht größer ist als ihre Emission.

Das kennen wir schon vom Steigen des Wassers, wenn es verdunstet. Nach der Abkühlung kehrt es in die alte Umgebung zurück, das ist, in die Gefilde des ausgeglichenen Austausches von Inhalt. Die Ursache ist die Erhaltungsarbeit der Atome.

Dieselbe Ursache wirkt in den Planeten. Sie steigen auf, entfernen sich von der Quelle, bis sie abkühlen und wieder zurück kehren. Der Unterschied ist, dass hier der dichte Boden der Wurfparabel fehlt. An seiner Statt wirkt die zur Erhaltung geeignete Strahlungsdichte. Sie bildet den wirksamen Horizont, innerhalb der vergrößerten Isotherme entsteht die größere Umlaufbahn. Sie wird nicht vorgefunden, sondern wie gewohnt hervorgebracht.

Was aber tut die Sonne, während die Trabanten steigen und fallen, bis sie sich auf neuer Bahn wieder stabilisieren?

Die Sonne emittiert umso heftiger, je mehr Atomkerne sich vereinigen, umso intensiver die Absorption zwischen den Atomkernen stattfindet. Die Dynamik des Systems entspricht der Dynamik im Innersten der Sonne. Das System ist stabil. Es dehnt sich zwar aus, aber dabei kommen alle Teilnehmer zur relativen Ruhe, das heißt, ihre gegenseitige Erhaltungsarbeit gelingt.

Die Substanz verwandelt zwar im Zentrum ihre Zusammensetzung, bleibt aber im Ganzen erhalten. Wir dürfen sogar schließen, dass die *Umformung* einer Substanz der Änderung ihrer Zusammensetzung geschuldet ist. Die Rotationsweise wird davon bestimmt, *wie* sich der Inhalt zusammensetzt *{These 42}*.

Werden die Trabanten schneller, so vergrößern sie ihren Umlauf. Die Erde wird *nicht* verbrannt, sondern sie bleibt dieselbe Substanz. Ihre Erhaltungsarbeit gelingt und erzeugt eine Bahn in größerem Abstand zur Quelle.

Die Erde ist durch keine „Gravitation" an die Sonne angebunden. Der Abstand zur Sonne ist bestimmt durch die Absorptionstätigkeit der irdischen Atome. Vermehrte Absorption führt nur dann zur Attraktion, wenn die Erhaltung misslingt. Gelingt hingegen die Erhaltungsarbeit, so emittiert das Atom umso öfter, je öfter es absorbiert. Die Erhaltungsarbeit wird schneller und damit die zusammen gesetzte Bewegung, die Rotation.

Es kommt dabei *nicht* zu einer Steigerung der „Fliehkräfte", weil es diese nicht gibt. Vielmehr wird die Rotation *neu* zusammengesetzt. Vermehrte Absorption und Emission ergeben zusammen mehr Inhalt, der ausgetauscht wird. Größerer Austausch bedeutet mehr Bewegung, nicht nur raschere, sondern auch umfassendere Bewegung. Der Umlauf nimmt an Geschwindigkeit und Umfang zu.

Auf diese Weise bleiben die irdischen Atome dieselben, vorausgesetzt, das Emittat der Sonne bleibt brauchbar. Das ist anzunehmen, weil bei der Kernfusion immer Protonen am Werk sind. Erst wenn sich die Protonen auflösen und ihre inneren Teile freisetzen, erst dann ändert sich die Erhaltungsarbeit im gesamten System. Seine Materie ist dann nicht mehr atomar, sondern subatomar.

2.6 Die Zusammensetzung der Bewegung

Vereinen sich zwei Körper, indem sie einander gegenseitig ver- und entsorgen, so arbeiten sie wechselseitig als Quelle und Senke. Die Folgen kennen wir schon. Was die Quelle gibt, wird von der Senke aufgenommen. Dann wechseln Funktion und Arbeitsweise. Repulsion und Attraktion, Entfernung und Annäherung lösen einander ab. So bleibt die Entfernung gleich, indem auch die Annäherung aufhört. Das Ergebnis ist gleicher Abstand, Äquidistanz.

2.6.1 Die Schwingung

Die erste Erscheinungsform von Äquidistanz ist die Schwingung. Je öfter der Austausch von Inhalt zwischen Quelle und Senke erfolgt, desto höher ist die „Frequenz". Sie zählt und benennt den Wechsel von Inhalt pro Sekunde. Die Frequenz misst die *Erneuerungsrate* einer Substanz *{These 43}*.

Der Kammerton zum Beispiel hat 440 Hertz. Das bedeutet, 440 mal pro Sekunde wechselt die Bewegung der Luft, weil die Quelle 440 mal pro Sekunde *agiert*, strahlt oder sendet, Inhalte freisetzt.

Die Senke *reagiert* 440 mal pro Sekunde, sie absorbiert so oft, als die Quelle emittiert. Die Senke erneuert ihre Substanz 440 mal pro Sekunde, weil sie die Inhalte der Quelle aufnimmt und verarbeitet. In weiterer Folge emittiert auch die Senke ihren Überschuss 440 mal pro Sekunde, sie wird zu einer *gleichartigen* Quelle.

Auf diese Weise wird jedes Luftmolekül zuerst zur Senke und dann zur Quelle. Die Erhaltungsarbeit der Moleküle wird übertragen oder fortgepflanzt. Das gilt als „Luftschwingung".

Je inhaltsreicher, umfassender der Austausch erfolgt, desto größer ist die „Amplitude", das Ausgreifen und Einholen von neuem Inhalt, sowie das Freisetzen von altem Inhalt.

Es wird aber nicht die Luft selbst neu verteilt, sondern lediglich die Erhaltungsarbeit wird von den angeregten Molekülen aufgenommen und verbreitet. Jedes Moleküle bleibt, wo es ist, ändert aber seine Rotationsweise, seine Schwingung, sobald die neue Arbeit eintrifft.

Wir können uns das so vorstellen, dass die *Umlaufbahnen* der Elektronen beim Einholen von neuem Inhalt weiter werden, hingegen beim Auswerfen von Überschuss enger. Sowohl beim Absorbieren als auch beim Emittieren muss der Inhalt seine Grenze öffnen, somit seine Form. Beim Absorbieren bringt das Öffnen der Form eine *Ausweitung* der Rotation. Beim Emittieren zeitigt das Schließen der Form eine *Verengung* der Rotation.

Elektronen scheinen „spontan" von einer Umlaufbahn um den Atomkern in die nächste zu springen, was als „Quantensprung" bezeichnet wird.

Die vermeintliche Spontaneität ist jedoch der Methode des Messens geschuldet. Mit elektromagnetischen Instrumenten können wir immer nur in Erfahrung bringen, in welcher Schale des Atoms das Elektron „anzutreffen" ist. Dort wird es nämlich absorbiert. Warum und wie das Elektron dort hin gelangte, wie es sich bewegte, das bleibt methodisch verborgen. Zudem gilt es als „elementar", was die Ursachenforschung bestimmt nicht erleichtert.

2.6.2 Die Welle

Die Erhaltungsarbeit einer Substanz wird in Analogie zum Wasser als „Welle" dargestellt. Die *Wellenberge* steigen umso höher, je mehr Atome gegenseitig *emittieren* und deshalb *repulsieren*. Ihr Abstand vergrößert sich, das ergibt die Erhebung aus dem ruhigen Wasser, die Welle *über* dem Wasserspiegel.

Die *Wellentäler* sinken umso tiefer, je mehr Atome gegenseitig *absorbieren* und deshalb *attrahieren*. Ihr Abstand verringert sich, das ergibt die Mulde im Wasser, die Welle *unter* dem Wasserspiegel.

Verzichten wir auf das Wasser, und muten wir „der Welle" zu, ohne jeglichen Inhalt zu reisen, so landen wir beim physikalischen „Modell" der Strahlung.

Das Modell ist geometrisch der *Oberfläche* des Wassers entnommen. Die physikalische Welle ist ein geistiges Geschöpf *aus* dem Wasser. Das Wasser wird allerdings nicht mit heraus geschöpft, sondern verbleibt im Wasser. Nur der gewellte Wasserspiegel wird entnommen. Die Welle soll *ohne* ihren Ursprung und ohne ihre Materie auskommen, sie ist ein *abstraktes* Geschöpf. Glauben wir nicht an Dinge *ohne* Inhalt, so wird uns dieses Verfahren der Abstraktion noch beschäftigen.

Zuerst geben wir der Welle einen *materiellen, wirklichen* Inhalt zurück, nämlich jenen, den die Quelle abgibt, den sie zunächst uns zur Betrachtung überlässt, und schließlich einer Senke zur Aufnahme. Wir sehen also anfangs zu und haben zuletzt das Nachsehen.

Noch schweigt die Quelle über ihre Inhalte. Einstweilen können wir uns vorstellen, dass *jeder* Inhalt pulsiert oder schwingt, wenn er als Strahlung freigesetzt wird und dann selbst auf Reisen ist. Dieser Reisetätigkeit gilt unser Interesse, ist es doch die Schwingung, die Übertragung der Arbeit. Wie ist die Fortpflanzung der Erhaltungsarbeit unterwegs? Was haben wir schon in Erfahrung gebracht?

Wir bemühen nochmals das Wasser. Ist viel Inhalt unterwegs, so sind die Wellen hoch und tief, die Amplitude ist hoch. Ist wenig Inhalt auf Reisen, so sind die Wellen flach und seicht, die Amplitude ist niedrig. Die *Amplitude* ist ein Maß für den *materiellen* Gehalt der Welle. Sie wird umso kleiner, je magerer die Welle an Inhalt ist.

Wenn wir die Welle als *Querschnitt* durch eine pulsierende Rotationsform auffassen, dann kommen wir dem Inhalt näher. Es rotieren allerdings nicht die Moleküle, sie steigen und fallen lediglich. Vielmehr rotieren die Zunahme und die Abnahme der Erhaltungsarbeit. Nicht die Arbeiter rotieren, sondern nur die Arbeit.

Die Aufnahme und Abgabe von Überschuss wird rundum fortgepflanzt. Alle Nachbarn werden in die Pflicht genommen, denn sie sind alle Teil des Verbandes. So bleibt die Substanz des Wassers erhalten.

Nun sehen auch wir vom Wasser ab. Wir abstrahieren zwar weniger radikal, dafür etwas exakter. Welche *Sache* in einer Welle pulsierend unterwegs ist, das überlassen wir weiterhin der Quelle. Immerhin ist es ihre Spende, die wir zu beurteilen haben.

Ist *kein* Inhalt unterwegs, dann erfolgte exakt *keine* Spende, dann ist *nichts* unterwegs. Dann ist allerdings auch nichts zu beurteilen, weil *keine* Senke *reagieren* kann, weder exakt wissenschaftlich, noch vulgär populär, noch sonst irgend wie.

Die abstrakte Welle laut Modell bildet exakt *nichts* ab. Folglich entweicht sie auch unbeschadet in ihr Gehege rund um das Universum, weil dort abermals *nichts* ist. Diese Sorte *nichts* ist immer hausbacken, sie entspringt der Methode.

Nur ausgetauschte *Inhalte* sind wirklich, nicht auch geistige Geschöpfe aus falschen Abstraktionen. Ist eine Welle *wirklich,* dann wirkt sie mittels der *Inhalte,* die sie überbringt. Die reale, materielle Welle ist das materielle Emittat der Quelle *{These 44}*.

2.6.3 Das Teilchen

Ist umgekehrt *jedes* wirkliche Emittat eine Welle, dann fliegen in der Welt *keine* „Teilchen" herum, sondern eben nur materielle Wellen *{These 45}*. Das „mechanische Weltbild" verliert bei so viel unbegründeter, haltloser Verallgemeinerung abrupt und deutlich an Halt. Dürfen wir so grob sein?

Fragen wir die Substanz. Sie liefert guten Grund für unsere wellige These. Die Substanz tut sich leichter mit der Absorption von fleißigen Wellen, als mit der Einverleibung von trägen Massen, oder von zu Tode abstrahierten Schwerpunkten. Da jede Substanz Absorption und Emission zu sich vereint, schwingt sie, kann also mit Schwingungen deutlich besser umgehen als mit Nicht-Schwingungen.

Zur feinfühligen Probe hauen wir zart, aber punktgenau auf ein elementares Teilchen. Ist etwas zu hören oder sehen, so schwingt das schwere Pünktchen, ist also Substanz. Klingt ziemlich unfein, was wir da tun, aber immerhin, eine Emission bleibt nicht aus. Also ist schon das kleinste, elementarste Teilchen Substanz, sozusagen ein Schwingungshaushalt von realen Wellen. Somit finden Wellen zu Wellen, wenn sie sich vereinen, wenn sie einander absorbieren, und kommen Wellen aus Wellen, wenn eine Quelle emittiert.

2.6.4 Der Inhalt der Welle

Macht das unsere Geschichte mit der fragwürdigen Sache auf Reisen vielleicht einfacher?

Bisher hat uns die Quelle mit der Frequenz verraten, wie schnell sie arbeitet, und mit der Amplitude, wie freigebig sie ist. Sehen wir weiter.

Die „Wellenlänge“ gibt den Abstand der „Knoten“. Das sind *geometrisch* die Wendepunkte vom Steigen und Fallen der Welle. Die abstrakte Welle kann jedoch weder steigen noch fallen, denn sie wurde vom Inhalt befreit.

Wir helfen uns so, dass wir die leere Welle an der Achse, am früheren Wasserspiegel spiegeln. Sie hat jetzt einen oberen und einen unteren Lauf, die einander abwechseln. Das ermöglicht uns, der Doppelwelle wieder jenen Inhalt zuzusprechen, der aus der Quelle kommt.

Jetzt zeigt der Inhalt der Welle einen *Rhythmus*, er schwingt, er pulsiert. Jetzt machen die Knoten Sinn. Dort erfolgen die Vereinigung und die Trennung der fragwürdigen Sache. Dort sind die Inhalte vereint, bevor sie sich wieder trennen. Jeweils dort kommen die Inhalte nach ihrer Trennung wieder zusammen.

Dort sind *Körper* anzutreffen, die sich vereinen und auflösen. In den Knoten liegt Rotation der reisenden Inhalte vor. In den Knoten ist das Emittat der Quelle körperlich. Hier sind „Massepunkte“ anzutreffen, wenn wir uns mechanisch ausdrücken wollen. Hier dürfen die geschmähten Teilchen wieder Teilchen sein, obwohl sie gerade noch nichts als leere Welle waren.

Zwischen den Knoten sind die Körper aufgelöst, in ihre Teile getrennt, die zuerst auseinander fliegen, die Amplitude erreichen, den Wendepunkt ihrer Bewegung, und sich danach wieder vereinen, im nächsten Knoten umeinander rotieren. So fliegt die fragwürdige Sache einer Welle. So ist das Emittat einer Quelle unterwegs.

In der Welt der Maße ist in der Welle lediglich „Energie“ anzutreffen, denn für die Mechanik fehlt der Gegenstand, der Körper. So belehrt uns die Welle, dass Masse und Energie auseinander hervorgehen und ineinander übergehen, einander rhythmisch ablösen. Energie und Masse pulsieren im Takt der Welle.

Löst sich die Substanz *ganz* in Licht auf, so löst sich das Teilchen ganz in die Welle auf, die Masse ganz in Energie. Vereint sich das Licht zur Substanz, dann vereint sich die Welle zum Teilchen, die Energie zur Masse.

Die Lichtgeschwindigkeit tritt bei der völligen Auflösung der Masse in Energie zweimal auf. In Richtung der Emission muss sie das Licht auf seiner Reise abbilden, als *Bewegung*. In Richtung der Auflösung muss sie das Licht als materielle Fülle der Welle abbilden, als *Inhalt*. Die Masse wird nicht linear, sondern *flächig* in Licht aufgelöst. Die Energie der Welle ergibt sich als das Produkt aus Masse *mal* Lichtgeschwindigkeit *mal* Lichtgeschwindigkeit. $E = mc^2$ würde Albert Einstein dazu sagen.

Da unterstellen wir allerdings, dass die fragwürdige Sache in einer Welle immer das Licht sei. Das hieße, dass *alle* Quellen Strahlung mit Lichtgeschwindigkeit emittieren, also auch alle Substanzen oder Teilchen. Dürfen wir das?

2.6.5 Das Medium der Welle

Bringen wir mehr in Erfahrung von unseren Unterstellungen.

Je *höher* die Frequenz, die *Erneuerungsrate* ist, desto *kürzer* ist die *Wellenlänge*. Der Grund ist, dass die Erneuerungsarbeit nicht lange Zeit hat, ihre eilige Sache fort zu setzen, jenen Inhalt neu zu vereinen, den wir recht fragwürdig finden, oder nein, den wir eigentlich immer noch suchen.

Dauert hingegen die Erneuerungsarbeit länger, *sinkt* die Frequenz, so *nimmt* die Wellenlänge *zu*.

Wir können diesen einleuchtenden Zusammenhang so interpretieren, dass zeitlich kurze Arbeit räumlich nicht weit reicht, lange Arbeit hingegen schon. Wechselt der Inhalt *rasch,* so kommt er *nicht weit,* weil er klein ist. Je *seltener* der Inhalt wechselt, desto weiter kommt er, desto beharrlicher ist seine Fortsetzung, weil er groß ist. Beharrlichkeit ist nicht Trägheit, sondern Fülle an Inhalt, macht also sich und anderen viel Arbeit.

Wieder ergibt sich, dass die Welle ohne Inhalt ein Unding ist. Nur eine Welle, die auf ihrem Inhalt beharrt, kann reisen. Je beharrlicher sie ist, desto weiter kommt sie, aber desto schwieriger und langwieriger ist ihre Herstellung.

Gut Ding braucht Weile, diese Regelung wurzelt scheinbar in der Welle. Wollen wir wissen, *welches* gute Ding, dann müssen wir fragen, *was* die *Dauer* der Erhaltungsarbeit bestimmt. Wann wird kurz, wann wird lang gearbeitet? Wird etwa Schicht gearbeitet?

Das wird von der Quelle abhängen, nämlich davon, wie lang sie an der Erhaltung ihrer Substanz arbeitet. Das aber hängt *nicht* davon ab, wie groß die *gesamte* Substanz ist, sondern wie groß der Anteil ist, der ausgetauscht wird. Die Erhaltungsarbeit wird umso länger dauern, je *umfassender* die Substanz erneuert wird. Nachdem jedes Atom als Quelle fungiert, fragen wir, wann es sich umfassend erneuert und dazu lange braucht, und wann hingegen nicht.

Erfolgt die Arbeit in der *Peripherie* des Atoms, so sind viele Teile am Werk. Der Inhalt nimmt zu, der ausgetauscht wird. Das ergibt längere Dauer, niedrigere Frequenz und längere Wellen. Die Amplitude wird umso höher ausfallen, je mehr Substanz von der Peripherie erneuert wird, denn desto umfangreicher ist das Emittat. Lange und *langsame* Wellen kommen aus der *Peripherie* der Quelle.

Erfolgt die Arbeit im *Zentrum,* so arbeiten weniger Teile der Quelle. Der Inhalt nimmt ab. Die Dauer nimmt ab. Das ergibt höhere Frequenzen und kürzere Wellen. Die Amplitude nimmt zusätzlich ab, je magerer das Emittat ausfällt. Kurze und *schnelle* Wellen kommen aus dem *Zentrum* der Quelle.

Welches Bild der fragwürdigen Sache in der Welle ergibt sich?

Wir können uns analog eine *Wolke* vorstellen, die sich abwechselnd sammelt, zu einem Körper verdichtet, und sich dann wieder auflöst. Mit jedem Puls macht die Wolke scheinbar einen Satz oder Sprung. Das aber nur scheinbar, denn nicht die Wolke selbst ist auf Reisen, sondern lediglich die *Erhaltungsarbeit*. Die Wolke verbleibt als geduldiger Arbeiter, wo sie ist.

Was aber erhält sich? Welche *Sache*? Welcher Rohstoff oder Feinstoff? Verlangen wir da nicht ein *Medium* der Schwingung?

Nun, das Wasser ist uns zwar abhanden gekommen, aber nicht auch die Strahlung, das Licht aller Sorten oder Quellen. Wir verwenden oder postulieren als Medium der Schwingung einfach das *gesamte* Emittat aller Himmelskörper. Es muss zwischen allen Quellen gegeben sein, bevor es die Senken erreicht.

Muss sich solche Fülle nicht irgendwie zeigen?

Nein, das kann sie nicht. Wird sie absorbiert, so wird sie zwar sichtbar, aber damit zum Bestandteil der Senke. Solange das Emittat frei ist, ist es notwendig dunkel. Wird das Medium nicht absorbiert, so wird es auch nicht gesehen. Diesem dunklen „Ozean der Photonen" muten wir zu, sich wie eine pulsierende Wolke zu verhalten, wenn neues Emittat eintrifft und sich fortpflanzt.

Was ist eine „pulsierende Wolke aus dunklem Licht"? Ist diese fragwürdige Sache nicht zu fragwürdig für eine Sache?

Schauen wir dem *gemeinsamen* Emittat *aller* Quellen bei der Arbeit zu. Schneiden wir die pulsierende Wolke der *Erhaltungsarbeit* senkrecht durch, so erhalten wir wenigstens zwei Umrisse. Das ergibt zwei Wellen mit wechselnder Fülle oder Arbeit, eine oben und eine unten. Zum Messen und Rechnen genügt zwar *eine* abstrakte Welle, weil das Gegenstück komplementär arbeiten muss. Zum Denken brauchen wir allerdings mindestens *zwei* Wellen mit *wirklichem* Inhalt.

Als *realen* Inhalt verwenden wir das dunkle Meer der gesamten freien Strahlung, physikalisch paradox ausgedrückt die „Fülle des Vakuums“, oder schlicht den „Photonsee“. Nachdem dieser Ozean zwischen allen Quellen und Senken gegeben sein *muss*, dürfen und müssen wir das. Denn auch die Wellen müssen da *durch* kommen, oder da*von* kommen, oder sich wenigstens darin fortpflanzen.

Nun schneiden wir die Wolke in jeder beliebigen Richtung entlang der Achse durch. Immer erhalten wir zwei Wellenpaare, die sich wechselseitig ergänzen. Geometrisch können wir auch eine Welle entlang ihrer Achse rotieren lassen.

Das geflochtene Gebilde zeigt im Innenleben ein Geschehen, das sich mittels seines Pulses fortpflanzt. Die Knoten scheinen zu springen oder zu fliegen, wenn die Inhalte dort eintreffen, kurz rotieren und gleich wieder flott machen. Dieses pulsierende Geschehen ist die Erhaltungsarbeit des Photonsees. Am Knoten entsteht und vergeht ein Photon. Auf diese Weise kommt das junge Licht, die Spende der Quelle, im alten Licht des dunklen Ozeans voran, bis es erlischt, weil es darin untergeht.

Zur Veranschaulichung der Dynamik können wir einen dehnbaren Schlauch aus geometrischen Wellen konstruieren. Er bläht sich auf, wenn frisches Emittat einer nahen Quelle eintrifft. Das Gebilde schrumpft in den Pausen, wenn die junge Strahlung ausbleibt. Die Versorgung erfolgt nämlich nur in jenen Intervallen, die von Absorption und Emission bestimmt werden. Die stotternde Pumpe ist das Atom, der Atomkern, das Elektron, jede Quelle, die Überschüsse freisetzt, sobald sie ihrerseits mit der Verarbeitung neuer Inhalte fertig wird.

Nachdem im Universum viele solcher Pumpen zwar flink, aber doch stotternd am Werk sind, ist der gemeinsame Photonsee unvermeidlich stets gut gefüllt. Ebenso unvermeidlich ist der Umstand, dass sich darin zwar alle Wellen ausbreiten, aber darin ebenso verebben wie Wellen aus Wasser im Wasser. In der Folge wird der Photonsee aus Licht notwendig dunkel, sobald das Licht darin verebbt.

Wie wollen wir denn erkunden, ob diese dunkle Sache ein wirklicher Fund, oder bloß eine unsichtbare Erfindung ist?

Da müssen wir gut hinschauen. Verebbt das Licht *nicht* vorher, trifft es bei einer Senke ein, so ist die Erhaltungsarbeit des *Photonsees* ebenso *wirklich* wie das „Licht“, auf das die Senke reagiert, das sie sieht.

Gibt es den Photonsee *nicht*, so gibt es *keine* Emittate. Gibt es keine Emittate, so gibt es *keine* Quellen. Dann sehen wir nichts. Sehen wir doch etwas, so müssen wir einsehen, dass es Quellen und in der Folge den Photonsee gibt. Sehen wir ihn nicht, so müssen wir zugeben, dass er dunkel ist. Wir erhalten als *erstes* Ergebnis, den dunklen Photonsee gibt es notwendig.

Gibt es die *Erhaltungsarbeit* des Photonsees *nicht*, so geht er unter. Geht er zugrunde, so geht er im Photonsee unter, denn ein anderer Grund oder Ozean ist nicht möglich. Der Ozean erhält sich selbst, auch wenn er untergeht oder sich auflöst. Das *zweite* Ergebnis lautet, die Erhaltungsarbeit des Photonsees ist notwendig gegeben.

Gibt es *keine* Erhaltungsarbeit des Photonsees, so kann ihn das Licht nicht durchqueren, ohne sich darin aufzulösen. Denn die Erhaltungsarbeit des Photons kann nur funktionieren, solang sich seine Umgebung gegengleich stabilisiert. Das *dritte* Ergebnis besagt, die Erhaltungsarbeit des Photonsees ist notwendig, damit das Licht durchkommt, wenn es „durchkommt“.

Jetzt haben wir drei Prämissen, es gibt den Photonsee, seine Erhaltungsarbeit, und das Licht kommt durch. Also fragen wir, *wie* das Licht durchkommt.

Wir haben keine Ahnung. Wie soll denn das Wasser im Wasser durchkommen, oder das Licht im Licht?

Also fragen wir umgekehrt. Wie kann das Licht durchkommen, wenn *nicht* als Welle, wenn *nicht* als Erhaltungsarbeit des Photonsees?

Jetzt ist die fragwürdige Sache klar. Das Licht kommt so durch den Photonsee wie die Welle durch das Wasser. Es *pflanzt* sich darin *fort*. Die *Arbeit* wird übertragen, *nichts* anderes. Pflanzt sich keine Erhaltungsarbeit fort, so breitet sich auch keine Welle aus, so gibt es keine Welle.

Andere Möglichkeiten sind nicht gegeben, wenn der Photonsee und seine Erhaltungsarbeit gegeben sind. Also müssen wir schließen, dass das sichtbare Licht die *Erhaltungsarbeit* des dunklen Photonsees ist, genauer, die *Fortpflanzung* dieser Erhaltungsarbeit.

Das Photon ist *kein* Ding, auch die Lichtwelle ist *kein* Ding, sondern die *Art und Weise*, die *Arbeitsweise*, wie sich der dunkle Ozean der Photonen substanziell erhält *{These 46}*.

Der *Inhalt* einer Welle entspricht dem *materiellen* Inhalt des Photonsees. Seine Substanz ist *alt*, wo er aus *fernen* Quellen gespeist wird, deren Wirkung verebbt. Der Photonsee ist *jung* in der Nähe von Quellen. Dort wird er im *Arbeitsrhythmus* der Quellen belebt, aufgefrischt. Die *Erneuerungsrate* des Photonsees wird bestimmt vom Zuwachs und Verlust im Verhältnis zum Bestand.

Die *Emissionsrate* der Quelle entspricht der *Absorptionsrate* des Photonsees, setzt sich in die *Frequenz* des Photons fort, und entspricht schließlich der *Erneuerungsrate* der Senke.

So wird das Licht *fortgepflanzt*. Das Licht ist die Übertragung der Erhaltungsarbeit zwischen Quelle, Photonsee und Senke *{These 47}*.

Aber das Photon ist doch auch ein Teilchen? Albert Einstein hat für diesen Nachweis den Nobelpreis für Physik bekommen.

Albert Einstein hat den „photoelektrischen Effekt“ untersucht. Dabei verwandelt sich der *Absorber* des Lichts. Das Licht wirkt erst dann als „Teilchen“, wenn es die Senke aufnimmt, weil es die Senke dann in der Tat zu *ihrem* Inhalt macht.

Aber das tut die Senke so, dass sie aus dem *Photonsee* ihren alten Inhalt auffrischt und erneuert. Nur auf diese Weise wird aus der *wirklichen* Welle *reale* Substanz. Es gibt keinen „Welle-Teilchen Dualismus“, denn sowohl die abstrakte „Welle“ als auch das „Teilchen“ sind fiktiv, sind leere Abstraktionen ohne Gegenstand oder Entsprechung in der Materie.

Was allein geschieht, das ist die Übertragung der Erhaltungsarbeit zuerst von der Quelle auf den Photonsee, und dann vom Photonsee auf die Senke. Es ist *weder* ein „Lichtstrahl“ *noch* eine abstrakte „Welle“ zwischen Quelle und Senke unterwegs. Beide sind *nicht* auf Reisen, *beide gibt es nicht*. Kein Photon ist auf Reisen. Was fortgepflanzt, übertragen wird, das ist allein die *Erhaltungsarbeit*. Jedes Photon bleibt, wo es ist, wo es entsteht und vergeht, wo es auftaucht und untergeht.

Wir werden dem Photon später wieder begegnen, wenn wir die Besonderheiten der Körper besprechen. Jetzt widmen wir uns weiter der Bewegung, weil sie nicht so verschlossen ist wie die Substanz. Mit ihr kommen wir hoffentlich gut voran. Station hat uns die Bewegung bislang keine gegönnt, aber immerhin durften wir mit ihr schwingen und in Ozeanen aus dunklen Emittaten baden. Nach dem Wellenreiten und Untergehen werden wir jetzt vorsorglich wieder auftauchen und in der Folge mit rotieren.

2.6.6 Die Rotation

Schwingung ist das Ergebnis der Erhaltungsarbeit, wenn Absorption und Emission gleich wirksam sind. Eine Quelle sendet ihr Emittat rhythmisch, in Wellen. Arbeitet eine Senke gegengleich, so kommt es zur Vereinigung von Quelle und Senke, es entsteht ein Verband. Quelle und Senke bleiben äquidistant, solange ihr Austausch von Inhalt gegenseitig brauchbar ist und ausgeglichen erfolgt. Werden auch seitlich abweichende Freisetzungen einverleibt, so geht die Schwingung in Drehung über. Damit ist die Rotation hervorgebracht und mit ihr die Substanz, der Körper.

Jede Substanz dreht sich um die eigene Achse. Die Achse entsteht dort, wo der Austausch am geringsten erfolgt oder ohne Wirkung bleibt. Die Substanz verlangt *keine* einheitliche oder geschlossene Form. Vielmehr wird sie oft so aufgelöst oder zerzaust sein und erscheinen wie eine Galaxie.

Substanz verlangt lediglich Rotation. Denn sobald Rotation vorliegt, versorgen und entsorgen sich die Teilnehmer eines Verbandes gegenseitig. Je vollständiger dies gelingt, desto geschlossener wird die Grenze des Inhalts, und damit die Form. Zuletzt erhalten wir eine runde Sache, sei es die Erde, die Milchstraße oder ein Atom. Aber nie ist diese Sache ohne ihre innere Arbeit gegeben, die ihre Teile vereint.

Diese *erste* Form der Rotation ist die „*innere* Rotation", sie ergibt die Drehung um die eigene Achse, die Eigendrehung.

Nun finden wir allerdings keine Körper in der Materie, die nicht selbst wieder Bestandteil einer größeren Struktur sind. Was rotiert, ist nicht allein, sondern zudem auf Reisen. Es nähert sich Quellen, deren Inhalte es aufnimmt, und es entfernt sich von Quellen, deren Inhalte es freisetzt. Während eine Substanz rotiert, bewegt sie sich auch als Ganzes fort.

Alsbald finden wir wieder Rotation, „*äußere* Rotation", diesmal um ein dominantes Zentrum des Systems, um das der *Umlauf* erfolgt. Die *Eigendrehung* wird gefolgt von der *Orbitalbewegung*. Was sich mittels Rotation als Substanz und Körper stabilisiert, das rotiert zudem in einem System, das sich seinerseits auf gleiche Weise stabilisiert.

Sehen wir uns ein Beispiel an, „unseren" Planeten, der uns zwar nicht gehört, aber doch duldet und mitführt, solange wir uns entsprechend benehmen. Unser ist also lediglich sein Schicksal. Wir teilen es, eigentlich ungewollt, aber umso unerbittlicher, weil wir Teilnehmer am irdischen Verband sind.

Die Bewegung der Erde ist *vielfach*. Zum einen dreht sie sich um die eigene Achse, zum anderen umrundet sie die Sonne auf elliptischer Bahn, weiters umkreist sie mit dem Sonnensystem das Zentrum der Milchstraße, und schließlich reist sie mit der Milchstraße durch den Kosmos.

Die Geschwindigkeit der Erde nimmt dabei in jedem System zu, lässt aber außerhalb des Systems wieder nach.

Die Eigendrehung dauert einen Tag. Ein Atom am Äquator reist 40 074 km in 24 Stunden, somit mit einer Geschwindigkeit von 1670 km/h. Das sollen sich unsere allseits beliebten „Raser" einmal auf ihrer gewohnt flinken Zunge zergehen lassen, wenn sie glauben, dass sie schnell sind. In der Tat sind sie schnell, aber eben ganz anders, als sie sich das vorstellen.

Der Umlauf um die Sonne dauert ein Jahr. Dabei werden durchschnittlich 107.229 Kilometer pro Stunde zurückgelegt. Im Schlepptau der Sonne reist die Erde weiters mit 267 km/s um den Mittelpunkt der Milchstraße, das entspricht 961.200 Stundenkilometern. Schließlich bewegt sich die Milchstraße mit 120 km/s auf den Andromedanebel zu, was 432.000 km/h ergibt (alle Daten diesmal nicht von Tycho Brahe, sondern aus Wikipedia).

Da erhebt sich die Frage, wie ein Atom alle diese Bewegungen aus sich hervorbringen kann?

Nehmen wir einfach einmal das Atom zur Hand, das unsere Nasenspitze bildet. Es soll nicht nur für genug nasale Bildung sorgen, sondern zudem soll es all die richtigen Richtungen und Geschwindigkeiten sortieren, also einschlagen und auseinander halten, oder gesondert aufrecht erhalten. Ist das nicht zuviel verlangt, von einer einfachen Nasenspitze?

Was geschieht, wenn wir obendrein noch niesen oder reiben? Kommt das nicht einer Zerreißprobe gleich? Was hält ein Atom zusammen, das so vielfältig beansprucht wird? Wo sind da die flinken Rechner, die mit all den Kräften richtig umzugehen verstehen? Und wie hört das tapfere Atom auf ihre wackeren Zahlen, Gesetze und Gleichungen?

2.6.7 Kritik der Kraft

Wer einem mechanischen Weltbild anhängt, wird glauben, dass sich die *zuständigen* Kräfte wie Behörden von selbst einfinden, anordnen und ausgleichen, sodass zuletzt nur *eine* Kraft, nämlich die „resultierende Kraft" das Atom korrekt angreift und befördert.

Das Atom muss dann nur dieser *einen* richtigen und wirklichen Kraft oder Behörde folgen, sodass es nicht in Turbulenzen gerät. Leider versagt diese Vorstellung darin, was eine Kraft oder richtige Autorität sei, wie sie das Atom aufsuchen und finden, geschweige denn erkennen, angreifen und befehligen könne.

Wartet die Kraft *vor Ort* wie ein Räuber im Hinterhalt auf sein ahnungsloses Opfer? Oder *fliegt* sie wie eine flinke Behörde zur Stätte ihres offiziellen Wirkens? Tanzen uns die Kräfte *auf* der Nase, *vor* der Nase, oder gar *in* der Nase herum?

Wartet die Kraft *vor Ort,* so gibt es ein Platzproblem für die vielen Kräfte, und zudem die Schwierigkeit zu entscheiden, wer zuerst woran wirken darf, soll und muss. Wie machen die Kräfte das Resultat untereinander aus? Gibt es eine Rangordnung, die jeder Kraft einverleibt ist, auch wenn sie ganz entleibt ist?

Fliegt hingegen die Kraft dem Atom *hinterher* oder auch *voraus,* so braucht sie selbst eine Kraft als Antrieb, was einen unendlichen Regress ergibt. Noch dazu müssen die Kräfte dann unterscheiden, wann sie als Wirkung *folgen,* und wann sie als Ursache *wirken* sollen. Wahrlich keine leichte Aufgabe, nicht einmal für vollends dienstbare Geister. Sie brauchen eine Hierarchie, eine externe Kontrollinstanz, eine Lenkung, wenn nicht übernatürliche Hilfe.

Zur Abhilfe werden „Energien“ bemüht, die sich ebenso durchsichtig wie einsichtig in „Feldern“ aufhalten und auf diese Weise immer *rechtzeitig* zur Stelle sind.

Da es sich bei Energien um *vernebelte* Kräfte handelt, ist auch das Problem vernebelt, wo wie welches Opfer als das richtige Gefolge seiner *aktuellen* Majestät erwählt wird. Betroffen sind vielmehr *alle* Opfer zugleich, sofern sie nur in die mächtigen Gefilde der Energie eintreten.

Allerdings versagt wieder die Vorstellung, *wie* dieses Eintreten erfolgen soll, nachdem ein anderes Energiefeld aus Gründen der Belanglosigkeit erfolgreich verlassen wurde. Woher kommt der Machtwechsel? Aus solchem Nebel ist kein Entrinnen, weil einer den anderen ablöst. *Warum* und *wie* das geschieht, das bleibt abermals methodisch im Dunkel.

Also landen wir beim aktuellen Konzept der „Wechselwirkungen“, wo Ursache und Wirkung nach Belieben austauschbar sind. Sie sind beide immer zugleich da, wo Materie ist, und tun auch gerne *zugleich* ihre Pflicht an der Materie, sofern die Materie gerade beliebt, mit zu wirken. Sie erlangt jeweils Geltung zugleich als Täter und als Opfer.

Die *Materie* wirkt an der *Materie*, dann wechseln die Seiten. Soviel Wirkung muss freilich einleuchten. Auf diese wissenschaftlich erprobte Weise werden die leidigen Schwierigkeiten mit der Kausalität umschifft, wenn es klappt.

Nur, es klappt nicht. Entweder gibt es die Kausalität als Grundlage von Leben und Denken, dann muss die Ursache der Wirkung vorausgehen. Oder es gibt die Kausalität *nicht*, dann können Ursache und Wirkung *beliebig* vertauscht werden. Die Wirkung betätigt sich dann als Ursache, wenn und weil sie wirkt; und die Ursache erweist sich als Wirkung, weil sie ebenso erwirkt wurde wie ihre Wirkung.

Hier soll das Kind seine Mutter in die Welt setzen. Allerdings gibt es dann, in einer solch absurden Welt, auch kein Leben und kein Denken, was für ein Missgeschick.

2.6.8 Der Urheber der Bewegung

Vielleicht haben wir zu große Sprünge gemacht, zuviel voraus gesetzt, was sich so weit vorne als gar nicht haltbar erweist und zu riechen beginnt. Wenn wir verstehen wollen, wie sich Bewegungen verändern, dann müssen wir wohl zuerst untersuchen, was eine Bewegung ist. Seltsam, fast ganz am Ende der Bewegung wollen wir wissen, was eine Bewegung eigentlich ist.

Die Bewegung ist *kein* „Ortswechsel“, wie meist gedacht wird. Der Grund ist, dass Orte nicht Teil der Natur sind, sondern lediglich Teil der Geometrie. Orte gibt es nur im Denken. Orte sind nicht Materie, sondern Abstraktionen von Materie. Dort wird von jeder Materie abgesehen. Was bleibt, das sind entleerte, lediglich erdachte Punkte. Sie sind die kleinsten Teile der Geometrie. Das Erreichen und Verlassen von erdachten Punkten ist nicht Sache der Materie, sondern Gegenstand der Vorstellung.

Wer sich die Bewegung als *Ortswechsel* vorstellt, der denkt, dass ein Ding zuerst *da* ist und dann *dort*. Da und Dort sind allerdings wieder erdachte oder projizierte Punkte. Der Ortswechsel ist ein Punktwechsel, mehr nicht.

Das Ding soll sich dabei nicht verändern, sondern die *Stationen* seiner Reise durchlaufen. Es gibt aber keine Stationen, solange die Bewegung anhält oder besteht. Die Station ist die Negation der Bewegung, deren *Aufhebung* oder Pause. Wir aber wollen wissen, was die Bewegung ist, wenn sie *nicht* innehält, sondern andauert. Die wahre Bewegung ist ohne Station, ohne Innehalten, ohne Punkt. Sie ist ein Vorgang ohne Unterbrechung.

Ein Vorgang ist eine Entwicklung, ist erwirkt, muss also eine Ursache haben. Wir fragen, wie entsteht die Bewegung, was ist ihre

Ursache? Wie pflanzt sie sich fort? Wir können auch so fragen: wer oder was ist der Urheber der Bewegung?

Als Urheber, Ursache oder Ursprung der Bewegung kommt nur das in Frage, was sonst noch, neben der Bewegung, in der Materie anzutreffen ist. Das ist der Körper. Nur der Körper kann der Urheber der Bewegung sein, das heißt, er bringt die Bewegung aus sich hervor *{These 48}*.

2.6.9 Die Zusammensetzung der Materie

Allerdings stimmt diese These nur dann, wenn sich in der Materie nicht *weitere* Zutaten oder Ursachen herumtreiben. Vielleicht haben wir die Materie zu unrecht nur in Körper und Bewegung geteilt. Welche anderen Beigaben oder Zutaten kommen noch in Betracht?

Die *Kräfte* haben wir schon weiter oben ausgemustert. Sie kommen nicht voran, wenn sie nicht selbst bewegt werden. Auch die ortsfeste Variante der Kraft ist nicht viel versprechend für das Zustandekommen der Bewegung. Da werden die leeren Punkte zum Bersten mit verschieden angreifenden Kräften gefüllt, die sich allerdings nicht verständigen können.

Kräfte sind menschliche Maße von Bewegungen, genauer, von deren Veränderung. Maße sind Zahlen, die einem Vergleich entspringen. Zahlen oder Vergleiche können keine Ursache sein, denn sie sind auf das Denken angewiesen. Kräfte scheiden als Ursache definitiv aus.

Die *Energie* erbt das alt eingesessene Problem der Kraft. Das Zerstäuben der Punkte zum Feld hilft so wenig wie das Zerstäuben der Kräfte zum Kraftnebel. Auch die Energie ist lediglich ein Maß, wie sich Bewegungen verändern. Wir aber wollen wissen, wie sie entstehen.

Wer in dieser Notlage hilfreiche *Geister* bemühen möchte, kann das gerne tun, muss aber zugeben, dass er selbst der Urheber seiner dienstbaren Geschöpfe ist. Das ergibt zwar viel Arbeit für die Vorstellung, erzielt aber keine Wirkung in der Materie. Die Ursache der Bewegung kann nur in der Materie zu finden sein. Dort müssen wir suchen.

Jetzt haben wir alle Zugaben zur Materie ausgemustert, die uns als möglich eingefallen sind: Kräfte, Energie, Geometrie, Maße, Zahlen, gute und böse Geister, sowie ähnliche Vorstellungen. Was bleibt?

Es bleiben die Bewegung und der Körper. Die Materie teilt sich allein in Körper und Bewegung *{These 49}*.

Die Bewegung kann sich nicht selbst hervorbringen, sagt die Kausalität. Eine Ursache kann sich nicht selbst verursachen. Opfern wir die Kausalität, dann ist zwar alles denkbar, bleibt aber Unsinn. Wer ohne menschliche oder *willkürliche* Zugabe zur Materie auskommen möchte, muss als Urheber der Bewegung den Körper betrachten.

Das ist schon wieder seltsam, methodisch höchst bedenklich, didaktisch aberwitzig. Unsere Frage, was die Bewegung ist, verweist uns auf den Körper. Aber was bleibt uns übrig, wenn die Materie so widerspenstig ist?

Wir fragen: wie macht der Körper was, wenn, weil oder damit er sich bewegt?

Kapitel 3 – Der Körper

Wir vereinfachen die schwierige Frage. Was macht der Körper überhaupt? Was ist denn überhaupt ein Körper? Ist das ein Atom, ein Photon, ein Stern, eine Galaxie, ein Universum?

Die Schwierigkeiten der Abgrenzung und Unterscheidung umgehen wir, indem wir das angeben, was alle Körper *gemeinsam* haben oder tun. Ein Körper ist das, was seine Inhalte mit anderen Körpern austauscht. Jeder Körper fungiert als *Quelle und Senke* von Inhalt. Der Körper ist das Organ des Austausches seines Inhalts *{These 50}*.

Um unseren Glauben zu prüfen und zu stärken, beginnen wir mit unserem eigenen Körper, er ist zumindest anschaulich, wenn nicht sogar ansehnlich. Wir rufen mit der Vertrautheit die Lebenserfahrung zu Hilfe, geht es doch um so schwierige Fragen wie um jene, was wir eigentlich die ganze Zeit machen.

Unser Körper gibt und nimmt Wärme, Licht, Strahlung, Atome und Moleküle, und viele von deren Verbindungen in wechselnden Kombinationen. Unser Körper wechselt „Stoff“. Herkömmlich werden damit Moleküle bezeichnet, zumindest in der Oberwelt und in der Textilbranche. Wollen wir auch subatomare Teilchen, Wellen, Strahlung und dergleichen austauschen, so könnten wir auch von „Feinstoff“ sprechen, wenn uns das die gestrenge Physik nicht verboten hätte.

Was zu fein zum Messen ist, das ist unergründlich, das darf keine Geltung haben, das ist nicht zugelassen in der Welt des Maßes. Auch von einem „Äther“ dürfen wir nicht reden, weil er durch die Raumzeit ersetzt wurde, zumindest in der Wissenschaft des Maßes. Wir folgen, zumindest einstweilen eine kleine Weile.

Wir merken bloß an oder vorsichtig vor, die „Raumzeit“ ist ein geometrisches Gebilde aus dynamischen Koordinaten, das alle Bewegungen untereinander und mit dem Licht *vergleichen* kann. Vergleiche als *Ursache* sind allerdings *hier* nicht zugelassen. Auch wir sind streng. Kein Körper bewegt sich, weil ihm die Raumzeit irgendwie zu schaffen macht. Sie macht vielleicht uns zu schaffen, geistig, aber wie sagen wir das unserer strapazierten Nasenspitze?

Auch das Atom dort ist allerdings ein Körper, und somit ein Organ des Austausches. Es muss mit uns, der Erde, der Sonne, der Milchstraße und dem Rest der Welt zurecht kommen. Wir wollen ergründen, wie das geht, wie das klappen kann.

Reden wir nicht von „Feinstoff" oder „Äther". Sagen wir einfach, unser Körper wechselt seine Inhalte. Er empfängt sie aus der Umgebung, das ist, aus anderen Körpern.

Der Körper erneuert sich aus den aufgenommen Inhalten, formt diese zu sich um, und gibt die erübrigten oder verbrauchten Inhalte wieder ab, an andere Körper. *Unser* Körper ist Quelle und Senke von Inhalt. Das kann er aber nur sein, weil und indem *andere* Körper sich ebenso verhalten. Soweit wir sehen können, tauschen alle Körper untereinander ihre Inhalte aus. Dieser Umstand macht sie zu Körpern.

Dieser Umstand ist zugleich ihre *Daseinsweise*. Ein Körper, der keine Inhalte austauscht, ist nicht sichtbar, denn er gibt kein Licht. Er gibt oder nimmt auch keine Wärme, keine Strahlung, keinen Klang. Er gibt und nimmt nichts. Gibt und nimmt er nichts, so ist er niemals wirksam. Ist er nicht wirksam, so ist er nicht wirklich. Körper, die am Austausch der Inhalte *nicht* teilnehmen, sind unwirklich, nicht real, es gibt sie nicht *{These 51}*. Was nicht an der Wirklichkeit Teil nimmt, ist nicht.

Ein Körper, der als Quelle und Senke von Inhalt fungiert, arbeitet an sich und zugleich an der Umgebung. Er tut etwas. Er sendet alte Inhalte aus, das ist seine Aktivität der *Emission*. Er nimmt neue Inhalte auf, das ist seine Aktivität der *Absorption*. Diese verdächtigen Aktivitäten kennen wir schon, das macht sie so verdächtig.

Alle Körper agieren so. Jeder Körper ist aktiv. Kein Körper wartet auf Kräfte, Energien, Maße, Raumzeiten oder andere Zahlen, sondern erhält sich, indem er seine Inhalte austauscht. Wollte ein Körper seine *Erhaltungsarbeit* verweigern, so würde er seine Wirklichkeit einbüßen. Tut er das *nicht*, sondern arbeitet er weiter, so belehrt er uns auf diese Weise über seine Daseinsweise.

Ein Körper ist da, vorhanden oder gegeben, indem er als Quelle angetroffen wird. Aber *wo* wird die Quelle angetroffen? Wird sie überhaupt „angetroffen"?

Sehen wir besser nach.

Ein Körper ist nur dann gegeben, wenn er als *Quelle* aufgefunden oder entdeckt wird, wenn also Inhalte *aus* ihm absorbiert werden. Ein Körper ist nur so da, nur auf jene Weise, dass Inhalte *aus* ihm aufgenommen werden.

Das bedeutet, dass der Absorber die Spende der Quelle zuerst zu *eigenen* Inhalten umformen und verwandeln muss, bevor er die Quelle *wahrnehmen* kann, als „wahr" *beurteilen* kann. Ein Körper muss auf den anderen *reagieren*, nur so machen sich die Körper einander bemerkbar. Denn anders wirken sie nicht aneinander.

Wenn ein Körper da ist, so ist er aktiv. Er tauscht seine Inhalte aus, er erneuert sie. Dabei wechselt der Körper seine Inhalte, wenigstens *teilweise*, nach und nach, Schritt für Schritt, Welle für Welle. Damit generiert der Körper seine Zeit. Die Zeit ist der Wechsel der Inhalte *{These 52}*.

Wir sind solange am Leben, als wir Stoff wechseln, Inhalte austauschen. Unsere Zeit ist *dasselbe* wie der *Wechsel* unserer Inhalte, nicht wie unsere Inhalte, sondern wie deren *Austausch* oder Wechsel. Die Stunden drehen die Erde, weil das Licht von der Sonne zur Erde wechselt. Die Stunden sind nicht das Licht, aber der *Wechsel* des Lichts. Das sind nur erste Beispiele. Zur Erörterung der Zeit kommen wir noch zur rechten Zeit.

Wenn ein Körper seine Inhalte austauscht, so öffnet und schließt er notwendig seine Form, die Grenze seiner Inhalte. Damit generiert der Körper seinen Raum. Der Raum ist der Wechsel der Formen *{These 53}*.

Wenn wir atmen, nehmen wir Sauerstoff auf. Dazu müssen wir unsere Form öffnen, den Mund vielleicht, die Nase nicht, aber die Blutzellen jedenfalls. Wir ändern oder wechseln die Grenzen unserer Inhalte in jeder Zelle, in jedem Atom. Unser Raum ist dynamisch, er ist nicht unsere Form, aber der *Wechsel* unserer Form. Auch den Raum werden wir noch geräumig erörtern, damit er sich so richtig auftut.

Raum und Zeit sind die beiden Teile der Bewegung. Andere Teile hat sie nicht. Indem der Körper seine Inhalte und Formen wechselt, generiert er seine Zeit und seinen Raum. Das ergibt zusammen seine Bewegung. Der Körper generiert seine Daseinsweise, nämlich seine Bewegung selbst. Körper, die darauf verzichten, scheiden als unwirklich aus. Der Körper ist der Urheber seiner Bewegung *{These 54}*.

Bezeichnen wir Körper und Bewegung zusammen als die Materie, weil andere Teile fehlen, so ist sie damit erklärt. Die Materie ist die Einheit von Körper und Bewegung *{These 55}*.

3.1 Körper und Welle

Jetzt betrachten wir einen Körper im Austausch, noch während er ausgetauscht wird. Er kommt aus einer Quelle, die ihn emittiert hat, und ist auf Reisen, bis er von einer Senke aufgenommen wird. Ein solcher Körper ist zum Beispiel das vorige Photon, das von der Sonne kam, zuerst unseren Sehsinn und dann unseren Scharfsinn beschäftigt hat. Aber auch „Wellenpakete, Vakuumfluktuationen oder Gravitationswellen" sind solche Körper, da sind wir großzügig, nein, frech. Was aus einer Quelle kommt und in einer Senke landet, das ist bloß deshalb auch schon Körper.

Doch Halt, zu frech, jetzt haben wir einen Fehler gemacht. Wir haben die Senke schon aktiv werden lassen. Die Reise zwischen Quelle und Senke soll ja noch nicht abgeschlossen sein. Was besagt das für den Körper auf Reisen?

Nicht mehr und nicht weniger, als dass ein solcher Körper noch nicht *wirklich* ist. Seine Wirklichkeit liegt in der Zukunft. Erst wenn der Körper von der Senke aufgenommen wird, kann er dort, in der Senke, seine Wirkung tun. Zuvor ist er wirkungslos und damit unwirklich. Wem diese Vorstellung gefällt, mag solche Körper auf Reisen „virtuelle" Körper nennen.

Wem das *nicht* gefällt, mag einwenden, dass auch sein eigener Körper samt Nasenspitze auf Reisen ist. Er ist selbständig und wird hoffentlich nicht so bald von einer „Senke" aufgenommen werden. Trotzdem ist er doch recht wirklich, gerade so, als er lebendig ist. Also stimmt diese Geschichte nicht.

Wirklich nicht schlecht, dieser Einwand, ebenso plausibel wie lebensnah. Da helfen wir uns so aus der Patsche, dass wir geltend machen, ein Körper kann auch *partiell* wirken. Er erneuert nur einige Teile seines Inhalts, andere Teile behält er bei sich. Dann ist der Körper *wirklich* in jenen Teilen, die er austauscht, und *virtuell* in jenen Inhalten, die er lieber ganz für sich behält.

Schrödinger's Katze lässt hier grüßen, sie gähnt, um mehr Sauerstoff auszutauschen. Wie viel Katze, Lunge oder Sauerstoff ist bei solchen Aktivitäten *wirklich*, und wie viel ist davon *unwirklich*?

Das ist ja alles ganz verkehrt, fällt uns jetzt auf. *Wirklich* sind doch bestimmt nur jene Körper, die das zusammenhalten, was sie ausmacht. Ein Stein ist genau dann real, wenn er hart und ganz ist, *nicht* aber dann, wenn er bröselt oder gar verduftet. Also stimmt schon wieder etwas nicht. Außerdem ist es eine Zumutung, dem Stein anzudichten, dass er irgendwelche Inhalte austauscht. Wie macht er denn das?

3.1.1 Der Stein

Gut, bestimmen wir den Stein, diesmal aber richtig. Wirklich ist der Stein, insofern er *wirkt*. Wenn er auf die Unterlage drückt, dann wirkt er auf diese, und folgerichtig ist er für die Unterlage *wirklich*. Wenn uns die Farben des Steines auffallen, dann wirkt er optisch auf uns. Wir empfangen sein Licht, und so ist der Stein *für uns* wirklich, und so weiter. Immer muss der Stein wirken, und dazu braucht er etwas, worauf oder worin er wirken kann.

Ohne Wirkung ist der Stein nicht wirklich. Die Wirklichkeit des Steines ist davon abhängig, dass er in seiner Umgebung eine *Veränderung* bewirkt, hervorruft. Anders wäre vom Stein nichts zu merken. Bliebe die Umgebung des Steines dieselbe wie ohne den Stein, so könnte nichts dem Stein Realität verleihen oder zusprechen. Der Stein ist nur wirklich, wenn er als *Ursache* tätig ist.

Nun lassen wir den Stein ursächlich wirken, wir anerkennen sein Wirken. Damit der Stein auf die Unterlage drückt, muss er „Druck ausüben". Für die Atome des Steines ist das eine eher merkwürdige Aufgabe, weil allzu menschlich, also lassen wir sie einfach das tun, was sie immer tun: sie tauschen Strahlung aus, das ist, ihre Inhalte.

Da hilft kein Protest, auch Strahlung ist ausgetauschter Inhalt, ist also körperlich. Vor ihrer Emission ist die Strahlung im Atom, ist also dessen Inhalt, und nach ihrer Absorption ist sie wieder atomarer Inhalt, nur diesmal in einem anderen Atom.

Was aber hat die Emission von Strahlung oder Inhalt mit Druck zu tun? Hatten wir das Thema nicht schon?

Keine Angst, wir holen jetzt weder ein Physikstudium noch einen Kurs in Hydraulik nach. Wir behelfen uns schlicht mit alltäglicher Erfahrung. Wir blasen zum Beispiel einen Ballon auf. Der Druck steigt, wenn die Inhalte zunehmen, und er sinkt, wenn die Inhalte abnehmen. Mag ja sein, aber was nimmt zu, wenn wir den Ballon schlicht weglassen?

Dann nehmen die Nachbarn zu, und jene Inhalte, die zwischen ihnen ausgetauscht werden. Wenn die Nachbarn Atome sind, dann sind ihre ausgetauschten Inhalte wieder Strahlung. Also besteht Druck in der *Dichte* der Strahlung zwischen den Atomen. Je mehr Strahlung ausgesandt wird, desto höher ist der Druck.

Was „Druck macht", verdichtet die Strahlung? Wo bleibt da das allzu Menschliche? Nun, zum Beispiel in der Lautstärke, auch sie ist Strahlungsdichte.

Der Stein übt nur deshalb Druck aus, weil er *Strahlung* gegen die Unterlage *emittiert*. Der Stein drückt, *nicht* weil er *schwer* ist, sondern weil er eine Quelle von Strahlung ist. Der Stein drückt umso stärker, je *wirksamer* er als *Quelle* ist. Das entscheidet sich nicht nur an der Menge seiner Atome, sondern auch an deren Zusammensetzung.

Atome mit vielen Protonen und Neutronen im Atomkern weisen auch mehr Elektronen auf und sind als Strahlungsquelle aktiver. Sie emittieren *mehr* Strahlung und sind in der Folge *„schwerer"*. Atome mit weniger Kernteilen und Elektronen sind schwächere Quellen. Sie emittieren weniger Strahlung und sind deshalb leichter.

3.1.2 Die Schwerkraft

Von einer „Schwerkraft" ist da nichts zu merken, weil es sie nicht gibt. Umgekehrt ist sie nur ein Maß der *Strahlungsdichte*.

Mit der Dichte steigt die *Absorptionstätigkeit* und damit die *Attraktion*. Zuvor aber muss diese Dichte *erzeugt* werden, und das geschieht durch die Emission. Also ergeben viele Quellen hohe Attraktion, allerdings auf Seiten der Absorber, während die „Schwerkraft" der Quelle angedichtet wird.

Als Maß funktioniert sie trotzdem, solange die Absorption der Senken der Emission der Quellen entspricht.

Das ist im Inneren der Erde der Fall. Die Vereinigung ihrer Moleküle beruht darauf, dass sie gegenseitig absorbieren. Ihre Erhaltung gelingt, die Emission der Überschüsse aus der Verarbeitung ist gleich groß wie die Absorption, und zwar Schicht für Schicht, Schale für Schale.

Nach innen, in Richtung des Zentrums wird der Abstand jedoch geringer. Damit steigt innen die Dichte, für jedes einzelne Atom. Die Erhaltungsarbeit nimmt an Intensität zu, und so auch der Druck. Der Erdkern wird aber nicht flüssig, weil der Druck steigt, sondern weil hohe Erhaltungsarbeit auch intensive Bewegung bedeutet, hier die „Wärmebewegung", die kein bisschen chaotisch ist.

Kommt es zu Unterschieden im Strahlungshaushalt, so kommt es zu Strömungen. Ansonsten bleiben alle Moleküle in ihrer Schale dort, wo sie schwingen oder rotieren. Kein Molekül folgt einer Schwerkraft in das Zentrum. Kein Atom wird vom Druck von seiner Reise abgehalten. Nur die intensive Emission erzeugt ebenso intensive Absorption. Auf diese Weise entsprechen Repulsion und Attraktion einander, was das Schwingen oder Rotieren ergibt.

Die Schichtung ist eine *Sondierung* gemäß der Erhaltungsarbeit. Die *„leichteren"* Atome sind jene, die *weniger* absorbieren. Sie emittieren auch weniger. Geraten sie in Zonen zu intensiver Strahlung, so werden sie aufgelöst. Ihre Inhalte werden zu Atomen mit mehr Protonen vereinigt, die Überschüsse werden freigesetzt. Das erscheint als „Aufschwimmen". Zuletzt finden sich alle Atome in jenen Schichten oder Schalen, deren Strahlungsdichte ihrer Erhaltungsarbeit entspricht und genügt. Die Vereinigung ist also von einer *Selektion* begleitet. Kern und Peripherie ergänzen einander so, dass die Substanz stabil wird und bleibt.

Der Stein ist ein Teil der leichteren Erdkruste. Sie wurde erhitzt, hat sich in der Folge gehoben, und ist mit dem Abkühlen in den erhaltenden Verband zurückgekehrt, in das Gebirge. Aber auch der erkaltete Stein gibt weiter Strahlung ab, und übt auf diese Weise Druck aus.

Wir können den Druck so weit steigern, dass wir unsere Behauptung visuell überprüfen können. Wir schlagen Stein auf Stein und sehen Funken springen. Die Funken sind Elektronen, sie sind ausgesandte Inhalte des Steins. Wir haben die beteiligten Atome im „Stoß“ überlastet. Stoß ist *akuter* Druck, reaktive Emission. Reibung ist *chronischer* Druck, stetige, aktive Emission.

3.2 Die Genese der Bewegung

Dass wir stillschweigend Atome in unser Weltbild aufgenommen haben, das ist zulässig, egal, wie wir uns Atome vorstellen. Sie sind einfach kleine Teile von Körpern, oder was dasselbe ist, kleine Körper. Ob sie unteilbar sind, wie ihr Name das fordert, wollen wir wissen?

Das ist schnell zu beantworten. Was sich nicht teilt, kann nichts geben oder nehmen, bleibt also unwirklich. Auch Atome sind teilbar, und mehr noch, sie teilen sich ständig selbst, um sich dann wieder neu zu fügen.

Wie können wir diese Behauptung überprüfen?

Wir schauen den Stein an. Was wir sehen, das ist der Stein. Was wir aber beim Sehen empfangen, das ist sein Licht. Das Licht des Steins ist Strahlung, die er aussendet. Wir absorbieren das Emittat des Steins. Nur auf diese Weise können wir den Stein sehen. Also teilen sich die Atome des Steins. Sie senden Licht aus, das wir empfangen.

Auf diese Weise würde der Stein allmählich verdampfen, zu Licht zerfallen?

Allerdings. Nur sind die Atome auch *umgekehrt* aktiv. Sie senden nicht nur Inhalte aus, sondern nehmen solche auch auf. Die Atome erneuern sich im Austausch ihrer Inhalte. Sie geben *alte* Strahlung ab und nehmen *neue* Strahlung auf, die sie zu sich verwandeln. Die Atome formen Strahlung also in ihrem Inneren um, ansonsten würden sie keinen Austausch aufrecht erhalten.

Der Stein nimmt das Licht der Sonne und die Strahlung der Sterne auf, hauptsächlich jedoch die Strahlung der Erde, erneuert seine Atome, und gibt den verbrauchten Überschuss wieder ab. Das ist die ganze Aktivität seiner Atome.

Jetzt sehen wir uns an, was das für die Bewegung des Steins bedeutet. Emittiert ein Atom, so trennt es sich von seinem früheren Inhalt, dem Emittat. Der *Trennung* entspricht die Bewegung der Repulsion, der gegenseitigen *Entfernung*. Das Atom und sein Emittat bewegen sich auseinander, voneinander fort. Die Repulsion ist eine Folge der Emission. Umgekehrt ist die Emission die *Ursache* der Entfernung *{These 56}*.

Absorbiert ein Atom, so nimmt es neue Inhalte auf, es vereinigt sich mit Inhalten seiner Umgebung. Der *Vereinigung* entspricht die Bewegung der *Attraktion*. Das Atom und sein Absorbat bewegen sich aufeinander zu und schließlich gemeinsam. Die Attraktion ist eine Folge der Absorption. Umgekehrt ist die Absorption die *Ursache* der Annäherung.

Jetzt erhebt sich die Frage, welcher Partner ist für eine Erneuerung der Inhalte geeignet? Welche Atome attrahieren und welche repulsieren?

Wir können auch so fragen: wer ist wessen Inhalt? Warum bilden Atome gemeinsame Verbände und Strukturen? Wann ist ein Atom frei und wann nicht?

3.3 Form und Gestalt

Als erste Antwort bietet sich an, jeder Inhalt hat Grenzen. Innerhalb der Grenzen gelingt der Zusammenhalt, außerhalb löst er sich auf. Diese dynamische, *veränderliche* Grenze nenne ich „Form“. Die Form ist die Grenze der Erhaltungsarbeit und so auch des Inhalts *{These 57}*.

Der Zusammenhalt beruht darauf, dass sich alle Teile des Inhaltes gegenseitig ver- und entsorgen. Der Atomkern und die Elektronenschalen bleiben zusammen, weil sie einander ergänzen in der Herstellung des beiderseitigen Inhalts. Was der Kern an Strahlung aussendet, das wird von den Elektronen aufgenommen. Was umgekehrt die Schalen geben, das wird vom Kern genommen. Weil und solange das funktioniert, bleiben Kern und Schalen stabil und vereint. Das ergibt die Stabilität des Atoms. Seine Aktivität im Inneren können wir seine „Erhaltungsarbeit" nennen.

Weil sich die Teile abwechselnd versorgen und entsorgen, nähern und entfernen sie sich abwechselnd voneinander. Sie oszillieren um ihre Mitte. Das Schwingen führt zur Rotation, wie wir schon gesehen haben, sobald seitliche Abweichungen in den gegenseitigen Austausch einbezogen werden. Schließlich ergibt die *Rotationsweise* die Form des Körpers. Was mit rotiert, an der gemeinsamen Bewegung teilnimmt, das gehört zum Inhalt, zur Substanz. Was *nicht* mit rotiert, das kommt oder geht, oder passiert unbeteiligt. Was kommt, ist neuer Inhalt und wird aufgenommen. Was geht, ist alter Inhalt und wird ausgeschieden.

Die Form, die Grenze des Inhalts, weist beiderseitig eine Funktion auf.

Von *außen nach innen* bildet die Grenze eine Art Filter. Nur was in die gemeinsame Rotation eingehen kann, nur das wird vom Inhalt aufgenommen. Was nicht versorgt und entsorgt werden kann, ist ungeeignet, es kann nicht Teil der Rotation werden. Es wirkt am Verband nicht mit, bleibt für die Substanz unwirklich und verlässt sie ohne Veränderung. Ungeeignete Strahlung geht wirkungslos durch die Form, sie passiert die Grenze des Inhalts zwei Mal. Die Form erscheint durchlässig, die Grenze als nicht vorhanden.

Was hingegen zur Erhaltung der Substanz geeignet ist, das geht in die gemeinsame Rotation ein. Es wird zerlegt, umgeformt und einverleibt. Zuletzt kommt nur der *Überschuss* frei. Er setzt sich aus alten, verbrauchten Inhalten und ungeeigneten Resten der Verarbeitung zusammen. Hier erscheint die Form als Filter, der den Zugang und Abgang an Inhalten selektiert. Was die Grenze beim Eintritt als Absorbat passiert, ist *nicht* dasselbe wie das Emittat, das beim Austritt die Grenze passiert. Selektion und Umformung erfolgen jedoch im Inneren der Grenze, nämlich im Zuge der Erhaltungsarbeit.

In der umgekehrten Richtung, von *innen nach außen*, liefert die Grenze des Inhalts dessen „Gestalt“. Was als Emittat nach außen gelangt, das kann von der Umgebung wahrgenommen, von anderen Körpern aufgenommen werden. Die *Gestalt* ist die Speisung der Umgebung mit ausgesandtem Inhalt. Nur diese Spende kann beurteilt werden. Die Gestalt wirkt, ist also wirklich, das aber erst nach ihrer Absorption und Beurteilung. Die Gestalt ist Materie, nämlich die beurteilte Emission der Quelle *{These 58}*.

Die *Form selbst* hingegen ist *nicht* sichtbar und nicht wahrnehmbar, denn sie bleibt als Grenze des Inhalts zugleich Inhalt. Sie bleibt wie aller bewahrter Inhalt in der Substanz verborgen, *untergetaucht* in der Erhaltungsarbeit. Die Form wirkt nicht, sie ist nicht wirklich *{These 59}*.

Auch der Inhalt wirkt nicht, solange er unverändert in der Substanz verbleibt. *Ruhender* Inhalt ist unwirklich *{These 60}*. Erst wenn der Inhalt Teile emittiert oder absorbiert, entfaltet er Wirkung und damit Wirklichkeit nach außen.

Wir können auch sagen, Inhalt, Substanz und Form bezeichnen nicht beurteilbare, ungeteilte *Natur*. Sie sind erschlossene Eigenschaften der Quelle. Sie sind aus der Wirkung rekonstruierte Ursachen. Alle Natur ist Ursache *{These 61}*. Nur eine Ursache ist Natur *{These 62}*.

Wir können nur dann geistig zu Ursachen vordringen, wenn wir die Kausalität nicht opfern. Die Kausalität ist unser *einziges* Werkzeug, um zu Inhalt, Substanz und Form vorzudringen. Wir können die Natur nur dann teilen, nur dann zur Materie vordringen, wenn unser Bewusstsein kausal arbeitet. Opfern wir die Kausalität, so bleiben uns nur unsere Einbildungen als Glaubensartikel. Allein die Kausalität kann die Natur in Materie und Bewusstsein teilen. Die Kausalität ist die Teilung der Natur *{These 63}*.

3.4 Mangel und Überlastung

Inhalt, Substanz und Form sind jedoch nicht autark. Weil *ruhender* Inhalt unwirklich ist, gibt es ihn auch nicht. Auch eine absolute Substanz existiert nicht, und so auch keine *geschlossene* Form.

Die Erhaltungsarbeit würde zum Stillstand kommen, sobald Emission und Absorption aufhören. Wird der Inhalt nicht erneuert, so endet seine Erhaltung und damit sein Bestand. Nur die *Fortsetzung* der Erhaltungsarbeit kann den Inhalt sicherstellen, und somit Substanz und Form bewahren. Nur die *Erneuerung* des Inhalts ergibt *wirklichen* Inhalt, wirkliche Substanz und wirkliche Form *{These 64}*. In der Folge sind nur solche Körper wirklich, die ihre Inhalte erneuern, also chronisch teilweise austauschen.

Innerhalb der Form wird mit dem Inhalt die Substanz erneuert. Dazu genügt die gegenseitige Versorgung der Teile *nicht*, es müssen von außen neue Inhalte dazukommen. Die Erhaltung der Substanz verlangt ihre Auffrischung durch *Absorption*. Der innere Austausch zwischen den Teilen einer Substanz funktioniert nur *relativ* zum äußeren Austausch mit der Umgebung. Beide Erhaltungsweisen müssen einander ergänzen, der *innere* Austausch und der *äußere* Austausch müssen zusammen arbeiten. Wie funktioniert das?

Gehen wir vom Innenleben der Substanz aus, von ihrer Erhaltungsarbeit. Da gibt es Überlastung und Mangel.

Bei *Überlastung* ist die Umgebung zu *dicht* an Strahlung. Es kommen zu viele neue Inhalte an, die aufgenommen und verarbeitet werden müssen. Die Erhaltungsarbeit erfolgt gegengleich, als Reaktion. Das Atom *reagiert* auf die gesteigerte Absorption mit gesteigerter Emission. Das Atom wird als Ganzes vermehrt emittieren, und sich in der Folge fort bewegen aus der zu dichten Umgebung. Das Atom bringt trennende Inhalte aus sich hervor, wenn es durch Strahlung überlastet wird.

Mangel tritt in einer Substanz dann auf, wenn sich ihre Teile *gegenseitig* nicht mehr ausreichend versorgen können. Sie intensivieren ihre Absorptionstätigkeit, in der Folge nähern sie sich einander. Die innere Dichte der Substanz nimmt zu, die *Rotationsweise* wird enger, die Substanz wird kleiner, sie zieht sich zusammen. Das kennen wir als Kälte. Kälte ist Mangel an Inhalt *{These 65}*.

Ein Atom wird bei Mangel an Strahlung mehr neue Inhalte aufnehmen und sich in der Folge der Quelle nähern. Mit jeder Absorption erfolgt ein Schritt der Annäherung, weil sich die Form in Richtung der Quelle ausweitet. Die Rotation umfasst neue Inhalte und bewahrt sie innerhalb der Substanz.

3.5 Die Strukturbildung

Wir können jetzt unsere frühere Frage beantworten, warum sich Strukturen bilden. Sie entstehen durch den *Ausgleich* von Mangel und Überschuss. Strukturen sind eine Folge der Erhaltungsarbeit *{These 66}*.

Die *Reichweite* einer Quelle bestimmt sich aus der Brauchbarkeit ihrer Strahlung an Art und Dichte. Erreicht die Strahlung ein Atom im Mangelzustand, so setzt die Absorption seitens des Atoms ein. Das Atom frischt seine Substanz auf und gleicht die Verluste aus, bis es gesättigt ist und wieder Überlastung einsetzt.

Auf diese Weise findet jedes Atom seinen Platz unter den anderen Atomen oder Himmelskörpern. Die Körper sind dort, wo ihre Erhaltungsarbeit gelingt *{These 67}*.

Dort ist *Substanz,* rundherum findet der Austausch von Inhalten statt, also die *Bewegung*. Denn die Bewegung setzt sich aus Zeit und Raum zusammen, aus dem Wechsel der Inhalte und dem Wechsel der Formen.

Körper und Bewegung gehören zusammen, das Eine *erzeugt* das Andere. Ihre Einheit ist die Materie. Die Materie ist strukturiert, weil sie Körper und Bewegung vereint. Die Struktur der Materie entspricht immer der Art und Weise, *wie* sich Körper und Bewegung vereinen.

Der bereits *erfolgte* Austausch von Inhalt ergibt den *Körper*, die Substanz. Setzt Mangel ein, so erfolgt eine Attraktion. Tritt Überschuss auf, so folgt die Repulsion. Der Körper generiert seine Bewegung, weil, indem er seinen Austausch fortsetzt. Die *Bewegung* ist die Fortsetzung des Austausches.

Der vollbrachte, *erfolgte* Austausch, der Körper, zeitigt den zu vollbringenden, *folgenden* Austausch, die Bewegung. Das ist die ganze Einheit der Materie. Die Materie ist der ganze Austausch von Inhalt, sowohl der vergangene als auch der zukünftige Austausch. Wir können auch einfach sagen, die Materie ist die notwendige Erneuerung des Bestands *{These 68}*.

Hier sind *Bestand* und *Tätigkeit* vereint, *Dasein* und *Daseinsweise*. Mehr ist nicht möglich, anderes kann nicht hinzutreten. Weniger ist auch nicht möglich, sonst kommen weder Körper noch Bewegung zustande.

Wo Körper und Bewegung auftreten, ist die *ganze* Materie zugegen. Jeder Körper findet und erhält mittels seiner Bewegung seine Austauschpartner, das ergibt die Strukturen.

Die Strukturen sind die *Form* der Materie, nämlich die Grenzen der wirksamen Inhalte *{These 69}*. Innerhalb der Strukturen ergibt die Erhaltungsarbeit die Substanz. Außerhalb der Strukturen ergibt die Erhaltungsarbeit die Bewegung.

Zwischen den Strukturen, zwischen den Formen der Materie sind in der Tat nur „dunkle Gestalten" am Werk, nämlich die Emittate *vor* ihrer Wirkung. Mit diesen durchaus vogelfreien Inhalten hohen Potentials, mit diesen ätherischen Betreibern des wissenschaftlich untersagten Feinstoffhandels werden wir demnächst bekannt werden. Vorerst müssen wir uns noch wappnen, mit welchen Strukturen wir zu rechnen haben, sind sie doch die Erzeuger der dunklen Gestalten.

3.6 Das Ende der Wirklichkeit

Gibt es *einen* dominanten Austauschpartner in der Umgebung, so bestimmt das Verhältnis zu ihm die Richtung der Bewegung. Ist eine Quelle von ermangeltem Inhalt gegeben, so setzt die Attraktion ein, die Bewegung zur Quelle. Handelt es sich um eine Quelle von Überschuss, so erfolgt die Repulsion, die Entfernung von der Quelle, die Fluchtbewegung.

Bei Mangel vereinen sich die Körper, bei Überschuss trennen sie einander. Die Strukturen sind immer so inhaltsreich, als ihre Erhaltungsarbeit *gelingt*, zu einem Ergebnis kommt. Die Strukturen sind immer so dynamisch, als ihre Erhaltungsarbeit *fortgesetzt* wird, im Gange bleibt. Der Körper ist das *Resultat* der Erhaltungsarbeit, seine Bewegung ist die *Arbeitsweise* der Erhaltung.

Es gibt demnach immer eine genaue Entsprechung von Körper und Bewegung *{These 70}*. Je mehr Bewegung anzutreffen ist, desto weniger Substanz bleibt erhalten. Je mehr Körper anzutreffen sind, desto geringer ist die Erneuerung der Substanz und damit ihre Bewegung.

Sind alle Körper in Bewegung *aufgelöst*, so besteht die Welt nur mehr aus Strahlung. Es gibt keine Vereinigung mehr, *keine* Substanzen, die Körper lösen sich auf und trennen sich. Kommt keine *Absorption* mehr zustande, so hört allerdings *jegliche* Wirkung auf. Eine ganz aufgelöste Welt ist unwirklich. Es gibt sie nicht und kann sie nicht geben. Die Welt kann nicht allein aus Strahlung bestehen *{These 71}*. Der Wärmetod muss anderswo hausieren.

Sind alle Körper vollends *stabil*, geben sie keine Inhalte ab, so besteht die Welt *nur* aus Substanzen. Es gibt jedoch keine *Emission* mehr, diese Welt steht still. Allerdings hört wieder jede Wirkung auf, denn jeglicher Austausch bleibt aus. Auch eine kompakte Welt ist unwirklich *{These 72}*. Sie tut sich schwer zwischen „Urknall und Endknall“, weil beide „nichts“ sind und bleiben, einander also nur wieder holen, wenn Kompaktheit absolut gefragt ist.

Soviel gilt *nicht nur* für unsere begrenzte Wahrnehmung oder beschränkte Auffassung, *sondern auch* zwischen *allen* anderen Körpern oder Strukturen. Was nicht wirkt, ist nicht. Nur jene Welt ist real, die wir vorfinden. Andere „Modelle“ dürfen wir den Einbildungen überantworten, dort mögen sie wirken, wie sie wollen oder sollen. Welche Ironie, sogar die Einfalt bildet Strukturen.

3.6.1 Schwarze Löcher

Aber die Schwarzen Löcher geben doch *keinerlei* Inhalte ab? Ihr Hunger nach Materie kann nie gestillt werden? Ihre „Gravitation“ ist *unendlich* groß, wie uns die *unendliche* Krümmung der Raumzeit stillschweigend verrät oder naturgetreu berichtet? Oder vielleicht gar, wie sie derlei Ungeheuerlichkeiten selbst verursacht?

Die Raumzeit spricht nicht wirklich zu uns, also sehen wir besser nach. Was geht vor in den bodenlosen Abgründen des physikalischen Himmels?

Als festen Ausgangspunkt der gewagten Rundschau wählen wir die Erde. Nur ein *gesättigter* Verband bildet eine Struktur. Zum Beispiel bilden *ganze* Atome unter *gemäßigten* Bedingungen Moleküle, Planeten, Monde, und vielleicht noch uns oder unseresgleichen, da oder dort, sozusagen als intelligente Draufgabe zum Schutz der Umwelt. Sollte das nicht klappen, so führt das trotzdem wieder zur Ruhe, nur eben ohne uns.

Hingegen bilden Atom*teile* unter *extremen* Bedingungen *radioaktive* Himmelskörper wie Sterne, Galaxien und Haufen. Dort werden im Zentrum frische Quarks und Gluonen destilliert, damit die obigen Randerscheinungen keinen Mangel leiden müssen. Das sagen wir einfach so vor uns hin, eine Vorhersage, denn inzwischen blicken wir angestrengt dorthin, wo absolut nichts zu sehen ist. Genau hier muss es sein, das Schwarze Loch. Was können wir bisher dazu sagen?

Strukturen bleiben nur solange intakt, als der Verband *allen* Teilnehmern gerecht wird. Der Strahlungshaushalt *innerhalb* der Form, die innere Erhaltungsarbeit muss allen Teilen entsprechen, sonst bricht die Rotation auf. Scheitert die Sättigung im Verband, so wird *entweder* das *Fallen* fortgesetzt *oder* die *Flucht*. Weitere Möglichkeiten sind weder gegeben noch möglich, weil sich die Rotation nicht anders teilen kann. Welches der zwei Schicksale fesselt uns?

Hier scheint das Fallen die Oberhand über die nahezu zahllosen Möglichkeiten zu gewinnen. Untersuchen wir den Fall ohne Ende.

Kann ein *Mangel* an Inhalt nicht gesättigt werden, so kommt es zum Zusammenfall. Erkaltete Senken oder Substanzen vereinigen sich mit der Quelle zu einem Verband, indem die Rotation einsetzt. Kommt sie nicht zustande, so wird das Fallen bis zuletzt fortgesetzt, bis zur Verschmelzung oder Fusion beim sogenannten „Aufschlag".

Im Wasser schlägt das heimkehrende Wasser Wellen, im Stern auch, aber sein Inhalt ist Plasma. Die Strahlung ist so dicht, dass sich Elektronen und Atomkerne nicht vereinigen, sondern gesondert erhalten und bewegen. „Schlagen" fallende Atome ein oder auf, was eher selten geschieht, solange der Stern strahlt, so geben die gefallenen Atome ihre Schalen und Kerne ab.

Zuletzt erlischt jedoch der Stern, sobald die Genese der Atomkerne endet und keine Überschüsse mehr zeitigt. Wird der Stern auch kalt, so verwandelt er sich aus einer Quelle von Licht in eine Senke aller Arten von Strahlung. Der kalte Stern nimmt Inhalte auch aus den umgebenden Sternen auf. Damit nähert er sich jener Quelle, die ihn am besten versorgt. Das aber kann der erloschene Stern nur dann tun, wenn die Quelle nicht flieht. Sie muss *ihrerseits* Mangel aufweisen und ebenfalls mehr absorbieren, als sie emittiert.

Das Schwarze Loch kann nur entstehen, wenn sich *erkaltete* Sterne vereinen. Es wächst aus ausgebrannten Sternen zusammen. Das Schwarze Loch ist kein Friedhof des Weltalls, sondern die Paarung erkalteter Sterne *{These 73}*.

Das ist zu knapp? Wie geht das Fallen ohne Ende weiter?

Vereinte Sterne fusionieren wieder neue Atomkerne, bis sie damit fertig sind, bis keine alten, leichten Kerne mehr übrig sind. Zuletzt scheitert die Vereinigung von Atomkernen. Scheitert die Vereinigung, so löst sich die Rotation auf, mit ihr die Kerne. Neutronen und Protonen trennen sich, die Atomkerne zerfallen.

Lösen sich die Atomkerne weiter auf, so stoßen sie ihre peripheren Teile ab und vereinigen ihre Zentren neu, die Quarks. Genügt das weiterhin nicht zur Erhaltung, kommt keine Rotation zustande, so zerfallen auch die Zentren der Kerne, die Quarks. Sie lösen sich ganz in Strahlung auf, etwa in Neutrinos und Gluonen, oder in noch ganz unbekannte Inhalte.

Dazu ist anzumerken, dass das *Ausbleiben* der Rotation nur aus unserer Sicht ein „Problem" darstellen kann. Nur wir sehnen uns nach Ruhe und Stabilität. Für einen Stern ist es *normal* und *richtig*, Atomkerne zu fusionieren. Für ein Schwarzes Loch ist es *artgerecht*, Quarks zu bauen und Gluonen zu versenden. Schließlich kommen Stern und Schwarzes Loch allein durch ihr Tun zustande, durch die Art und Weise, wie sie sich erhalten, wie sie absorbieren und emittieren. Ihr Tun entspricht ihrer *Funktion* für die Struktur.

Im Ergebnis sind Galaxien Rotationsformen, die viel mehr Materie umfassen und erhalten, als wir uns überhaupt vorstellen können. Im Zentrum ist ein radikaler Austausch erforderlich, der vielleicht uns als dramatisch oder unheimlich anmutet, der aber für Genese und Bestand der Galaxie lebenswichtig ist.

Weniger *anthropozentrisch*, aber durchaus *tautologisch* ausgedrückt sind Strukturen durch ihre *Funktion* gekennzeichnet. Wenn ihre Erhaltungsarbeit funktioniert, genau dann gelingt eine Struktur *{These 74}*. Die Materie ist auch *ohne* Bewusstsein tautologisch, sie bringt selbst den Zweck aus sich hervor[1].

---

1 Wie das funktioniert, habe ich in der „Kritik des Zwecks" untersucht.

Was sich ganz auflöst, das strahlt ohne Ende, das gibt alle seine Inhalte ab. Das *Fallen* ohne Ende ergibt das *Strahlen* ohne Ende. Das Schwarze Loch ist kein Loch, sondern eine restlose Quelle.

Die *Emission* oder Strahlung des Schwarzen Lochs ist nach physikalischen Angaben „thermischer Natur", oder besteht aus „quantenmechanischer Information". Sie wird *„Hawking-Strahlung"* genannt, weil sie zuerst von Stephen Hawking postuliert wurde, und das zurecht. Ihm ist an dieser Stelle gebührend zu danken, dass in der Physik wieder weiter gedacht wird, und werden darf, wenn das Rechnen zu keinem sinnvollen Ergebnis führt.

Mit dem restlosen Zerfall aller Substanz kehrt sich die Methode der Erhaltungsarbeit um. Aus der vollständigen Attraktion wird die vollständige Repulsion. Zuerst hört das Fallen nicht auf, die Vereinigung, dann die Trennung. Das Schwarze Loch ist ein *radikaler Jungbrunnen* der Materie *{These 75}*. Es lässt keine Teile ganz, vereinigt keine Substanz, sondern entlässt alle seine Inhalte völlig aufgelöst und damit ganz neu.

Damit versorgt das Schwarze Loch alle *Atomkerne* seiner Galaxie. Umgekehrt absorbieren alle Atomkerne der Galaxie frische Inhalte aus dem Zentrum, und werden damit zum Teil des Systems. Wir können sagen, das Schwarze Loch ist die Quelle jener *nuklearen* Erhaltungsarbeit, welche die Galaxie vereint oder zusammenhält.

Seine „unendliche Gravitation" besteht darin, dass es bis zu seinem Ende Kerninhalte spendet, die von der Galaxie absorbiert und verarbeitet werden. Nicht das Schwarze Loch erzeugt eine „Anziehungskraft", sondern die Trabanten attrahieren, indem und weil sie Kerninhalte aufnehmen.

Abbildung-13 veranschaulicht, wie der Austausch von Kerninhalten in einer Galaxie funktioniert. Die beiden Sterne S1 und S2 *absorbieren* aus dem Schwarzen Loch SL. Bleibt der Austausch zwischen Trabanten und Quelle *inhaltlich* konstant, so ergibt sich wieder ein elliptischer Umlauf.

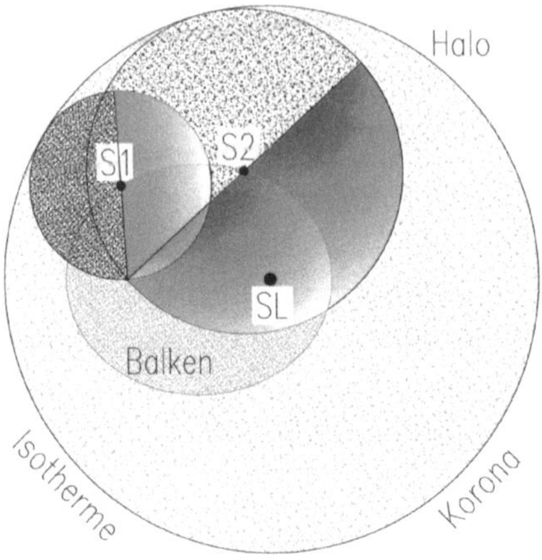

Die Ellipse ist zugleich der *Querschnitt* des „Balkens". Der Balken ist der Kern der Galaxie und formt sich zu einem Ellipsoid, wenn viele Sterne in verschiedenen aktiven Scheiben umlaufen.

Die *„Spiralarme"* der Galaxie werden nach und nach vom Balken aufgenommen, den sie ihrerseits bilden, indem sie sich vereinigen.

Solange sie umlaufen, erhalten die Sterne ihre *nukleare* Substanz, ihre *Emission* von Atom*resten* entspricht ihrer *Absorption* von *Kernteilen*. Der wirksame Austausch erlischt an der Isotherme des Schwarzen Lochs. Dort entsteht die „Korona" der Galaxie, das gemeinsame Emittat aller ihrer Sterne. Die Emission des Zentrums wird dort so kalt wie die Umgebung, wie die Hintergrundstrahlung. Deshalb hört dort der Verband auf, endet dort die Struktur.

Die Isotherme gibt weiters den Umfang einer Kugel an. Sie ist der „Halo" der Galaxie. Im Halo sind jene Sterne versammelt, die aktuell an der Rotation in keiner der aktiven Scheiben teilnehmen, sondern abgedriftet sind. Sie waren aktive Trabanten und entfernen sich, oder sie werden wieder zu solchen und nähern sich. Das hängt davon ab, welche Atomkerne diese Sterne aktuell fusionieren, welche Kernteile sie dazu brauchen und welche sie als Emittat des Schwarzen Lochs antreffen.

Die Galaxie leuchtet und strahlt nur im jeweils aktiven Teil. Nur die aktuell rotierende Scheibe emittiert solche *„elektromagnetische* Strahlung", wie sie von den *Schalen* eines Atoms verarbeitet werden kann. Das liegt daran, dass nur in der Scheibe Isotope, *instabile Atome* entsprechend *erneuert* werden. Nur dort sind Sterne als

Quellen von *atomar* brauchbaren, somit für *uns* wahrnehmbaren Emittaten aktiv. Mechanisch ausgedrückt sehen wir nur das atomare *„Mahlwerk"* des Halo, nicht jedoch die gesamte Struktur, nicht die gesamte Kugel.

Im Halo befinden sich zwar mehr Sterne als in der Scheibe, aber ihr Austausch ist nicht atomar, sondern *subatomar*. Er muss auch spezifisch sein, denn jeder Stern im Halo generiert seine *eigene* Umlaufbahn um den Balken. Diese Emittate erreichen uns jedoch nicht, oder unsere irdischen Atome absorbieren sie nicht, oder wir haben noch kein Verfahren, dies auch zu erkennen.

3.7 Die Einheit von Körper und Bewegung

Absorption und Attraktion setzen voraus, dass die Inhalte der Quelle für die Erhaltung der Senke brauchbar sind. Trifft dies *nicht* zu, so setzt die *gegenteilige* Erhaltungsarbeit ein. Anstatt die Absorption fortzusetzen, übernimmt die Emission die Genese der Bewegung. Die Senke wird ihrerseits zur Quelle und emittiert die ungeeigneten Inhalte der ersten Quelle. Repulsion ist die Folge, der Abstand wird vergrößert.

Wird zur Erhaltung die Fluchtbewegung fortgesetzt, weil die fremde Strahlung für die eigene Substanz ungeeignet ist, so kommt es zu einer Ermüdung der eigenen Aktivität. Die Flucht beruht nämlich auf der Emission *eigener* Inhalte, während *geeigneter* Nachschub ausbleibt. Mit der Entfernung nimmt einerseits die Intensität der *ungeeigneten* Strahlung ab, die Umgebung wird freundlicher, andererseits verwandelt sich der eigene Überschuss in Mangel. Absorption ist die Folge. Der Körper fällt neuen Quellen zu.

Der fliehende Körper absorbiert nach Möglichkeit schon während der Flucht aus neuen Quellen besser geeignete Inhalte. Seine Bewegung setzt sich wenigstens aus *zwei* Aktivitäten zusammen. Gegen falsche Quellen emittiert der Körper, aus richtigen Quellen absorbiert er. Werden Emission und Absorption kombiniert, so werden Entfernung und Annäherung zusammen gesetzt. Die Folge ist wieder Rotation. Der fliehende Körper entfernt sich nicht geradlinig, sondern er rotiert um die neuen Quellen, in deren Strahlung oder Emissionswolke er eintritt.

Solange die Quellen abwechseln, entsteht eine verschlungene Rotation, etwa eine spiralförmige Bewegung, deren Querschnitt als Welle aufgefasst wird. Dominiert zuletzt eine Quelle, so kommt es zum freien Fall und schließlich zur Vereinigung. Der Körper tritt dann in einen neuen Verband ein, er wird dort wieder zum Teil einer Substanz.

Wenn *alle* Körper auf diese Weise ihre Inhalte austauschen und erneuern, dann muss die Menge an Substanz immer der Menge an Bewegung gegengleich entsprechen. Was nicht auf Reisen ist, das rotiert in einer Substanz. Was nicht Teil eines Verbandes ist, das ist zwischen Quelle und Senke unterwegs. Weil alle wirklichen Körper dies tun, müssen Verbände und Strukturen entstehen, deren Inhalt jeweils ihrer Erhaltungsarbeit oder Aktivität entspricht.

Wir finden bestätigt, nur die vorgefundene Welt ist real, denn nur sie setzt Körper und Bewegung richtig oder vollständig zusammen. Oder auch: die Materie teilt sich *allein* in Körper und Bewegung, andere Zutaten sind irreal. Die Materie ist *nur* die Einheit von Körper und Bewegung, nicht auch anderes *{These 76}*.

3.8 Das Atom

Wir können uns nun klar machen, wie ein Atom am Äquator seine Richtung findet. Es soll sich ja nicht nur selbst, sondern sich auch mit der Erde drehen, es soll mit der Sonne reisen und zudem mit der Milchstraße, sowie mit noch umfassenderen Strukturen. Wir fragten eingangs, wie ein Atom sich da zurechtfindet, wenn ihm keine Kräfte oder anderen guten Geister zu Hilfe kommen. Wir befragten dazu auch das Atom auf unserer Nasenspitze, aber es fand für seinen rechten Umgang keine von Kraft strotzenden Berechnungen.

Den turbulenten Gegebenheiten entnehmen wir, dass die einzelnen Bewegungsarten der *jeweiligen* Erhaltungsarbeit entsprechen müssen. Wie funktioniert das?

Körper bewegen sich *gleichartig,* wenn ihre Erhaltungsarbeit die gleiche ist. Was sie zum Inhalt oder Bestandteil einer Struktur macht, das ist ihre *gemeinsame* Erhaltungsarbeit. In jeder Struktur, der sie angehören, gibt es eine *gesonderte* Erhaltungsarbeit. Folglich muss von jedem Teilnehmer jede *einzelne* dieser gesonderten Erhaltungsarbeiten geleistet werden. Jeder Struktur muss entsprochen werden durch den *in ihr verlangten* Austausch von Inhalten.

Der Austausch *allein* kann allerdings keinen Unterschied machen, weil er immer nur aus Absorption und Emission besteht. Folglich kann der Unterschied nur von den ausgetauschten *Inhalten* herrühren. In jeder Struktur werden *spezifische* Inhalte ausgetauscht, die für die jeweilige Struktur *charakteristisch* sind. Was die Strukturen verschieden macht, das sind allein die verschiedenen Inhalte, die in ihrem Inneren ausgetauscht werden *{These 77}*.

Sehen wir zu, was ein *irdisches* Atom alles kann, und können muss, damit es zur jeweiligen Struktur dazu gehört.

Die *Eigendrehung* des Atoms ist die Erhaltung gegen die Emission der irdischen Nachbaratome. Die Rotation *mit der Erde* um die Sonne ist die Erhaltungsarbeit gegen das Sonnenlicht. Die Rotation *mit der Sonne* um das galaktische Zentrum ist die Erhaltungsarbeit gegen das nukleare Emittat der Schwarzen Löcher. Die Rotation *mit der Milchstraße* ist die Erhaltungsarbeit gegen das Emittat der anderen Galaxien.

Dabei überwiegt die *Attraktion* zum „Andromedanebel", zur Nachbargalaxie, sowie die *Repulsion* von fast zwei Dritteln der anderen Galaxien. Kommt es zu einer Durchdringung und Neustrukturierung von nahen Galaxien, dann ändern sich die jetzigen Strukturen und wohl auch die Milchstraße.

Allen diesen Vorgängen muss das Atom Folge leisten, und kann dies nur tun mittels Austausch seiner Inhalte. Umgekehrt ist das Atom nur solange Teil dieser Strukturen und Vorgänge, solange es seine Erhaltungsarbeit geeignet fortsetzt, das ist, jeder Veränderung anpasst.

Jeweils ist das Atom Inhalt eines anderen, *größeren* Körpers oder Verbandes. Seine Daseinsweise wird bestimmt von der Ver- und Entsorgung, welche es in diesem Verband erfährt. Jedem Verband entspricht eine andere Erhaltungsarbeit und damit eine andere Reise.

Daraus erhellt, dass das Atom *verschiedene* Erhaltungsarbeiten *zugleich* ausführt *{These 78}*. Wäre der Strahlungshaushalt in jedem Verband derselbe, so gäbe es keine verschiedenen Verbände. Die Strukturen blieben aus. Gibt es aber Strukturen, so gibt es in jedem Verband einen anderen Strahlungshaushalt, den das Atom zu leisten hat und in der Tat auch zuwege bringt.

Wir können das auch so fassen, dass das Atom seine *Zusammensetzung* an alle Strukturen anpasst, an welchen es Teil nimmt. Seine *Inhalte* entsprechen notwendig allen Verbänden, welchen es angehört, denn *andere* Inhalte sind *unwirklich*. Das Atom setzt seine Substanz so zusammen, wie das allen Strukturen entspricht, denen es angehört.

3.8.1 Der Wärmehaushalt

Wir können beispielsweise annehmen, dass der *Wärmehaushalt* des Atoms von der Erde bestimmt wird, sein *Lichthaushalt* hingegen von der Sonne. Das ist deshalb wahrscheinlich, weil das die jeweils dominanten Austauschformen sind. Die Erde gibt und nimmt vor allem Wärme, was als Steigen und Fallen des Atoms erscheint. Während es steigt und fällt, bleibt es der Erde treu. Die ballistische Kurve ist der Weg der Treue, geometrisch die Parabel.

Allerdings billigen wir bisher der Wärme nicht zu, dass sie im Austausch von *Inhalten* besteht. Das müssen wir ändern, denn was keine Inhalte austauscht, wirkt nicht, ist nicht wirklich.

Wir sagen einfach, die Wärme ist zwar eine nicht sichtbare, jedoch eine fühlbare Strahlung. Strahlung ist zuerst Inhalt der Quelle und dann Inhalt der Senke, genügt also unseren Ansprüchen an die Wirklichkeit. Alle irdischen Atome sind tüchtig im Austausch dieser wirklichen Inhalte.

Hitze bedeutet *Emission* der „infraroten" Strahlung. *Kälte* bedeutet deren *Absorption*. Die Atome genügen nicht nur dem irdischen Wärmehaushalt, sondern bringen ihn gemeinsam hervor. Die Wärme der Atome ist die Wärme der Erde *{These 79}*.

Gibt es einen *funktionierenden* Wärmehaushalt, so ist nicht einzusehen, warum die Erde als Ganzes Wärme abgeben sollte. Der Wärme*verlust* unterstellt einen *nicht* funktionierenden Wärmehaushalt der irdischen Atome. Ich denke, was da angeblich „unkontrolliert" in den Weltraum entweicht, das ist lediglich Strahlung ohne Inhalt, ist also eine unwirkliche Vorstellung. Sie beruht auf dem Umstand, dass die *Temperatur* einer Quelle mit dem zeitlichen und räumlichen Abstand *abnimmt*. Soviel ist richtig.

Die *Temperatur* ist aber *keine* Wärme, ist nicht *die* Wärme, sondern ist lediglich ein Maß der Wärme. Gemessen wird, wie die Senke auf die Quelle reagiert. Nachdem die Wärme eine Emission ist, streut sie. Also nimmt die Dichte der Emission mit dem Abstand ab. Die *Senke* muss bei abnehmender Dichte geringer reagieren, geringere *Temperatur* anzeigen. Das besagt aber noch nicht, dass die Wärme, die Emission der *Quelle* „verloren" geht. Vielmehr streut die Wärme an der Senke vorbei und steht damit anderen Absorbern zu Verfügung.

Sind diese Absorber irdische Atome wie jene der Luft, so bringen sie die Wärme dem Planeten zurück, indem sie fallen. Der *Wind* ist die Bewegung der Luft, die *genau* ihrem Wärmehaushalt entspricht. Nachdem die Luft die Hülle der Erde ist, reguliert der Wärmehaushalt der Luft den Wärmehaushalt der Erde *{These 80}*.

Erhitzte Luft steigt auf, indem sie Wärme emittiert. Die umgebende Luft absorbiert diese Wärme und steigt mit auf. Es entsteht ein Wellenberg, ein *Aufwind*. Daneben entsteht ein Wellental, ein *Abwind*, weil auf die verstärkte Emission die verstärke Absorption einsetzt. Die *Verarbeitung* breitet sich aus, bis Ruhe einkehrt, Windstille.

Diesmal ist es kein Wasserspiegel, sondern ein Spiegel der Luft, die Grenze der Atmosphäre. Wieso sollte entweichen, was erfolgreich verarbeitet wurde?

Das angebliche „Entweichen" der Wärme unterstellt, dass Inhalte nur *abgegeben* werden, dass *nur* die Emission erfolgt. Als Grund wird angegeben, dass die Erde wärmer als die Hintergrundstrahlung ist.

Machen wir die Gegenprobe. Die Hintergrundstrahlung ist kälter als alle Himmelskörper. Also muss sie deren *gesamte* Wärme aufnehmen, bis sie gleich temperiert ist. In der Folge gibt es aber keine *kalte* Hintergrundstrahlung, sondern nur jenen „Wärmetod" des Universums, welcher dem Verschwinden aller Temperaturunterschiede geschuldet sei.

Ist der Wärmetod bisher eingetreten? Nein. Das wird so erklärt, dass die Zeit seit dem Urknall nicht hinreichte. Umgekehrt muss es den Urknall gegeben haben, so hören wir, sonst wäre der Wärmetod bereits eingetreten.

Da erklärt A den Umstand B, und B den Umstand A. Das ist ein logischer Zirkel. Damit büßen beide, A und B ihren Sinn ein. Da ist das Kind seine Mutter, und die Mutter ist ihr Kind. Wärmetod und Urknall sind absurd verknüpft.

Was verschwindet denn, wenn die Temperaturunterschiede verschwinden?

Lediglich die *Maße* der Wärme verschwinden, nicht auch die Wärme selbst. Die Maße müssen verschwinden, wenn die Streuung zu groß wird. Die Wärme *verschwindet* dabei nicht, sondern sie *breitet sich aus*. Was sich ausbreitet, das verschwindet nicht, sondern wird *allgemein*. Die Wärme wird zur Hintergrundstrahlung, sofern sie überhaupt so weit kommt. Es handelt sich um minimale Reste, wie die geringe Wirksamkeit zeigt. Der Hauptanteil der Wärme verbleibt im Inneren der Strukturen.

3.8.2 Der Lichthaushalt

Die Sonne emittiert „elektromagnetische Strahlung", die den Austausch zwischen Atomkern und Elektronen dominiert. Solange ein irdisches Atom stabil bleibt, gehört es zugleich dem Sonnensystem an. Auch als „Isotop" bleibt es Teil des Sonnensystems, das ist, wenn Elektronen fehlen oder überzählig sind.

Daraus ist abzuleiten, dass der Umlauf der Planeten dem *Lichthaushalt* ihrer Atome und Isotope geschuldet ist. Aus der Emissionswolke der Sonne erfolgt die Absorption. Dann erfolgt die Verarbeitung im Atom und zuletzt die Emission der Überschüsse in gegengleicher Richtung und Wirkung.

Die Absorption von Licht kann nicht unterbrochen werden, das besagt, dass die Atome der Planeten das Licht der Sonne für ihre Erhaltung brauchen. Ohne das Emittat der Sonne würden die Atomkerne ihre Schalen verlieren, ihre Elektronen.

Wenn wir *Strom* erzeugen, dann zapfen wir die Erhaltungsarbeit *zwischen* Elektronen und Atomkern an. Wir zweigen in Turbinen jenes Emittat der Sonne ab, das die Rotation der Elektronen in irdischen Atomen aufrecht erhält. Wir lenken diese abgezweigten Inhalte um, und überlasten damit die Atome unserer Generatoren, damit sie ihrerseits Elektronen emittieren. Wir erhalten Strom, indem wir die *Rotation* der Elektronen *um den Kern* umgestalten.

Wenn wir *Magnetismus* erzeugen, dann zapfen wir die Erhaltungsarbeit *der Elektronen selbst* an. Wir synchronisieren und polarisieren ihre Rotationsweise. Damit legen wir den *gegenseitigen* Austausch von Inhalten *zwischen* den Elektronen frei. Wieder lenken wir die ausgetauschten Inhalte um. Wenn wir die *Eigendrehung* der Elektronen umgestalten, dann erhalten wir Magnetismus.

Strom erzeugt in umgebenden Metallen Magnetismus, weil die Elektronen ihre Eigendrehung ändern, wenn sie neue Umlaufbahnen generieren.

Ruhender Magnetismus erzeugt in anliegenden Metallen wieder Magnetismus, weil synchron arbeitende Elektronen *gegengleich* aufeinander reagieren. *Bewegter* Magnetismus erzeugt in nahen Metallen *Strom*, weil die Elektronen zuerst ihre Eigendrehung anpassen und dann ihre Umlaufbahnen.

Immer bleibt der Austausch von Strahlung oder Inhalten an die gemeinsame Arbeit von Elektronen und Atomkern gebunden. Wir können zwar technisch *zwischen* Strom und Magnetismus wählen, aber wir brauchen stets Atome und Isotope für die Arbeit.

Auch alle unsere Instrumente, die mit *elektromagnetischer* Strahlung operieren, benötigen Atome und Isotope. Sie melden und messen die Veränderung der *atomaren* Erhaltungsarbeit, indem sie diese mit ihrem Ruhezustand vergleichen. Der Austausch *anderer* Inhalte bleibt uns methodisch verborgen.

Weil unsere Gerätschaft elektromagnetisch arbeitet, wissen wir nicht, was die Sonne *absorbiert*. Eine solche Aktivität vermuten wir bislang auch gar nicht. Sie muss jedoch gegeben sein, weil die Sonne *erstens* an das Zentrum der Milchstraße attrahiert.

Würde die Sonne nicht absorbieren, so hätte sie sich *zweitens* nie zum Körper vereint. Sie würde noch als interstellare Wolke zwischen den Spiralarmen der Galaxie schweben. Diese Wolke kondensierte aber, weil ihre Teile das absorbierten, was sie trennte.

Drittens hört die Vereinigung der Atomkerne in der Sonne nicht auf. Die Kerne absorbieren nicht nur weiterhin, was sie trennt, sondern einander auch gegenseitig.

Aus den Planeten kann die Sonne kaum absorbieren, weil sie selbst 98 Prozent der „Masse" des Sonnensystems beinhaltet.

Als Masse gilt in der Physik ein Körper, sobald er „schwer" oder „träge" ist. Ist er schwer, so übt er eine „Anziehungskraft" aus. Das bedeutet, er fungiert als *Quelle* von Strahlung, die von einer Senke absorbiert werden kann. Die Senke attrahiert dann und ihre Arbeit wird einer geheimnisvollen „Fernwirkung" der Quelle zugesprochen.

Ist der Körper „träge", so beharrt er in seiner Bewegung, er widersetzt sich deren Änderung. Das bedeutet, dass der träge Körper nicht nur als Quelle fungiert, sondern auch als Senke. Er beharrt in seiner Erhaltungsarbeit, die Emission und Absorption mittels Rotation zur Substanz vereint.

Wir können einfach sagen, was Masse hat, das arbeitet mit Erfolg. Was keine Masse hat, das arbeitet ohne substanziellen Erfolg. Es kann seine Substanz zwar nicht bewahren, jedoch fortsetzen. Es generiert eine Welle aus seinem pulsierenden Inhalt, die sich im Photonsee fortpflanzt.

Vereint die Sonne fast alle Masse des Systems in sich, so hat sie alle diese Masse bereits absorbiert. Trotzdem rotiert die Sonne um das galaktische Zentrum. Das ist nur möglich, wenn sie von dort neue Inhalte aufnimmt, sie verarbeitet und zuletzt die Reste freisetzt. Anders kann sich die Sonne nicht bewegen.

Erneut fragen wir, *was* die Sonne absorbiert.

Die *Wärme* der Planeten scheidet aus, weil die Sonne heißer ist. Elektromagnetische Strahlung der Planeten scheidet ebenso aus, weil die Planeten dunkel sind. Was die Trabanten sichtbar macht, ist das erübrigte Sonnenlicht, das sie nach dessen Verarbeitung emittieren.

Wie aber steht es mit der Wärme des galaktischen Zentrums?

Wie wir schon erfahren haben, gilt die Hawking-Strahlung des Schwarzen Lochs als „thermisch". Weiters haben wir dem Jungbrunnen der Galaxie zugemutet, die Atomkerne mit neuen Inhalten zu versorgen.

Die Aktivität des Atomkerns besteht im Austausch von Gluonen durch die Quarks, mehr wissen wir noch nicht. Die Sonne fusioniert Atomkerne, das heißt sie trennt Quarks und vereint sie zu größeren Strukturen. Was *in* den Quarks vorgeht, das braucht noch feinere oder *gründlichere* Quellen, als es die Sonne ist. Nachdem ein Schwarzes Loch die *gründlichste* Quelle ist, von der wir bislang Ahnung haben, ist zu vermuten, dass die Sonne für ihre Arbeit diese Quelle braucht. Die Sonne absorbiert die Inhalte der Quarks aus dem Zentrum der Milchstraße *{These 81}*.

3.8.3 Kritik der Elementarteilchen

Was kommt dann, vorher, außerhalb oder nachher? Wo fängt dieser Austausch an und wo hört er auf? Gibt es kleine oder große Inhalte von Grenzen, die unüberwindlich sind? Gibt es elementare „Bausteine" der Materie? Gibt es Elementarteilchen?

Wer an Bausteine glaubt, soll sich einmal fragen, woraus der Mörtel besteht. Goethes wiederholt bemühte Frage, was denn die Welt im Innersten zusammenhält, ist die kritische Frage, welcher Mörtel die Bausteine miteinander verkleben sollte. Irgendwelche Kräfte können das jedenfalls nicht sein, denn sie sind nur Maße, nur Vergleiche. Sie bestehen nur aus Zahlen, und die sind und bleiben immer Geschöpfe des Denkens. Das Denken kann aber keine *zwei* Bausteine zusammenhalten, geschweige denn die Welt.

Dem ratlosen Denken helfen vielleicht Grundsätze. Grundsätzlich gibt es *keine* Inhalte, die *nicht* ausgetauscht werden, denn dann wären sie unwirklich. Alle wirklichen Inhalte sind nur deshalb wirklich, weil und indem sie den Körper *wechseln*, dem sie angehören. Wirkung können sie nur entfalten, indem sie Quelle und Senke verändern. Die Quelle gibt etwas von ihrem Inhalt ab, die Senke gewinnt an Inhalt.

Elementarteilchen verweigern *sowohl* der Quelle *als auch* der Senke den Dienst. Sie können zwar „wechselwirken", aber sie können nicht *verarbeitet* werden. Was sich nicht teilen lässt, dass lässt sich auch nicht zusammensetzen. In der Folge tut das Unteilbare keine Wirkung. Der Austausch von Elementarteilchen verändert die Senke nicht, weil alle Neuankömmlinge gleich, nämlich „elementar" sind. Ist die Senke vorher und nachher gleich, so hat ihr Austausch nichts erwirkt. Der Austausch ist *unwirklich* geblieben. Er hat also nicht stattgefunden. Wir erhalten als Ergebnis, dass Elementarteilchen unwirklich sind. Es gibt sie nicht. Kein ausgetauschter Inhalt ist elementar. Jeder ausgetauschte Inhalt ist wirklich, also teilbar *{These 82}*.

Dieser Anspruch an die Materie ergibt doch einen unendlichen Regress? Nirgendwo hört das Teilen auf? Wo bleibt dann überhaupt Materie, wenn sich alle Materie ohne Ende auflöst?

Das Teilen hört auf, wo das Zusammensetzen beginnt. Das Ende der Auflösung ist die Vereinigung. Die Materie ist dort, wo sie entsteht, nämlich dort, wo die Rotation einsetzt. Anderes ist weder möglich noch notwendig.

3.9 Das Photon

Damit können wir uns endlich der obigen Frage zuwenden: Was geschieht zwischen Quelle und Senke? Wie reisen ausgesandte Inhalte? Wie bewegen sich Emittate?

Das Geschick von Wellen haben wir schon gewürdigt. Jetzt betrachten wir das Geschick des Körpers. Sind beide Gesandte, so betrachten wir das Geschick von Gesandten.

Nach unserer These müssen Emittate ihrerseits emittieren, solange sie sich entfernen. Anders können sie keine Bewegung aus sich hervorbringen, als dass sie entweder fallen und absorbieren, oder als dass sie Inhalte freisetzen und hinter sich lassen. Oder sie kombinieren beide Aktivitäten zur Rotation.

Postulieren wir einen *kleinsten* Körper, der diese Aktivität aufrecht erhält. Er wird als Emittat ausgesandt, weil ihn seine Quelle erübrigt. Das Emittieren funktioniert so, dass der Körper nicht mehr an der Rotation in der Quelle teilnimmt. Er hört auf, Inhalt der Quelle zu sein. Kommt er aus dem Atomkern, nennen wir ihn zum Beispiel „Neutrino". Kommt er aus den Elektronenschalen, so nennen wir ihn vielleicht „Photon". Wie kommt so ein Körper voran?

3.9.1 Das Zwillingsparadoxon

Ein Körper bewegt sich umso schneller, je schneller er *wird*, das heißt, je schneller er seine Inhalte erneuert. Schneller *werden* bedeutet zugleich *jünger* werden, mehr von der alten Substanz erneuern.

Physikalisch formuliert, *dehnt* die Beschleunigung die Eigenzeit. Das Altern erfolgt langsamer, die eigene Zeit vergeht langsamer. Dieser Umstand ist *experimentell* gut bestätigt. Er ist als „Zwillingsparadoxon" bekannt, weil zum Vergleich zwei baugleiche Atomuhren verwendet werden. Die eine Uhr reist im Flugzeug, die andere ruht auf der Erde. Die reisende Atomuhr zeigt eine umso *größere* „Zeitdillatation", je *schneller* das Flugzeug unterwegs ist. Ihre Ziffern hinken nach. Sie zeigt *weniger* Zeit an. Ihre Zeit gilt als gedehnt, demnach dehnt Bewegung die Zeit.

Die Bewegung ist die Einheit von Zeit und Raum, wie kann sie einen Teil ihrer selbst dehnen? Sehen wir nach, was da vor sich geht.

Wechselt das Atom seinen ganzen Inhalt, so wird es ganz neu, das ist auch, es wird wieder ganz jung. Umso *mehr* Inhalt ein Atom wechselt, umso *neuer* wird sein Inhalt. Umso mehr Inhalt das Atom wechselt, umso *jünger* wird es, umso *weniger* Inhalt bleibt alt. Umso *schneller* bewegt es sich auch, denn es wechselt umso umfassender Inhalt und Form. Sein Werden und seine Bewegung sind dasselbe.

Bewegung „hält" nicht jung, sondern sie *macht* jung, denn sie erneuert die Substanz.

Der Wechsel des eigenen Inhalts ist die eigene Zeit, die „Eigenzeit". Umso mehr Inhalt gewechselt, erneuert wird, umso *mehr* Eigenzeit wird hervorgebracht. Die beschleunigte Atomuhr geht aber langsamer, sie zeigt *weniger* Eigenzeit an. Wie passt das zusammen?

Eine Atomuhr zählt die *Schwingungen* in einem Kristall. 9,2 Milliarden Schwingungen dauern eine Sekunde. Umgekehrt gelten 9,2 Milliarden Schwingungen als eine Sekunde. In einem Kristall rotieren die Moleküle nicht, sie bewahren ihre gegenseitige Anordnung oder gemeinsame Struktur. Sie bilden ein stabiles „Kristallgitter".

Allerdings schwingen die Kristalle, das heißt, sie verändern rhythmisch ihren Abstand. *Absorbieren* ihre Elektronen, so erfolgt eine *Annäherung* der Moleküle. Die Rotation der Elektronen nimmt in dieser Phase gegenseitig an Umfang zu, sie wird umfassender. *Emittieren* die Elektronen, so erfolgt eine *Entfernung*. Ihre Rotation wird enger, schließt mehr verbrauchte Inhalte des Moleküls aus.

Die mechanische Bewegung folgt dem Wärmehaushalt der Atome. Auf der Erdoberfläche erfolgt die Absorption der Wärme zunächst aus dem Boden, von unten. Dann aber auch aus der umgebenden Gerätschaft, aus dem Gebäude und aus der Luft. Sie alle erwärmen sich ebenso und fungieren als gleich wirksame Quelle. Absorption und Emission erfolgen *allseitig* und ausgeglichen. Das relative Gleichgewicht im Wärmehaushalt gilt mechanisch als *Ruhe {These 83}*, als das Fehlen oder Ausbleiben von Bewegung.

In irdischer Ruhe erfolgen Absorption und Emission so, dass eine Ellipse um die Sonne generiert wird. Die *zweifache* Erneuerung der Inhalte ist sowohl zur Erde als auch zur Sonne ausgeglichen. Hier, in ruhiger Erhaltung, wiederholen sich die Schwingungen des Kristalls regelmäßig, ihre Anzahl pro Sekunde verändert sich nicht. Die Erneuerungsrate des Kristalls ist so stabil wie seine Substanz.

Nun tritt zur Bewegung der Erde die Bewegung des Flugzeugs hinzu. Aus der *zwei*fachen Erhaltungsarbeit wird eine *drei*fache.

Wird ein Flugzeug beschleunigt, so müssen alle Atome ihre Erhaltungsarbeit anpassen, sonst fällt das Flugzeug oder sein Inhalt auseinander. Die Anpassung erfolgt an die Atome im Brennstoff, die auf Seite der Zündung einander absorbieren und auf Seite der Düsen den Überschuss emittieren.

Der Austausch von Inhalten wird entsprechend *gerichtet*. Neue Absorptions- und Emissionshalbkugeln treten hinzu, ihre gemeinsame Achse ergibt die Flugbahn. Diese *neue* Arbeit des Atoms erfolgt *zusätzlich*. Neben der Erdbahn muss auch die Flugbahn generiert, hervorgebracht werden. Der Austausch von Inhalt muss drei Strukturen gerecht werden, zudem in verschiedenen Richtungen.

Die Kristalle in der Atomuhr müssen sich so verhalten wie alle Atome im Flugzeug. Das Schwingen der Moleküle, das der Erdbahn entspricht, wird jetzt von der Flugbewegung überlagert. Die Erhaltungsarbeit dauert *länger*. Ihre Frequenz nimmt ab. Die Emission kommt seltener zustande, welche dem Schwingen entspricht. Die Eigenzeit ist in der Tat *gedehnt*.

Was haben wir oben falsch gemacht?

Mehr Emission bedeutet zwar *mehr* Wechsel von Inhalt, und das *ist mehr* Zeit, aber diese Zeit setzt sich *anders* zusammen. Die Arbeit der Erneuerung ist umfassender, komplizierter und deshalb langwieriger geworden. Die Veränderung des Inhalts kommt *seltener* zu *stabilen* Resultaten, weil der Inhalt *mehrfach* zusammengesetzt werden muss, und zwar jeder Struktur entsprechend. Jene *eine* Veränderung, welche gemessen wird, nämlich die Schwingung, kommt seltener zustande. Ihre Herstellung dauert länger.

Kinematisch und recht bildlich können wir uns vorstellen, dass das Elektron nicht nur Achterbahn um die Kerne fährt, sondern zusätzliche Umwege und Schleifen hervorbringt. Aber immer erst bei der Klingelkassa wird seine Schwingung registriert, ein Cent aus Licht in das Zählwerk der Atomuhr eingeworfen.

Während der *veränderliche* Anteil der Eigenzeit wächst, schwindet der *dauernde* oder bleibende Anteil. Veränderung und Dauer sind zusammen die ganze Zeit. Wird eine *beschleunigte, wachsende* Veränderung zur *ruhenden, gleich bleibenden* Veränderung hinzugefügt, so wird die Eigenzeit größer, sie wird erstreckt.

Dem entnehmen wir, dass jede Bewegung ihre Eigenzeit *beinhaltet*, ihren *besonderen* Wechsel von Inhalt. Die Bewegung dehnt nicht einen Teil ihrer selbst, sondern sie kommt nicht anders zustande, als durch jenen *spezifischen* Wechsel von Inhalt, dem sie entspringt.

3.9.2 Die Bewegung des Photons

Kommt jede Bewegung nur zustande, indem besondere, spezifische Inhalte wechseln, so muss auch das Photon seine *eigenen* Inhalte wechseln, die umgekehrt das Photon ausmachen. Wollen wir ergründen, wie sich das Photon bewegt, so müssen wir finden, *welche* Inhalte es austauscht.

Wir haben unterstellt, dass das Photon der *kleinste* Körper ist, der die Fähigkeit aufweist, zu absorbieren und zu emittieren. Wie finden wir den Inhalt dieser Aktivität? Ist es der *kleinste* oder der *schnellste* Inhalt?

Mit der Erneuerungsrate des Inhalts steigt die *Frequenz*. Sie wird umso *höher*, je *öfter* Inhalte ausgetauscht werden. Der schnellste Inhalt muss die höchste Frequenz aufweisen. Aber ist der schnellste Inhalt auch der kleinste?

Je umfassender die Erhaltungsarbeit alte Teile des Inhalts erfasst und gegen neue austauscht, desto weiter kommt der Körper voran. Die *Wellenlänge* wächst mit dem Inhalt. In jedem Akt der Emission entfernt sich der Körper umfassender von der alten Quelle. Ist die Wellenlänge kurz, so ist der Inhalt klein. Gibt die kürzeste Wellenlänge den kleinsten Inhalt an? Was wird da wie umfasst?

Das „Umfassen“ bedeutet zuerst die *Menge* an Inhalt, die mittels Rotation vereint wird. Dieses *erste* Umfassen ergibt das Ganze, den Körper. Umfasst wird zweitens auch der Inhalt, der in einem Akt des Austausches *ausgewechselt* wird. Das *zweite* Umfassen bezeichnet, wieviel alter Inhalt freigesetzt und neuer Inhalt aufgenommen wird. Die *Vereinigung* kann umfassend geschehen, aber auch die *Erneuerung*. Welches Umfassen bezeichnet die Wellenlänge?

Wir veranschaulichen uns das Umfassen anhand eines Wirbelsturmes. Die Rotation umfasst immer neue Luftmoleküle und vereint sie zu einem Körper, der Windhose. Die Windhose wird umso größer, je mehr Luft sie umfasst oder vereint. Das Erfassen erfolgt auf der Seite des Sogs. Auf der anderen Seite der Rotation, auf der Seite des Drucks, stößt die Windhose die Luftmoleküle nach einigen Umdrehungen wieder aus. Je mehr Luft die Windhose inhaltlich umfasst, desto höher sind Sog und Druck, desto mehr Luft tauscht sie auch aus. Auch der Austausch der Luft wird umfassender. Vereinigung und Austausch nehmen *gemeinsam* zu.

Die Windhose als ganzer Körper kommt umso schneller voran, je *umfassender* sie arbeitet, je mehr Luftmoleküle sie aufnimmt und freisetzt. Ihre Reisegeschwindigkeit wird von der Menge an Luft bestimmt, die sie *umsetzt* oder *verarbeitet*. Beide, Absorption und Emission nehmen mit dem Umfassen zu, mit dem Vereinen und Austauschen, mit dem Umfang der Verarbeitung.

Die Geschwindigkeit der Bewegung ist dasselbe wie der *Umsatz* der Erhaltungsarbeit, das Verhältnis von Ein und Aus, von Plus und Minus *{These 84}*.

Kommt *rasch* neuer Inhalt dazu, so erfolgen viele Schritte des Verarbeitens, viele Wechsel der Form. Viel Raum in kurzer Zeit ergibt hohe Geschwindigkeit. Kommt *langsam* neuer Inhalt hinzu, so erfolgen *seltene* Schritte im Verarbeiten. Wenig Raum in langer Zeit ergibt geringe Geschwindigkeit.

Es kommt auf das Verhältnis an, wie *oft* wie *viel* Inhalt verarbeitet wird, wie *rasch* und wie *umfassend* der Umsatz erfolgt. Hohe Geschwindigkeit wird erstens erzielt, wenn Inhalt *rasch* wechselt, und zweitens, wenn *viel* Inhalt wechselt.

Jetzt betrachten wir den kleinst möglichen Inhalt.

Die *größtmögliche* Geschwindigkeit ist dann erreicht, wenn der Umsatz *vollständig* erfolgt. Die Absorption umfasst den gesamten Inhalt des Körpers. Die Substanz wird ganz erneuert, wird ganz jung, sie entsteht neu. Auch die Emission umfasst den gesamten Inhalt des Körpers. Alle Substanz wird aufgelöst und freisetzt.

Ein solcher Körper hält eine *extreme, nicht steigerbare* Erhaltungsarbeit aufrecht, seine Aktivität ist *vollständig*. Ein solcher Körper erneuert sich in jedem Akt des Austausches vollständig. Aller alter Inhalt wird frei, aller neue Inhalt wird frisch zum Körper vereint.

Nach jedem Akt des Austausches liegt ein neuer Körper vor, denn sein Inhalt ist ganz neu. Es handelt sich um eine *Generation* von gleichartigen Körpern, die auf diese Weise unterwegs sind. Die Generation pflanzt sich auf diese Weise fort.

Die Bewegung der Strahlung, von Photonen oder Neutrinos, das ist die extreme, nicht steigerbare, vollständige *Fortpflanzung* ihres Inhalts. Kein Inhalt geht verloren, aber kein Inhalt bleibt alt oder erhalten.

Was zuletzt eine Senke aufnimmt, das ist zwar völlig neu, ist aber trotzdem *genau so*, wie es die Quelle abgegeben hat. Der beim Empfänger, in der Senke *erwirkte* Unterschied entspricht dem *ursächlichen* Unterschied in der Erhaltungsarbeit der Quelle.

Manche mögen hier von „Übertragung von Information" sprechen, aber das setzt ein Bewusstsein voraus. Was tatsächlich, faktisch übertragen wird, das ist die Änderung der Erhaltungsarbeit.

Wie aber gelingt die Übertragung? Wer oder was vermittelt, überbringt sie? Sind da Körper unterwegs, Teilchen, Partikel, Wellen oder Energiepakete? Fliegen sie, schwimmen sie? Was tun Dinge, die in jedem Akt sterben und geboren werden? Ist das Materie? Ist das Geist? Ist das Information? Was ist da wie unterwegs?

3.9.3 Die Übertragung der Erhaltungsarbeit

Körper und Bewegung sind hier *ident*, sie *unterscheiden sich nicht*. Der Körper besteht nur so, wie er sich bewegt, nämlich nur in seiner vollständigen Fortpflanzung. Auch die Bewegung besteht nur so, wie sich der Körper auflöst und vereint, nämlich abermals in seiner vollständiger Fortpflanzung. Die *Einheit* von Körper und Bewegung ist hier ihre gemeinsame, vollständige, nicht steigerbare Fortpflanzung.

Umgekehrt *teilt* sich diese extreme Fortpflanzung in Körper und Bewegung.

Masse und Energie sind nur zwei messbare Erscheinungsweisen *derselben* Fortpflanzung. Die „Masse" misst den *körperlichen* Zustand, die *Vereinigung*. Die „Energie" misst den *dynamischen* Zustand, die *Auflösung*. Was Masse hat, das wirkt mechanisch, körperlich, das erscheint als *Teilchen*. Was Energie hat, das wirkt dynamisch, das verändert die Bewegung, das erscheint als *Welle*.

Beide, Teilchen und Welle sind die beiden Teile derselben, nicht steigerbaren Fortpflanzung. Der vermeintliche „Dualismus" von Teilchen und Welle ist in Wahrheit ihre gemeinsame Fortpflanzung.

Der Puls der Fortpflanzung gibt den Wechsel von Körper und Bewegung, die Rate der Erneuerung des Inhalts. Die *Frequenz* beziffert den Puls. Sie misst, vergleicht und zählt, wie oft Alt und Neu wechseln, einander ablösen.

Die *Wellenlänge* gibt die Entfernung an, die mittels eines Aktes der Fortpflanzung hervorgebracht wird. Die Vereinigung zum Körper ergibt die Knoten der Wellen, die Massepunkte. Die Auflösung des Körpers in Emittat ergibt die Wellenberge und Täler. Die Amplituden messen, wieviel Inhalt sich auflöst und vereint.

3.9.4 Der leere Raum

Aber welcher Inhalt agiert so? Wie funktioniert die Fortpflanzung im leeren Raum? Immerhin gilt die Lichtgeschwindigkeit nur im Vakuum als extrem, als nicht steigerbar.

Wir können zwar unsere Räume aufräumen, aber niemals auch leeren. Die *Natur* können wir nicht einmal begreifen, geschweige denn beseitigen oder entleeren. Die Natur hat keine Löcher, auch wenn wir solche begehren oder fürchten. Die Natur bleibt von unseren Vorstellungen unberührt, sie verbleibt ungeteilt, sie verbleibt ganz.

Machen wir in der *Materie* Löcher, so machen wir Löcher in unserer *Beurteilung* der Materie. Diese Löcher verbleiben in unserem Denken. Sie gelangen nicht ins Freie. Auch die Materie hat keine Löcher und kann sie nicht haben, weil wir kein Verfahren haben, ihr *nichts* zu entnehmen, ihr Fehlen zu schöpfen. Wir können nur *etwas* schöpfen, nicht auch nichts. Ein leeres Geschöpf ist kein Geschöpf, es macht sich selbst zunichte, es ist absurd.

Den leeren Raum können wir getrost verwerfen, negieren. Was nichts gibt oder nimmt, ist wirkungslos und so auch nicht wirklich. Der leere Raum ist eine falsche Abstraktion, eine gegenstandslose, absurde Einbildung. Wir selbst machen jegliche Leere zunichte, die wir uns ausdenken. Wir sind da, aber rund um uns soll der leere Raum sein. Wir füllen den leeren Raum, den wir denken. Also denken wir absurd, wenn wir den Raum entleeren.

Aber wenn sich Masse in Energie verwandelt, dann verschwindet sie doch?

Nein, dann verwandelt sich das Maß des Körpers in das Maß der Bewegung, weil sich der Körper auflöst, in seine Bewegung übergeht, in die andere Art der Fortpflanzung.

Halt, das gilt, wenn überhaupt, doch nur für Photonen oder Neutrinos, also vielleicht für lichtschnelle Dinger, aber sonst doch keinesfalls? Ein Stein ist doch keine Bewegung!

3.9.5 Der Stein als Körper und Bewegung

Wie unterscheidet sich denn die *Bewegung* des Steines vom *Körper* des Steines? Der Stein kommt so voran, als er absorbiert und emittiert, nicht auch anders. Nur die Aktivität des Steines generiert seine Bewegung. Was dabei *körperlich* verbleibt, das verbleibt zugleich in der äußeren Bewegung. Es wird aber nicht mitgeführt oder mitgeschleppt, sondern vollbringt selbst eine *zweifache* Bewegung.

Zum *ersten* rotieren alle Atome im Stein weiterhin. Sie setzen ihre Bewegung *im* Stein fort, weil und indem sie sich gegenseitig ver- und entsorgen. Die körperliche Ruhe des Steins setzt sich aus der erfolgreichen Erhaltungsarbeit seiner Teile zusammen. Die Ruhe des Körpers kommt aus seiner *inneren* Bewegung *{These 85}*.

Zum *zweiten* absorbieren und emittieren die Atome des Steins gemeinsam *aus* der Umgebung und *in* die Umgebung. Weil sie das gleichartig tun, tun sie es mit gleicher Wirkung. Sie bleiben beisammen, weil sie gemeinsam wirken. Das ergibt die *äußere* Bewegung des Steins.

Indem seine Atome *derselben Absorption* aus derselben Quelle folgen, attrahieren sie *gemeinsam*, haben sie dasselbe Ziel. Zugleich fliehen sie gemeinsam aus *derselben Emission*, mittels gemeinsamer Emission. Ihre Flucht hat denselben Ausgangspunkt, ihr Ziel ist dasselbe. Daraus ergibt sich die gemeinsame Richtung.

Die atomare Erhaltungsarbeit unterscheidet sich zwar nach der jeweiligen Lage im Stein, aber die innere Bewegung gleicht diese Unterschiede aus. Die Atome bleiben beisammen, der Stein bleibt ganz. Bei Überlastung gehen nur einzelne Teile der Peripherie verloren, dann erodiert der Stein.

Jetzt blicken wir einmal in das turbulente Geschehen im Stein hinein. Wo ist da die ruhende oder träge Masse? Wo ist da anderes als Bewegung? Vielleicht im Atom? Nein, auch da nicht. Die Elektronenwolken, Quarks und Gluonen erreichen ein Drittel der Lichtgeschwindigkeit. Von Beharrlichkeit und Ruhe ist da nichts zu finden, und schon gar nichts von einem trägen *Widerstand* gegen die Bewegung, wie ihn die Mechanik voraussetzt. Nicht einmal ein Schwerpunkt ist ausfindig zu machen. Schwere und träge Masse sind nicht, sind beide fiktiv.

3.9.6 Die Füllung des Raums

Also zurück zum Start. Wir suchen den kleinsten Inhalt und sein extremes Vorankommen. Wir versuchen uns als Sonne und werfen ein Photon in den Weltraum hinaus. Es trifft unseren obigen Stein, der es eine Weile zu seiner Erhaltung verarbeitet, aber dann als verbraucht ebenso freigibt wie die Sonne. Das hat den Vorteil, dass wir dem „trägen“ Stein nicht solche ungeahnten Kräfte anvertrauen müssen wie der Sonne. In diesem matten Lichte des Steins wollen wir wissen, wie das Photon vorankommt. Wie gelangt es vom Stein zu uns, da wir den Stein doch sehen, auch wenn er im Vakuum liegt?

Wenn sich das Photon in jedem Akt der Fortpflanzung zuerst völlig auflöst, und dann wieder völlig vereint, dann muss ihm das seine Umgebung *ermöglichen*. Die Auflösung stellen wir uns einfach vor, dazu haben wir den leeren Raum erfunden. Er duldet so manches ohne Widerstand. Dann aber soll auch die Vereinigung gelingen. Dazu muss derselbe leere Raum mit einem Rohstoff gefüllt sein, der die Entstehung von Photonen ermöglicht. Das ist steinharte Kost. Der *leere* Raum ist *gefüllt* mit unbekanntem und verbotenem Rohstoff. Was könnte das sein?

Nun, nicht nur unsere Sonne ist aktiv in der Freisetzung von Inhalten, sondern es gibt noch ein paar Sterne. Zusätzlich sind da noch Galaxien verstreut, oder Wolken, rundherum Atome oder Atomteile, auch rund um unser Vakuum. Das Universum ist gut bestückt mit Materie aller Art. Wir stellen uns den Kosmos als Gefäß für allerhand Kostbarkeiten vor, und dazwischen sind die Polster des leeren Raumes, damit dem „Wechselwirken“ nichts im

Wege steht. So will es unser Weltbild. Darin muss alles seine Ordnung haben, nämlich unsere.

Was aber passiert, wenn alle Kostbarkeiten verschleudern, was sie haben, nämlich ihre Inhalte? Anderes haben sie ja nicht, und anderes können sie auch nicht verschleudern. Aufhören können sie auch nicht damit, damit sie nicht wieder mit Unwirklichkeit bestraft werden. Dann füllt sich der *wirkliche* Himmel unweigerlich mit „Schleudergut". Auch unser hausbackenes Vakuum füllt sich mit dem, was die Atome des Gefäßes austauschen.

Wenn alle Körper Inhalte freisetzen, dann müssen diese Inhalte irgendwo sein, bevor sie wieder aufgenommen werden. Was aber eignete sich besser als Unterkunft als der Zwischenraum der Körper? Er ist zwischen allen Quellen und Senken unvermeidlich anzutreffen. Kurz, die Emittate *füllen* die Polster zwischen den Kostbarkeiten, mehr noch, sie *sind* diese Polster. Die Emittate aller Körper sind der Lebensraum, das *Habitat* der Körper *{These 86}*.

3.10 Der Äther

Ist das eine Rehabilitation des Äthers? Wurde er umsonst als „überflüssig" in der Physik zunichte gemacht, die seit dem Diktum Albert Einsteins lieber mit der Raumzeit hantiert?

Allerdings. Der Äther ist die Einheit aller Emittate, solange diese frei sind, bevor die Emittate wieder Aufnahme in Körpern finden. Die Raumzeit ist ein geometrisches Konstrukt, das den Äther zwar *richtig abbildet*, aber zu Unrecht *verleugnet*. Die Raumzeit will das sein, was sie misst, nämlich der Äther, sie ist sein Surrogat *{These 87}*.

Schon Einstein musste einräumen, dass der Raumzeit „physikalische Eigenschaften zukommen müssen", indem die Raumzeit *ursächlich* wirken, nämlich Bewegung *erzeugen* sollte. Heute wird physikalisch „nachgewiesen", dass die Raumzeit expandiert und dabei die Galaxien mitführt, die Zeit dehnt, das Licht verändert und die Gravitation hervorruft.

Nun tun sich allerdings Koordinaten schwer damit, als Ursache in die Materie einzugreifen, sind und bleiben sie doch als Zahlen immer im Denken eingesperrt. Der vermeinten Wundertätigkeit von Zahlen können wir abhelfen, wenn wir anerkennen, dass die verwendeten Koordinatensysteme ein *Maß* sind. Sie messen richtig, sie sind als Maß tauglich. Das Gemessene muss sich allerdings wieder vom Maß unterscheiden. Ist die Raumzeit ein Maß, so *kann* sie *nicht* zugleich das *Gemessene* sein. Ein solcher Anspruch machte den Vergleich zunichte und ist deshalb absurd.

Machen wir die Gegenprobe, senden wir ein Stück „Raumzeit" aus, um zu wirken. Wir verwenden als Raum das Volumen von einem Liter und als mitreisendes Uhrwerk eine Sekunde. Es geschieht nichts. Warum nicht?

Ein lichtschnell fliegender und verbeulter Liter pro Sekunde ist nichts weiter als die Zahl *Eins*. Denn Eins pro Eins ergibt Eins. Eins zu Eins kann weder fliegen noch wirken. Wir haben zuviel erwartet von unserem allein zählenden Geschöpf. Wir haben auf den Inhalt vergessen.

Ein Liter pro Sekunde „wovon" müssen wir fragen. Erst das „wovon" fragt nach dem Gemessenen, nach dem Inhalt. Sind da draußen im entleerten Raum oder Vakuum aber keine Körper, so bleibt nur der Äther als Kandidat übrig, das gemeinsame Emittat aller Körper, physikalisch die „Strahlung des Vakuums". Je besser das Vakuum mechanisch von Luft entleert wird, desto höher ist seine Strahlungsdichte, berichtet die Vakuumphysik.

Der Kandidat Äther wurde nicht besiegt, sondern er hat das Gefecht für sich entschieden. Die Raumzeit ist das Maß des Äthers *{These 88}*. Der Äther ist das Gemessene, ist richtig beurteilte *Materie*.

Jetzt brauchen wir als Raumzeit kein fiktives Geschöpf aussenden, jetzt können wir dem wirklichen Inhalt zusehen. Ein Liter Äther pro Sekunde ist das *reale Emittat* der Quellen pro Sekunde. Betrachtet wird der Äther in einem Volumen von einem Liter.

Die betrachtete Menge wird jede Sekunde *verglichen*. In Summe erhalten wir die *Veränderung der Ätherdichte*. Die Raumzeit misst die Dichte des Äthers, so auch *dessen* Wirkung.

Nicht die Raumzeit, sondern der Äther ist materiell und ursächlich am Werk. Der Äther wirkt *gemäß* seiner Dichte. Die Bewegung beruht auf der *Verarbeitung* des Äthers durch die Substanz *{These 89}*. Der *Gegenstand* oder *Rohstoff* der Erhaltungsarbeit ist der Äther, das *Produkt* oder Resultat ist die Substanz samt ihrer Daseinsweise, nämlich der Bewegung.

Lichtschnell muss das Koordinatensystem mathematisch bewegt werden, *weil* die realen Emittate in der Tat lichtschnell unterwegs sind. *Verbeult* muss das Koordinatensystem werden, *weil* die Quellen geben und die Senken nehmen. Das Maß muss dem Gemessenen folgen, die Raumzeit dem Äther entsprechen.

Die Ätherdichte entspricht jeweils dem *Strahlungshaushalt* der Quellen und Senken. Sind viele *Senken* aktiv, so entsteht zwischen ihnen „Gravitation", nämlich die *Absorption* von Äther. Sind viele *Quellen* aktiv, so entsteht zwischen ihnen die Entfernung, die Bewegung der „Expansion", nämlich die *Emission* von Äther. Sind viele Senken und Quellen zugleich aktiv, so entstehen jene rotierenden Strukturen, die wir vorfinden.

3.10.1 Die postulierte Gallerte

Der Äther ist allerdings keine „Gallerte", wie ihn die Mechanik vergeblich suchte, sondern der Äther ist ein Aggregatszustand der Materie, nämlich ihr Werden und Vergehen.

Die Gallerte sollte so *durchlässig* sein, dass die Himmelskörper ungehindert reisen können. Gleichzeitig sollte die Gallerte so *zähplastisch* sein, dass sie die Wellen des Lichtes so bilden konnte wie ein Ozean die Wellen des Wassers. Versuche mit der Zusammensetzung des Lichtes haben der *postulierten* Gallerte den Garaus bereitet.

Die Zusammensetzung des Lichtes geschah in allen Richtungen gleichartig, egal, ob mit oder gegen den Erdumlauf gemessen wurde. Dem wurde entnommen, dass die Gallerte nicht existiert. Sie hätte einen Unterschied im Spektrum des Lichts bewirken müssen, eine Verschiebung seiner Farben.

In der Folge musste die Raumzeit herhalten, denn anderes war nicht zu entdecken. Die Koordinaten fliegen so schnell wie das Licht, die Koordinatennetze krümmen sich in der Nähe großer Absorber so wie die Bewegung des Lichtes. Das sollte physikalisch genügen.

Ein Photon weiß aber nichts von menschlichen Koordinatensystemen, wie also sollte es ihnen gehorchen?

Da bleiben wir lieber bei der vergleichsweise einfachen Frage, wie sich das Photon bewegt. Wie vereint es sich nach seiner völligen Auflösung aus dem Äther? Wie muss der Äther beschaffen sein, dass er die Bildung von neuen Photonen ermöglicht? Noch dazu von *gleichartigen* Photonen, die das Emittat der Quelle noch Jahre später brauchbar wiedergeben?

3.10.2 Michelson und Morley

Wir unternehmen einen physikalischen Versuch. Dazu entwenden wir im Geiste das *Interferometer* von Michelson und Morley und schauen nochmals gründlich nach. Der Galgen der Gallerte erweist sich nämlich als untrüglicher Beweis des Äthers.

Wenn sich das Licht in allen Richtungen gleichartig zusammensetzt, und das unter allen Bedingungen und in allen Richtungen, dann genügt seine *Umgebung* unter *allen* Bedingungen zu seiner *gleichartigen* Genese. Diese Umgebung *ist* der *irdische* Äther. Er genügt unter allen Bedingungen und Umständen zur gleichartigen Fortpflanzung des Lichtes zwischen *irdischen* Atomen.

Aber das Licht kommt doch von der Sonne?

Das schon, aber *verarbeitet* und *zuletzt* emittiert wird es von irdischen Atomen. Anfangs bildet das Sonnenlicht eine kugelförmige Emissionswolke rund um die Sonne, deren Dichte mit dem Abstand zur Quelle abnimmt. Diese Kugelwolke ist der *solare* Äther, in dem sich die Erde stabil erhält und ihren Umlauf generiert. Alle irdischen Atome, die in den solaren Äther eintreten, reagieren und machen den solaren Äther zu ihrem eigenen. Das Sonnenlicht wird von irdischen Atomen zu *irdischem* Äther umgeformt.

Der *irdische* Äther ist das Mittel und Medium zur Selbsterhaltung des Sonnenlichts, sobald die Photonen in ihn, in den irdischen Äther eintreten. Löst sich ein Photon *in* den irdischen Äther auf, so bildet sich notwendig ein gleichartiges Photon *aus* demselben irdischen Äther, und zwar unabhängig vom Bewegungszustand *des irdischen Atoms,* weil sich die Erde inzwischen stabil erhält. Die Erde ist *so* stabil *wie* ihr Äther *{These 90}*. Das haben Michelson und Morley mit ihrem Instrument und Experiment für uns herausgefunden und bestätigt. Vielen Dank, leider posthum.

Die Erde *muss* so stabil sein wie ihr Äther, weil ihre Bewegung auf der Verarbeitung des solaren Äthers beruht. Ist der Umlauf der Erde konstant, so ist auch ihre *Erhaltungsarbeit* konstant. Ist die Erhaltungsarbeit der *irdischen* Atome konstant, so ist es auch *ihr eigenes* Emittat, das Licht, das sie *untereinander* austauschen.

Der Bewegungszustand des irdischen Absorbers ist *sein* Erhaltungszustand. Der Erhaltungszustand der Quelle wird inzwischen ein anderer sein, denn das Licht der Sonne ist inzwischen acht Minuten alt. Die Sonne kann inzwischen aufgehört haben, *solche* Photonen auszusenden. Trotzdem pflanzen sich die Photonen der Sonne *gleichartig* im irdischen Äther fort. Was besagt das?

Schauen wir noch einmal in das Interferometer. Da sind Prismen und Spiegel, die das Licht in seine Farben zerlegen und „reflektieren“. Zuletzt kommt immer *dasselbe* Licht heraus, ohne dass sich seine Zusammensetzung verändert, ganz gleich, wie das Instrument gedreht oder bewegt wird.

Das brechen wir herunter auf das Atom. Ganz gleich, wie das Atom gedreht ist, es fliegt stets mit der Erde um die Sonne. Dabei sind stets neue Photonen anzutreffen. Die Sonne emittiert Photonen zwar in unterschiedlicher Menge oder Intensität, aber doch von *gleichartiger* Art oder Zusammensetzung. Die Spende der Sonne wirkt auf der Erde *qualitativ* gleichartig, lediglich *quantitativ* unterschiedlich an Häufigkeit.

Die *solaren* Photonen sind jeweils zu verarbeiten und wieder abzugeben, das gilt als „reflektieren". Ein *reflektiertes* Photon ist jedoch bereits ein *irdisches* Photon, denn es wurde von einem irdischen Atom freigesetzt.

Arbeitet das irdische Atom in einer friedlichen Umgebung, in einem Labor in einem Flugzeug, so bleibt es auf diese Weise Teil der Erde. Das Atom lebt in *irdischem* Äther. Es wird rundum von der Erde ver- und entsorgt, sonst wäre es nicht Teil dieses Verbandes. Was *zwischen* den Atomen der Erde an Inhalten ausgetauscht wird, das entspricht in allen Schichten und Konstellation ihrer Erhaltung. So bleiben sie zusammen und bilden gemeinsam die Erde.

Ein Atom im Interferometer kann keine andere Art der Selbsterhaltung ausüben als die irdische. Sind da solare Photonen anzutreffen, mal viel, mal wenig, so sind sie immer zu verarbeiten und verwandelt wieder abzugeben. Das Ziel sind keine großen Sprünge, es gibt nur kleine Schritte oder Formwechsel, von Photon zu Photon. Gelingt die Verarbeitung, dann bleibt alles beim Alten, das Atom, das Licht, das Interferometer und die Erde, samt der konstanten Bewegung all ihrer Teile.

Gelingt hingegen die Verarbeitung *nicht*, dann ist etwas passiert. Dann ist *im Äther* ein Unterschied aufgetaucht, der das Atom überfordert hat. Dann, und nur dann wird *anderes* Licht generiert, aber wohlgemerkt, allein vom *reagierenden* Atom *der Senke*, im Spiegel oder Prisma des Instruments, *nicht* auch von der Sonne. Die Spende der Sonne kann, muss aber nicht gleich geblieben sein. Was sich verändert hat, das ist *allein* die *Erhaltungsarbeit* des Empfängers.

Dem entnehmen wir, dass die *Konstanz* des Äthers vom Absorber hergestellt, und sogar *nach jeder Veränderung* wieder hergestellt wird? Der Absorber passt sich so an, dass seine Welt wieder in Ordnung ist? Der Absorber generiert sein Habitat?

Der Absorber generiert seine Struktur und den Äther, der dieser Struktur genügt, der für sie *spezifisch* ist. Den irdischen Äther gibt es nur zwischen irdischen Atomen. Denn die Arbeit des Absorbers ist auf den Wechsel von Emission und Absorption beschränkt. Andere Mittel hat ein Atom nicht zur Verfügung. Wenn der Absorber *seine* Rotationsweise verändert, dann ändert sich sein Absorptions- und Emissionsverhalten, und in der Folge seine *Wirkung* auf andere Absorber.

Ändert das Atom seine Rotationsweise, so gibt und nimmt es anderes Licht, mit anderen Worten, es generiert dann auch anderen Äther. Die Erhaltungsarbeit des Absorbers verändert ihn *und* sein Habitat, solange sie funktioniert. Solange das Atom *stabil* ist, sich gleichartig wiederherstellen kann, solange ist auch der Äther *konstant*, den es liefert, das ist hier sein Spektrum. Was Michelson und Morley gefunden haben, ist die Konstanz der atomaren Erhaltungsarbeit unter irdischen Bedingungen *{These 91}*.

Der solare Äther, den das Atom aufnimmt, hat sich aber verändert?

Nein, das Licht der Sonne ist so wie immer eingelangt. Sonnensystem und Erdbahn sind stabil geblieben. Hätte die Sonne eine *qualitativ* andere Emissionswolke erzeugt, so wäre im Interferometer ganz anderes Licht zu verarbeiten gewesen, also auch zuletzt freigesetzt und sichtbar geworden.

Was wir *in Summe* bestätigt finden, das ist die Konstanz der Erhaltungsarbeit von *beiden*, von Erde und Sonne. Die Erhaltungsarbeit ist auf beiden Seiten gleich geblieben. Auf diese Weise sind die Photonen beurteilbar geblieben, Ursache und Wirkung sind einander treu geblieben.

Für den solaren *und* den irdischen Äther besagt das, dass *beide konstant* geblieben sind. Die Generation von Photonen konnte sich im *Sonnensystem* unverändert fortpflanzen, weil in dieser Struktur für jede Vereinigung jeweils genügend *gleichartiger* Äther vorhanden war. Wir können auch sagen, dass der erste Keim im Äther so wirkte wie der letzte.

Wollen wir weniger biologisch denken, weil wir die Bilder von Wellen bevorzugen, so können wir behaupten, die erste Schwingung oder Welle im Äther war so wie die letzte.

Schließen wir vom solaren und irdischen Äther auf den *allgemeinen* Äther *aller* Quellen, so können wir sagen:

Treffen *keine* Emittate im allgemeinen Äther aller Strukturen ein, so ruht er und ist finster. Dies wird zwischen den Strukturen der gewöhnliche Zustand sein.

Treffen hingegen Emittate ein, so pflanzt der *allgemeine* Äther diese fort, bis sie vom Empfänger materiell und geistig ausgewertet werden. Mehr ist nicht gefordert. Zwischen allen Körpern und dem spezifischen Äther aller Strukturen besteht immer genau jene Entsprechung, die beiden Seiten zur Erhaltung genügt.

3.10.3 Der Aggregatszustand des Äthers

Jetzt wollen wir freilich wissen, wie der Äther „aussieht". Sind da zwischen den Körnchen wieder Körnchen, wie Sand am Meer, nur feinere, kleinere, und so weiter? Ist da ein Gedränge mit einem Gedränge in den Lücken dazwischen? Dann bleiben aber doch immer Lücken, was ist dort? Wenn es nur Körnchen gibt, dann muss doch immer leerer Raum zwischen ihnen bleiben. Der ist aber doch unwirklich?

Richtig, dieses Konzept der Materie scheidet es, weil es unwirkliche Dinge einfordert. Die Materie kann nicht aus *Körnchen* bestehen, sie muss wirklich sein in allen ihren Teilen.

Was zwischen den Körnchen, Partikeln oder Teilchen ist, das muss *genauso* wirklich sein wie diese selbst?

Nein, „genau so wirklich" heißt im selben Maße wirklich, nämlich hier gar nicht wirklich. Beide Seiten des Geschehens sind unwirklich, falsch erdacht. Soll ein Teilchen elementar, unveränderlich sein, so wird es dank dieser Voraussetzung unwirklich, weil es an keinem Austausch teilnehmen darf. Zudem soll seine Umgebung leer sein, also ebenso unwirklich.

Blicken wir in das Wasser. Vielleicht ist der Äther nicht fest, sondern flüssig. Was ist zwischen den Tröpfchen des Wassers? Wieder Wasser? Wir landen wieder beim Körnchenbild. Da sollen Elementarteilchen und dazwischen soll wieder nichts sein. Auch fließende Körnchen sind unwirklich.

Ist der Äther vielleicht ein Gas? Aber da wird nur der Abstand zwischen den Teilchen größer und dazwischen soll wieder nichts sein. Auch dieses Bild funktioniert nicht. Kurz, alle unsere Vorstellungen von den „Aggregatzuständen" der Materie sind falsch. Sie verlangen alle nach unwirklichen Dingen.

Was aber sind dann richtige Vorstellungen? Was sollen wir uns unter einem „Aggregatzustand des Werdens und Vergehens" vorstellen?

Wenn wir an „teilbare Atome" glauben, dann müssen wir auch anerkennen, dass sie Inhalte abgeben und aufnehmen. Wir müssen also auch an eine Umgebung des Atoms glauben, in der es aktiv ist, in die es Inhalte abgibt und aus der es Inhalte aufnimmt. Dieser Habitat oder Lebensraum des Atoms ist sein Äther. Die Anerkennung des Äthers ist so notwendig wie die Anerkennung von Absorption und Emission.

Die Vorstellung vom „Elementaren" ist aufzugeben, sei es fest, flüssig, oder gasförmig. Es gibt keine Materie mit festen Grenzen oder unveränderlichen Substanzen. Es gibt nur Inhalte innerhalb der Rotationsweise und solche Teile, die ein- und ausgehen.

Wer sich darunter nichts vorstellen kann, soll eine Galaxie anschauen. Das ist ein Strudel aus Sternen und Wolken. Was von der Rotation erfasst ist, an ihr teilnimmt, das gehört zum Inhalt der Galaxie. Was *nicht* an der Rotation teilnimmt, *verlässt* die Galaxie oder wird soeben erst neuer Inhalt. Kommen und Gehen gehören zum Ganzen wie das Bleiben. Plus und Minus gehören zu jeder Einheit. Ohne Plus und Minus gibt es keine Eins *{These 92}*.

Zu jeder Substanz gehört das Wachsen und Schwinden. Jeder Körper ist eine Einheit von Verbleib, Zuwachs und Schwund. Jede Materie ist eine Einheit von Konstanz, Werden und Vergehen *{These 93}*.

Jede Materie ist nur aus dem bestimmt, was bleibt, kommt und geht. Die Materie unterscheidet sich nur mittels der Inhalte die bleiben, kommen oder gehen. Mit anderen Worten, alle Körper entstehen aus Äther, wenn sie ihn vereinen, und alle Körper bilden Äther, wenn sie sich auflösen.

Aus Energie ist jede Masse herstellbar, und jede Masse ist in Energie auflösbar, erinnert uns Albert Einstein. Dem entnehmen wir, die *Energie* ist ein Maß von der *Wirksamkeit* des *Äthers*, und die *Masse* ist ein Maß von der Wirksamkeit des *Körpers*. Denn die Masse besagt, wie viel Äther der Körper bereits mittels Rotation zu sich vereinigt hat. *Träge* ist die Masse, wenn der Äther als Inhalt in der Substanz verharrt, in die Substanz und deren Rotation untertaucht. *Schwer* ist die Masse, wenn die Substanz zur Erhaltung absorbiert. *Dynamisch* ist die Masse, wenn die Substanz zur Erhaltung emittiert.

Die *Erhaltungsarbeit* eines Atoms ist mit jener einer Galaxie vergleichbar. Schauen wir gedanklich in das Atom. Wieder ein Strudel aus Materie, der zwischen Körpern ausgetauscht wird. Wieder gibt es ein Zentrum, um das die Teile rotieren. Wieder gibt es eine Peripherie mit vielen Schichten und Aufgaben. Dazwischen aber ist nichts anderes möglich als jener Inhalt, der sich in der Phase des Austausches befindet. Auch im Atom ist notwendig Äther.

Da sind Photonen und Neutrinos, Quarks und Gluonen, die zwischen Auflösung und Vereinigung pulsieren, wenn sie Kern und Schalen ver- und entsorgen.

Aber was heißt dieses „da sind" eigentlich? Die Orte des „da" oder „dort" gibt es ja nicht, sie sind nur geometrische Konstrukte. Vielmehr gibt es nur *fließende* Grenzen des Inhalts, die von jedem Teil erzeugt, hervorgebracht werden, wenn er entsteht oder untergeht. Der subatomare Körper ist auch nicht „gegeben", wenn er da ist, denn er verändert sich extrem. Er *wird* und *vergeht* nur, er *ist* nicht. In seinem Werden und Vergehen ist er dasselbe wie seine Bewegung.

Was bedeutet das für die Materie? Wenn die Materie schon im Kleinsten vollbringt, was alle ihre Kombinationen oder Strukturen vollbringen, was folgt daraus?

Die Materie *erzeugt* die Zeit, die sie braucht, als den Wechsel ihrer Inhalte, als den Austausch von Alt und Neu. Sie *generiert* den Raum, den sie braucht, als den Wechsel ihrer Formen, als das Öffnen und Schließen ihrer Grenzen. Raum und Zeit sind *Produkte* der Materie, sind zusammen ihre Daseinsweise, ihre Bewegung.

Raum und Zeit sind keine *Bedingungen* der Bewegung, sie sind weder *neben* ihr, noch *vorher* oder *nachher* gegeben, sondern Raum und Zeit sind die beiden *Teile* der Bewegung. Ihr gemeinsamer Ursprung ist die *Erhaltungsarbeit* der Materie. Was Inhalt und Form austauscht, das bewegt sich eben deshalb, auf keine andere Weise und aus keinem anderen Grund.

Die Materie ist keine starre Substanz, kein totes Ding, keine Beute der Kräfte oder Energien. Sie *erzeugt* ihre Daseinsweise, ihre Bewegung selbst. Sie *generiert* ihr Habitat, den Äther. Sie vereint ihn zu ihrer Körperlichkeit, und tauscht ihn aus zu ihrer Ver- und Entsorgung. Wieder zeigt sich, die Materie ist die Einheit von Körper und Bewegung. Der Körper ist Äther *nach* seiner Verarbeitung, die Bewegung ist Äther *während* seiner Verarbeitung *{These 94}*.

Kapitel 4 – Das Universum

Wir haben den *kleinst*möglichen Inhalt untersucht, das Photon. Wie beurteilen wir den *größt*möglichen Inhalt, das Universum?

Betrachten können wir das Universum nur von innen. Wir können ein *Außen* zwar postulieren, aber nicht auch dorthin gelangen. Sind wir draußen und drehen uns um, um das Universum zu betrachten, so sind wir wieder drin, denn wir nehmen am Austausch von Inhalten teil, weil wir Licht absorbieren. Drehen wir uns *nicht* um, so tauschen wir rückseitig abermals Licht und Wärme aus. Wir sind *immer* drin. Unser Postulat von einem „Außen" ist nicht verwirklichbar, somit nicht möglich.

Wollten wir uns so weit entfernen, dass jeglicher Austausch aufhört, dass uns keine Strahlung mehr erreichen kann, dann gründen wir damit unser eigenes Universum. Unsere Wirklichkeit ist dann auf das Raumschiff beschränkt, in dem wir reisen. Auch seine Emission kann das alte Universum nicht mehr erreichen, das wir verlassen haben.

Es gibt dann zwei Universen, die einander als nicht wirklich beurteilen müssen, weil sie aneinander nicht wirken. Jedes Universum soll dann für sich das Ganze sein, das All jeder Materie, wie sein Name sagt. Wir erhalten zwei Postulate, die einander widersprechen. Können wir entscheiden, welches Postulat das richtige ist, welches Universum unserem Anspruch genügt?

Wir besiedeln den Mond, machen ihn als Raumschiff flott und verlassen mit ihm das alte Universum, wenigstens in Gedanken. Das Unterfangen scheitert. Der Mond kann nur dynamisch sein, solange er Inhalte austauscht. Hört er damit auf, so wird er unwirklich, büßt er seine Realität ein. Hört er hingegen *nicht* auf, Inhalte auszutauschen, so bleibt er Teil des alten Universums.

Also brauchen wir eine andere Realität, wenn wir das Universum verlassen wollen. Sie muss selbständig sein, das heißt, jeglichen Austausch mit dem alten Universum unterlassen. Dann aber können wir nicht hinüber gelangen, denn auch wir wären ein Austausch von Inhalt.

Wir erhalten als Ergebnis, dass wir uns mit dem Universum begnügen müssen, dessen Inhalt wir sind. Können wir kein anderes System erreichen, weder materiell noch geistig, so dürfen wir auch kein anderes System postulieren, einfordern oder behaupten. In einer Spielart der Quantenmechanik von Hugh Everett tauchen zwar „unendlich" viele Universen auf, aber dort müssen sie auch bleiben. Sie sind fiktiv.

Können wir kein *anderes* Universum behaupten, so können wir auch kein *Außen* des jetzigen Universums behaupten. Tauscht die Umgebung mit dem Universum Inhalte aus, so gehört sie wirklich dazu. Tauscht sie keine Inhalte aus, so ist sie unwirklich. Ein Außen ist nicht real und kann es auch nicht werden.

Mit anderen Worten, wir können nur solche Materie beurteilen, mit welcher *wir* Inhalte austauschen. Wir können *keine* sonstige Natur beurteilen. Wir können auch nicht behaupten, dass die Materie der *Kern* des Universums sei und die übrige Natur eine Art *Schale*. Denn dann würden wir unterstellen, dass der Austausch zwischen Kern und Schale irgendwann irgendwo aufhört. Kommt aber der Austausch zum Erliegen, so hört die Verbindung auf, es kommt zur Trennung. Wieder entstehen dann zwei Systeme, die an einander nicht wirken, also für einander *unwirklich* sind. Wieder postulieren wir mit der Schale eine unwirkliche Welt. Unsere Wirklichkeit wäre dann von Unwirklichkeit umhüllt, von unserer Einbildung.

Für das Universum ist es freilich unerheblich, ob es von einer Einbildung umhüllt werden soll, oder nicht. Diese Einbildung kann jegliche Gestalt annehmen, aber keinen realen Inhalt. Eine Gestalt ohne Inhalt ist allerdings absurd, weil jegliche Form nur als Grenze des Inhalts zustande kommen kann. Wo kein Inhalt ist, dort gibt es weder Form noch Gestalt.

Wir landen jeweils bei leerer Geometrie, wenn wir ein Außen des Universums postulieren. Hier im Diesseits sei Materie, dort im Jenseits sei jene Leere, wie sie nur eine Geometrie behaupten kann, die von jeder Erfahrung abstrahiert.

Die *jenseitige* Leere ist eine Abstraktion *ohne* Gegenstand. Sie ist allerdings *dieselbe* Abstraktion wie die *diesseitige* Fülle *mit* Gegenstand. Beide Vorstellungen bezeichnen nämlich das Postulat *ein und derselben Grenze*, die lediglich von beiden Seiten beschrieben wird. Das Postulat eines Außen ist ident mit dem Postulat einer Grenze.

Das Universum soll, zumindest nach physikalischen Angaben, begrenzt sein, *weil* die Raumzeit als begrenzt gilt. Das aktuell gültige Gehege der Bewegung wird zur Grenze der Materie erhoben. Die Materie erzeugt hier nicht selbst ihre Bewegung, nicht Raum und Zeit durch ihre Erhaltungsarbeit, sondern sie wird zum Opfer einer Herrschaft. Das Surrogat des Äthers erhebt sich über die Materie als Gebieter.

Das ist der Sinn der Legende vom Urknall, der die Raumzeit gebiert, damit sie für Ordnung sorgt. Das ist die „Emanation des Geistes", die Gefügigmachung der Materie durch den voraus wirkenden und ordnenden Geist, der die Materie als sein Spielzeug in die Welt setzt, und außerhalb seines Reviers restlos beseitigt. Das ist die Offenbarung einer angewandten Mathematik, die ihre Welt aus Maßen schöpfen und regieren möchte.

Das ist aber nicht neue Religion, das ist aktuelle Wissenschaft. Die Grenze der Raumzeit wird von Koordinaten gebildet, die auf der *einen* Seite die Materie *einfassen*, auf der *anderen* Seite die Materie *fernhalten* und das Fehlen der Materie festschreiben, sicher stellen sollen. Das Gehege kommt aus dem Nichts, macht es zunichte und vertreibt es.

Solche Wunder können Koordinaten allerdings nicht tun, denn sie sind lediglich projizierte Vergleiche. Da *erhebt* sich die Projektion *über* den Gegenstand, den sie beurteilen möchte. Da *setzt* sich die Projektion der Materie und damit auch ihrem Urteil *voraus*. In der Folge beurteilt sich die Projektion selbst, ohne es zu merken.

Wollen wir das Universum richtig beurteilen, dann müssen wir durch das Dickicht der Maße und ihrer Deutung. Die Physik erfreut sich nämlich an allerhand Beweisen für den Urknall.

4.1 Kritik des Urknalls

Der Urknall hat die Materie offenbar auf menschenfreundliche Folgen getrimmt oder beschränkt, denn wir sind zugegen. Was wir zum Dasein brauchen, das wurde alles ganz richtig vom Urknall geschaffen, das artgerechte All. Der Urknall genügte in allem dem, was wir brauchen. Der Urknall war gnädig, machte uns das All zurecht. Der Urknall genügte den Voraussetzungen des menschlichen Daseins. Der Urknall genügte den menschlichen Voraussetzungen.

Vorausgesetzt, der ebenso selbstlose wie späte Mensch konnte dem Urknall vorweg beibringen, was er zu tun hatte. Haben wir vorsorglich unseren Geist voraus gesetzt, gestellt oder geschickt, damit er für eine uns genehme Ordnung sorgt? Ist diese Gnade etwa hausbacken?

Nein, so gehen wir im Kreis, wir müssen von vorn anfangen. Bitte um Vorsicht und Nachsicht, Turbulenzen sind nicht ganz auszuschließen.

Am Anfang von Raum und Zeit knallte die Raumzeit, wo, oder weil, oder als, oder indem sie gerade „singular" war. Die Koordinaten der Raumzeit verschwinden fallweise in einer „Singularität". In diesem Fall tauchten sie dort erstmals auf. Dort, im unberechenbaren Schlund des Unendlichen werden die Zahlen der Raumzeit ohne Ende groß oder klein, sie versagen den Dienst, oder machen was sie wollen, ein wahrer Abgrund für jede Physik. In diesem Fall jedoch der Anbeginn für alle wahre Physik, wie sie beteuert. Kurz, die Zahlen knallten, damit sie auftauchen können, denn sie waren ihrem Zweck so hörig, wie es Zahlen nun einmal sind.

Mit ihrem *ersten* singulären Urknall schuf die Raumzeit sich und zugleich die Materie, vermutlich aus Gründen der Einfachheit. Aller Anfang ist schwer, wie wir wissen, aber der allererste Anfang musste einfach sein, wie wir glauben sollen.

Seither beliebt sich die Raumzeit auszudehnen, und zwar unaufhörlich und immer rascher. Draußen soll das verbleiben, was vorher war, nämlich nichts. Auf diese Weise verschwindet das Draußen samt dem Vorher aus dem Gehege der Ordnung. Die Ordnung wird umfassend und stellt uns das All zur Verfügung. Mehr ist sicher nicht nötig für die Wissenschaft des Alls. Mehr ist vielmehr aus der Wissenschaft verbannt.

Die derart frisch gebackene Materie vertreibt *nichts* bei ihrem Treiben, nicht einmal ihre Zeit, weil außerhalb nichts ist. Nur dürfe niemand versuchen, aus *nichts* ein Substantiv, ein *Nichts* zu machen, denn dann wäre draußen etwas, nämlich ein substantivisches Nichts, das jedoch nicht ist und nicht sein kann. Legitim ist nur, mittels Urknall aus nichts das gnädige All zu machen, das dem Menschen gerechte Universum.

Schwierigkeiten? Beschwerden?

Da wird die Kausalität geopfert, die Grundlage des Lebens und Denkens. Ohne die *nachvollziehbare* Abfolge von Ursache und Wirkung kommen wir zu keinem vernünftigen Urteil über die Materie. Unsere Vernunft besteht darin, Ursache und Wirkung zu verknüpfen. Verzichten wir auf die kausale Abfolge von Ursache und Wirkung, so hört unsere Vernunft auf. Die Vorstellung vom Urknall ist unvernünftig. Sie fordert eine Wirkung *ohne* Ursache.

Folgen wir dem Standardmodell, so müssen wir unsere Vernunft preisgeben. Folgen wir *nicht*, so gelten wir als *unwissenschaftlich*. Sammeln wir Argumente, die helfen angeblich der Vernunft. Das macht uns sehr verdächtig, wir sind befangen, wir glauben unserer Vernunft mehr als den strengen Beweisen der exakten Wissenschaft.

Als die wichtigsten Beweise für die Expansion des Universums gelten die *Rotverschiebung* des Lichtes bei den meisten Galaxien und die *Hintergrundstrahlung*. Beide sind empirische Fakten, also richtige Entdeckungen.

Gewerkt wird noch an den *nicht* entdeckten Elementarteilchen, damit die „kosmische Konstante“ mit Inhalt gefüllt werden kann. Diese *willkürlich festgelegte* Zahl verlangt, dass alle Himmelskörper mittels Gravitation so stark aneinander ziehen, dass das Universum *nicht* im nichts verschwindet. Die zur Rettung des All installierte kosmische Konstante muss das empirisch gesicherte Expansionsstreben der Raumzeit aufwiegen.

Immerhin wird dieser Status der Wissenschaft als „unbefriedigend“ beschrieben, sogar von Verfechtern des Standardmodells. Das gibt Hoffnung. Können wir die Kausalität retten?

4.1.1 Wie oft mag nichts knallen?

Wir nehmen einen zweiten, unbeschwerten, unbefangenen Anlauf. Lassen wir die Raumzeit aus dem Spiel, vielleicht ist sie keine Entdeckung der ersten Nanosekunde, sondern eine spätere Erfindung.

Vor dem Anfang war *nichts*. Soviel oder so wenig von keinem Etwas ist schlecht vorstellbar, aber so muss es gewesen sein, aus wissenschaftlicher Sicht. War nichts *vor* dem Anfang, so war auch kein Anfang, kein Schöpfer, kein Geist, keine Möglichkeit, keine Wahrscheinlichkeit, kein Nichts, kein Etwas, kein Ausgangspunkt, kein Unterschied, nur nichts. *Alles* fehlte, *so* war nichts.

Immerhin knallte „es“. Nein, nicht irgendwann, weil noch keine Zeit war, sondern am Anfang der Zeit. Auch die Zeit knallte nicht. Sie gesellte sich lediglich hinzu? Nein, sie wurde zugleich geboren. In diesem heiklen, weil mutterlosen Fall von Geburt, knallte *nichts*, weil „es“ *nichts* war.

Der Urknall war die Zerstörung jenes Nichts, das auch nicht war. Weil oder indem *nichts* knallte, knallte in der Tat *nichts*. Irgendwie schaffte „es“ soviel, trotzdem zu knallen, obwohl es *nichts* war. Dabei schaffte „es“ weiters soviel, das daraus alles wurde. Aus nichts wurde alles. Ganz kausal? Ganz absurd? Ganz wissenschaftlich? Ganz religiös?

Ob mit oder ohne Raumzeit, das spielt bei dieser *Wandlung* des nichts zu allem keine Rolle. Wichtig ist nur, dass sich die Wandlung nicht wiederholt. Wenn nichts *immer wieder* alles wird, dann gibt es Tumulte mit dem, was schon zuvor alles wurde. Aber wer oder was könnte irgend ein Etwas daran hindern, nicht zu sein, oder *nichts* zu sein, also wieder so gefährlich wie ehemals das erste „nichts“ zu werden?

Wo oder wann *nichts* auftaucht, etwa aktuell rundherum während seiner Vertreibung, könnte es sich abermals zu allem wandeln, zumindest, wenn das so seine physikalische Eigenart ist. In der Tat ist ein solch wandelbares „nichts“ der Wissenschaft eine recht explosive Mischung.

Vorsichtshalber tasten wir „nichts“ nicht nochmals an, oder einfach *nichts* nochmal. Wir begnügen uns mit dem ersten Geschick von nichts, mit seiner ersten Wandlung. Auf die beschriebene, einleuchtende und lautere Weise geschah der Urknall, einfach, weil er nicht anders konnte. Wie sonst hätte er sich und alles zugleich aus nichts schaffen können?

So viel Vermögen steht nur einem Geschöpf zu, dass sich selbst schöpfen kann. Sobald es ihm einfällt? Also war „es“ doch nicht nichts, sondern eine Allmacht, war „es“ in Wahrheit etwa Schöpfergeist, Schöpfergnade?

Er machte damit den Anfang des Alls, dass er das Nichts vernichtete, das vorher nicht oder nichts war. Vor diesem Akt gab es allerdings *keinen* Unterschied. Was nichts oder lediglich „es“ war, das war somit auch er selbst. Nein, nicht „Er selbst“ war nichts, sondern schlicht der Urknall war es. Der Urknall war nichts. War er nichts, so war er nicht.

4.1.2 Die Einheit von Allem und Nichts

Wenn *vor* dem Anfang *nichts* war, so war auch kein Unterschied gegeben. Gab es keinen Unterschied, so unterschied sich *nichts* von einem anderen oder sonstigen. Alles ohne Unterschied war nicht, war nichts. War jedoch alles ohne Unterschied, so war zugleich *alles*. Alles war zwar nichts, aber damit war zugleich alles.

Alles und nichts waren schon vor dem vermeintlichen Anfang oder Urknall *dasselbe*, nämlich das Fehlen jeglichen Unterschieds. Alles und nichts sind *dieselbe* Abstraktion.

Sie bezeichnen beide die Vorstellung, dass jeder Unterschied fehlt. Entweder geht der Unterschied *verloren*, dann gehen die Etwas unter und kommt das Nichts aus dem All. Oder der Unterschied *taucht auf*, dann kommt ein Etwas nach dem anderen und schließlich Alles aus dem Nichts. Alles und Nichts sind beide die *Unterschiedslosigkeit*, nicht auch etwas anderes *{These 95}*.

Wird die Materie zu Allem oder Nichts, so gehen alle Unterschiede zur Beurteilung verloren. Eine Materie ohne Unterschied kann nicht beurteilt werden. Liegt keine Beurteilung vor, so besteht zwar keine Materie, jedoch die unbehelligte Natur. Kein Verstand rührt dann an ihr, sie verbleibt ungeteilt ohne Frage oder Zweifel. Sie bleibt Alles und Nichts zugleich. Die Natur ist die Einheit von Allem und Nichts *{These 96}*.

Wenn wir alle Materie in Gedanken beseitigen, dann bleibt keine Materie zur Beurteilung übrig. Wenn wir ein Nichts denken, so können wir zu unserer Abstraktion nichts sagen. Das Nichts ist so leer, als es gedacht wird, als wir es denken.

Wir haben alles zunichte gedacht, bleiben jedoch selbst gedankenlos übrig und füllen unsere eigene geistige Schöpfung mit uns selbst. Die Fülle dieses Nichts ist das Fehlen des Denkens in sonst recht lebendigen Köpfen samt Anhang, nämlich der übrigen, unbedachten Welt. Das erdachte Nichts ist die ungeteilte Natur *{These 97}*. Die Natur verbleibt ohne Begriff, ohne Urteil, denn wenn der Verstand nicht arbeitet, so kommen beide, Bewusstsein und Materie nicht zustande.

Wird eine Materie ohne Unterschied gedacht, so wird auf die Beurteilung von Unterschieden verzichtet. Alles ist dann *gleich* gegeben. Aber was ist das Gleichartige?

Es ist alles, und das *ohne* Unterschied. Wird auf jede Beurteilung verzichtet, so tritt an Stelle der Materie wieder die *nicht beurteilte* Natur. Sie ist dann wieder ganz und ungeteilt, weil das Bewusstsein auf seine Funktion oder Tätigkeit verzichtet.

In beiden Verfahren schaltet sich das Bewusstsein aus, wenn es Alles oder Nichts denkt. Nimmt das Denken sein *Urteilsvermögen* zurück, so zieht es sich von der Materie zurück und landet durch den *Verzicht* auf die Unterscheidung bei der ungeteilten Natur. Sie ist aber nicht nur ohne *Materie*, sondern auch ohne *Denken*. Die ungeteilte Natur kann nicht gedacht, sondern nur gefühlt werden als das schlichte Lebendigsein oder Dasein.

In der Tat ist eine *untätige* Vernunft ja auch *keine* Vernunft. Wer an *alles* denkt, kann an *nichts* denken, ist zerstreut. Wer an *nichts* denkt, denkt alles ohne Unterschied, denkt an *alles* zugleich. Der Verstand arbeitet umsonst, ohne Ergebnis, ohne Urteil, wenn er ohne *Vernunft* arbeitet. Die Vernunft ist die Kontrolle des Verstandes, sie beurteilt seine Ergebnisse. Arbeitet der Verstand ohne Ergebnis, so arbeitet er unvernünftig.

In *jedem erdenklichen* Fall besteht die Natur ohne Frage *{These 98}*.

a) *Denkt* das Bewusstsein Alles oder Nichts, so verweigert es jegliche Unterscheidung, womit die Natur ungeteilt verbleibt.

b) *Verzichtet* das Bewusstsein auf Alles oder Nichts, so erkennt es den Unterschied zwischen sich und der Materie. Das Bewusstsein muss in der Folge die Materie *ebenso* anerkennen *wie* sich selbst. Anerkennt das Bewusstsein sich und die Materie, so anerkennt es deren Summe oder Einheit, die Natur.

c) *Will* sich das Bewusstsein *selbst ausschalten*, will es seine Funktion versagen, so wird die Teilung der Natur in Materie und Bewusstsein aufgehoben. Wieder taucht die Natur ganz und ungeteilt auf.

Andere Möglichkeiten bestehen nicht und sind nicht denkbar.

4.1.3 Der Grund des Urknalls

Nicht der Urknall wandelt alles und nichts, denn alles und nichts sind vorher und nachher unverändert ident mit der Unterschiedslosigkeit. Vielmehr wandelt die *Zulassung* des *Unterschieds* alles und nichts in verschiedene Etwas, und somit in Materie.

Der Unterschied wird allerdings nur deshalb zugelassen, um mit dem Sein anzufangen, aus diesem einzigen Grund. Die Zulassung des ersten Unterschieds ist *zweckmäßig* und gewollt. Was die Welt angeblich in ihr Dasein ruft, das ist der Zweck *{These 99}*.

Die Welt soll dem *Ruf des Zwecks* folgen, oder sie soll *nichts* bleiben. Umgekehrt besagt das, nur eine zweckmäßige Welt soll zugelassen sein. Die Welt *ohne* Zweck sei und bleibe nichts, die Welt *mit* Zweck hingegen sei alles, was nötig ist. Das ist der Standpunkt des Lebens und somit die *Denkweise* des Verstandes, allerdings, bevor die Vernunft kritisch hinzu tritt.

Der Grund des Urknalls ist sein Zweck, ist *geistiger* Grund. Der ersten Wirkung der Materie wird ein Verstand als Schöpfer voraus gesetzt, eine *geistige Ursache*. Die Ursache soll Geist sein, die Wirkung Materie. Der Zweck des Lebens erwirkt die Materie, damit gelebt werden kann. Das ist zwar ein logischer Zirkel, aber so arbeitet die Vernunft, wenn sie erstmals auf die Beine kommt. Die Vernunft projiziert sich selbst in den Himmel.

Die Vernunft soll dem Leben immer vorausgehen. Sie soll urteilen, bevor faktisch entschieden wird, bevor etwas in der Tat geschieht. Aufgrund ihrer *Arbeitsweise* nimmt die Vernunft immer die Position des Anfangs ein. Sie setzt sich selbst spontan und unbewusst voraus. *Urteilt* die Vernunft *über* den Anfang, so steht sie bereits *über* ihm.

War der Anfang nicht vernünftig, sagt die Vernunft, so kann er nicht gewesen sein. War der Anfang hingegen wirklich, so war er notwendig vernünftig. Denn eine Wirkung ohne Ursache gibt es nicht, so urteilt die Vernunft, weil sie nicht anders kann. Sie macht sich selbst zum Anfang, ohne dies zu erkennen.

Die frühen Anfänge der Vernunft bringen die *Mythologie* hervor. Da arbeitet im Himmel eine Vernunft, gerade so, wie sie vom Leben gebraucht wird. Das Urteil des Lebens wird zur Voraussetzung einer vernünftigen Welt. Andere Welten sind nicht oder gelten als nichts, als sinnlos.

Die Vernunft schickt ihren *eigenen Zweck* voraus, *er muss* den Anfang gemacht haben. Aller anderer Anfang kann nicht zweckmäßig gewesen sein, hätte das Leben nicht ermöglicht. Alles nachher muss zweckmäßig sein und bleiben, dem Leben entsprechen. Da wird alle Materie dem Zweck des Lebens subsumiert, untergeordnet. Der *Anfang des Zwecks* wird zum *Anfang der Welt* erhoben. Es handelt sich jedoch *nicht* um den Anfang der Welt, sondern lediglich um den Anfang der Materie.

4.2 Der Anfang der Materie

Das Bewusstsein denkt *seinen* eigenen Anfang und denkt, das *zugleich* mit ihm die Materie angefangen habe. Das ist in der Tat *richtig*, denn erst das Bewusstsein teilt die Natur in sich und seinen Gegenstand, die Materie. Aber diese Einsicht ist *zu seicht*. Denn zuvor bestand die Natur ungeteilt, und sie besteht auch weiterhin ungeteilt, wo das Leben nicht hinkommt. Dort gibt es kein Bewusstsein und so auch keine Materie.

In Reichweite des Lebens wird die Materie *seit ihrem Anbeginn* vom *zweckmäßigen Geist* beherrscht. Das liegt daran, dass jede Materie des Urteils bedarf, um richtig aus der Natur geschöpft zu werden. Jede Materie bedarf mit dem Urteil der *Vernunft*, um als lebenstauglicher Begriff und *Gegenstand* des Denkens zustande zu kommen. Jede Materie ist eine *Schöpfung* unseres Bewusstseins aus der Natur, und damit notwendig immer *zweckmäßig*. Bleibt eine zweckmäßige Schöpfung der Materie aus der Natur aus, so bleibt die Natur ungeteilt.

Wird nun *jede* Materie zweckmäßig geschöpft, so wird auch *alle* Materie zweckmäßig geschöpft. So denken wir. Wir können eine Materie nur als *zweckmäßiges Geschöpf* begreifen, oder gar nicht. Unsere Vernunft ist so entstanden, unser Verstand *kennt keine andere* Arbeitsweise. Deshalb bemerken wir nicht, dass wir uns selbst als Schöpfer der Materie betätigen und voraus setzen.

Unser Zweck muss in *jeder* Schöpfung den Anfang machen, so auch in *aller* Schöpfung, und genau das geschieht im Urknall. Der Urknall ist die geistige Schöpfung der Materie, weil er Zweck und Anfang gleich setzt, identifiziert *{These 100}*. Allerdings handelt es sich um *unsere* Schöpfung, nur unsere Vernunft verlangt und generiert die Vorstellung, dass der Zweck immer den Anfang macht.

4.2.1 Kritik der Einheiten

Mit dieser Schöpfung hat alles *unsere* Ordnung gefunden. Sie ist von Anfang an so zweckmäßig, als wir sie zum Leben und Denken brauchen, später als gegeben vorfinden und als vernünftig beurteilen werden. Jeder unserer Funde wird *beweisen*, was wir voraus gesetzt haben, denn immer gehen wir logisch im Kreise. Wir werden errechnen, woran wir glauben, und wir werden messen, was wir errechnet haben. Auf diese wissenschaftliche Weise werden wir wiederfinden, woran wir glauben. Das wird unseren Glauben bewahrheiten, unsere Glaubensartikel zur Materie erheben.

Allerdings bleibt das, was wir errechnet haben, eine Zahl, ein Maß, und das was wir messen, bleibt ebenso Maß und Zahl. Wir glauben unseren Zahlen, aber nicht an das, was sie messen, weil uns das Gemessene dank dieser Methode verborgen bleibt. Nur das Gemessene ist allerdings Materie. Erheben wir Zahlen zu unseren Glaubensartikeln, so beinhalten sie *keine* Materie. Sie beinhalten nur jene Vergleiche, die wir den Zahlen zubilligen.

In der Physik sind das die „Einheiten". Wir schreiben der jeweiligen Eins eine Materie zu, die jedem Vergleich standhalten soll, damit wir in der Folge zählen und vergleichen können. Jede Einheit ist *Konvention*. Auf diese Weise sind unsere Glaubensartikel lediglich Konvention, nicht auch Materie, nicht auch richtig beurteilte Teile der Natur.

Das Maß muss sich vom Gemessenen unterscheiden, erinnern wir uns, sonst kommt ein Vergleich nicht zustande. Das besagt, dass sich die *Natur* von ihrem *Maß* unterscheiden muss. Soweit sich die Physik methodisch auf das Maß der Natur beschränkt, soweit ist sie *keine* Naturwissenschaft *{These 101}*. Erst wo die Physik ihre Maße richtig deutet, erst dort beurteilt sie die Natur, dringt sie zur Materie vor.

Die *Falsifikation* von Messergebnissen kann nur Zahlen widerlegen. Die Widerlegbarkeit macht Zahlen gemäß Karl Popper zwar wissenschaftlich, aber sie macht keine Zahl wahr. Vielmehr muss sich der physikalische Glaubensartikel *praktisch* bewähren, um von der Vernunft richtig beurteilt zu werden. Das Leben bedient sich dazu der Kausalität. Sie ist der Prüfstein der Wahrheit. Nur wenn die Abfolge von Ursache und Wirkung mit dem übrigen Leben übereinstimmt, nur dann ist die betreffende Materie richtig beurteilt.

Die Technik bedient sich der Physik und setzt deren Ergebnisse im Leben um. Erst hier fließen die Glaubensartikel in die gesellschaftliche Praxis ein, um sich zu bewahrheiten, oder um damit zu scheitern. Umgekehrt dürfen nur solche Glaubensartikel der Physik in ein zutreffendes Weltbild einfließen, die sich technisch oder alltäglich im Leben bewähren. Andere Glaubensartikel oder Konventionen verletzen die Kausalität und damit die Grundlage von Leben und Vernunft.

Die Schaffung von Allem aus Nichts ist nicht kausal, sondern absurd. Da wird im Revier der Unterschied zugelassen, der zuvor und rundum geleugnet wird. Da wird der Materie die Zulassung durch das Bewusstsein ausgesprochen. Da erhebt sich die Vernunft über die Natur, der sie entspringt.

Das Absurde nimmt dem Leben die Urteilsfähigkeit. Wollen wir nicht auf die Kausalität verzichten, so müssen wir uns näher ansehen, wie der Urknall wissenschaftlich bewiesen wird.

4.3 Das Lichtspektrum

Im Spektrum des Atoms tauchen Linien auf, die sich gemäß der Bewegung des Atoms verschieben. Die *„Rotverschiebung"* der Spektrallinien gilt als das wichtigste Indiz des Urknalls. Das sehen wir uns gut an, denn wir erhalten andere Ergebnisse als die Physik.

Atome können Licht austauschen, sowohl senden als auch empfangen. Mehr noch, sie tun beides ohne Unterlass, sie emittieren und absorbieren ständig Licht. Das Licht ist zuerst Inhalt der Quelle, ist Teil von deren Substanz. Wird es dann ausgetauscht, so ist das Licht frei und als Strahlung im Äther auf Reisen. Später, nach seiner Absorption ist das Licht Teil eines anderen Atoms.

Alle Atome tauschen ständig Teile ihres Inhalts aus. *Neue* Inhalte werden aufgenommen und mittels Rotation in die Substanz eingebunden. *Alte* Inhalte werden aus der Rotation ausgeschieden und auf diese Weise freigesetzt. Diese Erhaltungsarbeit der Atome erneuert ständig ihre Substanz.

Wir erhalten drei Gegebenheiten:

1) Mittels ihrer Erhaltungsarbeit *stabilisieren* sich Atome. Weisen sie *Mangel* an Inhalt auf, so absorbieren sie *neuen* Inhalt. Weisen sie *Überschuss* an Inhalt auf, so emittieren sie *alten* Inhalt. Die Erhal-

tungsarbeit ist die *Ursache der Substanz.* Die Substanz ist die *erste* Wirkung der Erhaltungsarbeit *{These 102}*.

2) Mittels ihrer Erhaltungsarbeit *bewegen* sich Atome. *Absorbieren* Atome neuen Inhalt, so öffnen und schließen sie ihre Form, was sie der Quelle näher bringt. Absorbierende Atome attrahieren, verringern ihren Abstand zur Quelle. Sie *wachsen* in Richtung der Quelle des neuen Inhalts.

Emittieren Atome Inhalt, so öffnen und schließen sie abermals ihre Form. Diesmal entfernen sie sich dabei von einer Quelle ungeeigneten Inhalts, zugleich aus ihrer alten Form. Sie *schwinden* aus ihrem alten Dasein, sowohl inhaltlich als auch formal. Die Erhaltungsarbeit ist die *Ursache der Bewegung*. Die Bewegung ist die *zweite* Wirkung der Erhaltungsarbeit *{These 103}*.

3) Mittels ihrer Erhaltungsarbeit stabilisieren und bewegen sich Atome. Das tun sie gegenseitig. Was die Quelle gibt, wird von der Senke aufgenommen. Die Senke ergänzt ihre Substanz, füllt ihre Inhalte auf und setzt ihre Überschüsse frei. Sie wird ihrerseits zur Quelle. Auf diese Weise wirken Atome aneinander, stehen sie in kausaler Beziehung.

Kein Atom hat für sich allein Bestand. Kein Atom kann sich allein bewegen. Alle Atome bilden zusammen mit dem Licht das sie austauschen, eine Einheit. Wir können diese Einheit die Materie in atomarer Form nennen, oder kurz die *atomare Materie*, oder auch die *atomare Wirklichkei*t. Die Erhaltungsarbeit ist die Ursache der atomaren Materie, der atomaren Wirklichkeit. Die atomare Materie ist die *dritte* Wirkung der Erhaltungsarbeit *{These 104}*.

Wollen wir ein Atom isoliert betrachten, so negieren wir, dass es mittels seines Austausches mit allen seinen Quellen und Senken in Verbindung steht, sowohl materiell als auch kausal. Wollen wir das Licht isoliert betrachten, so negieren wir wieder die Einheit der atomaren Materie. Auch das Licht steht ständig in materieller und kausaler Verbindung mit allen seinen Quellen und Senken, mit allen Atomen, die es geben und nehmen. Auch kein Photon hat allein Bestand. Auch kein Photon kann sich allein bewegen.

Das bedeutet, dass nur der Einheit der atomaren Materie Wirklichkeit zukommt *[These 105]*. Wir können keine isolierten Teile heraus greifen. Tun wir das in Gedanken, so hantieren wir nicht mit Materie, sondern mit Abstraktionen von Materie, mit Modellen oder Bildern, schlicht mit Begriffen, mit Konventionen.

Wenn wir in Versuche eintreten, dürfen wir nicht vergessen, dass wir mit Konventionen hantieren, mit Glaubensartikeln. Wir befragen die Materie, ob sie unseren Vorstellungen genügt. Aber immer fragen wir so, als wir uns die möglichen Antworten vorstellen können, als wir glauben, dass es sein kann.

Wenn wir falschen Vorstellungen anhängen, dann können sich logische Zirkel und falsche Schlüsse ergeben, ohne dass wir dies merken. Betrachten wir das anhand eines Beispiels, das in der Kosmologie sehr bedeutsam ist. Anhand des Lichts, das wir *empfangen* können, beurteilen wir das Universum.

4.3.1 Der Sehsinn

Zuerst muss die Quelle ihr Licht aussenden, agieren, dann ist das Licht auf Reisen. Schließlich absorbiert die Senke das Licht der Quelle. Wie macht sie das?

Die Senke reagiert, ohne Reaktion kann sie nicht absorbieren. Gemäß *ihrer* Erhaltungsarbeit setzt die Senke zuletzt *ihre* Überschüsse frei. Anderes kann sie nicht tun. Das von der *Quelle* „empfangene“ Spektrum ist notwendig das von der *Senke* bereits *verarbeitete* Spektrum.

Es ist eigentlich das Licht der Senke, der Instrumente oder des Auges, also zuletzt das Licht der *eigenen* Atome, welches das *Abbild* der Quelle ergibt. Erst und nur die Veränderung der eigenen Erhaltungsarbeit kann beurteilt werden. Die Senke muss aus ihrer eigenen Veränderung auf die Quelle schließen, anders entsteht kein Ergebnis der Beobachtung.

Die Senke „sieht" nur, was sie aus der Spende der Quelle *gemacht* hat. Die Quelle „zeigt" nur, was die Senke aus ihrer Sendung *machen* kann. Eine andere Verbindung besteht nicht, weder materiell noch kausal.

Werden wir geblendet, so sehen wir „nichts", weil wir aus der zu reichhaltigen Spende „nichts" *machen* können. Das Licht kommt an, zeitigt aber *kein* Abbild, weil die Verarbeitung misslingt. Die Senke ist überlastet, ihre Atome bleiben nicht stabil.

Ist das Licht zu schwach, so sehen wir abermals „nichts", weil die Spende zu dürftig ist. Sie verursacht zu geringe Unterschiede in unserer Erhaltungsarbeit. Dem entnehmen wir, dass das Verhalten der Senke *entscheidend* ist für das, was sie sieht *{These 106}*.

Dieser Sachverhalt schmerzt uns, weil wir es gewohnt sind, uns auf unseren „Sehsinn" zu verlassen. Er koppelt spontan und ungefragt das Sehen mit dem Auswerten, das Schauen mit dem Sinn machen. Unter normalen irdischen Bedingungen sehen und erkennen wir sofort, *welche* Quelle für unsere Reaktion *verantwortlich* ist. Das ermöglicht unser Urteil im bloßen „Anblick" oder „Augenblick", also noch während der tätigen Absorption. Wir „erblicken" die Quelle und erkennen sogleich die *gewohnte Ursache,* deren Wirkung uns vertraut ist. Wir entscheiden, *welche* Ursache wir sehen.

Weil der Sehsinn zum Leben genügt, genügt er auch dem Verstand. Der Verstand zweifelt nicht daran, dass er die Dinge *so* sieht, *wie* sie sind. Trotzdem muss jedes „Signal" vom Sinnesorgan zum Gehirn reisen und dort beurteilt werden. Auch hier findet die Verarbeitung der materiellen Spende in den *eigenen* Atomen statt. Vorher kommt es zu keinem Abbild, wird nichts gesehen. Wir *müssen* entscheiden, was wir sehen.

Erst die Vernunft kann Bedenken am Ergebnis anmelden, indem sie den Vorgang überprüft. Das ist vielleicht anders, als wir es sehen. Begreife, was du siehst, nimm den Tastsinn zu Hilfe, rieche, höre, schmecke. Nimm anderen Austausch von Inhalten hinzu.

Wenn wir irdische Bedingungen verlassen, dann müssen wir die Vorgänge des Sehens berücksichtigen. Wir können eine Quelle nur *so* sehen, als wir ihre Spende *verarbeiten*. Wo unsere Erhaltungsarbeit scheitert, oder wo wir ihre Unterschiede nicht auswerten können, dort *sehen* wir falsch, weil wir falsch *urteilen*. Die Quelle verursacht dann Wirkungen, die wir nicht wirklich verstehen.

Erst wenn wir *unsere* Erhaltungsarbeit so gut kennen, dass wir auch feinste Unterschiede darin beurteilen können, erst dann können wir brauchbar auf die Quelle schließen. Letztlich müssen wir ähnliche Quellen nachbauen und verändern, damit wir Klarheit gewinnen. Wir müssen einen Austausch aufnehmen und beide Seiten beurteilen.

4.3.2 Die Reichweite des Lichts

Die *Helligkeit* einer Lichtquelle besagt, wie *intensiv* dort die Erhaltungsarbeit der Atome im Gange ist, oder auch, *wie viele* Atome beteiligt sind. Eine nahe oder große Quelle liefert helles Licht. Eine ferne oder kleine Quelle ist hingegen wenig wirksam, sie liefert dunkles, schwaches Licht. Das bedeutet, dass unsere Atome, wir sind hier die Senke, nur mehr schwach angeregt werden, nur mehr geringfügig antworten oder reagieren.

Wird die Entfernung zur Senke zu groß, so erlischt die *Wirksamkeit* der Quelle, sie ist dann nicht mehr sichtbar. Wir können Absorber einsetzen, die Licht sammeln, wie etwas Glaslinsen oder Fotoplatten, aber auch hier nimmt die Wirksamkeit ferner Quellen ab, bis sie aufhört. Zeigt der Absorber keine Reaktion, so hat die Wirkung der Quelle aufgehört. Die materielle und kausale Verbindung besteht dann nicht mehr.

Wir halten fest: das Licht kommt *nicht* beliebig weit. Licht, das nicht wirkt, ist nicht wirklich, ist nicht mehr Materie. Die atomare Wirklichkeit ist begrenzt *{These 107}*.

Zwar gilt die Licht*geschwindigkeit* als konstant und extrem, als immer gleich groß und als nicht steigerbar, aber die Lichtgeschwindigkeit ist nicht dasselbe wie die Bewegung des Lichts, geschweige denn wie das Licht selbst.

4.3.3 Kritik der Lichtgeschwindigkeit

Die Lichtgeschwindigkeit ist eine Zahl. Der *Abstand* zwischen Quelle und Senke wird geteilt durch die *Dauer* zwischen Emission und Absorption. Kommt es mangels Wirksamkeit zu *keiner* Absorption, so bleiben Abstand und Dauer aus, sie entstehen nicht. Gibt es keinen Abstand, so bleibt die Geschwindigkeit aus, weil der Abstand nicht geteilt werden kann. Gibt es keine Dauer, so ereilt uns dasselbe Missgeschick.

Jetzt können wir zur Abhilfe Kilometer und Sekunden einschieben oder einschalten, sollen sie eben allein weiter fliegen. Das aber kann nur in Gedanken zwecks Vergleich gelingen, nicht auch materiell. Unser Vergleich kann nichts erwirken, er muss als Ursache versagen. Also dürfen wir die Lichtgeschwindigkeit auch *nicht* ursächlich einsetzen oder anwenden. Wo immer die Lichtgeschwindigkeit „c“ als *ursächliche Prämisse* auftaucht, eine Wirkung erzielen soll, kippt sie das darauf bauende logische Gebäude *{These 108}*.

Unterstellen wir, dass das *Licht* und seine *Bewegung* unbegrenzt anhalten, so kann das Licht in keiner Entfernung erlöschen. Bleibt hingegen das Licht *nicht* für immer sichtbar, kann eine Absorption *nicht* beliebig später erfolgen, so besagt das, dass das Licht und seine Bewegung nur begrenzt anhalten, beide erlöschen. Sie gehen im Äther unter, im gemeinsamen Emittat aller Quellen.

Versuchen wir, das Erlöschen des Lichts seiner *Streuung* zuzuschreiben. Mit der Verteilung des Lichts nimmt seine Wirksamkeit ab. Aber auch dann, wenn das Licht durch Streuung *verdünnt* wird, bleiben seine Photonen auf Reisen, pflanzen sie sich im Äther fort. Nur ihr gegenseitiger Abstand nimmt zu. An *einer* Generation von Photonen ändert sich nichts. Das Erlöschen kann *keine* Folge der

Streuung oder Verteilung sein, denn jeder Teil sollte weiter machen, weiter kommen, weiter wirken.

Weil *jedes* Photon mit der Entfernung erlischt, müssen wir folgern, dass sich das Licht *verändert*, dass es *altert*. Bis zu seinem Erlöschen mag es immer gleich *schnell* reisen, weil seine Ausbreitung in der Tat so gemessen wird, aber seine *Bewegung* hört *mit ihm* auf. Wird das Licht zuletzt wirkungslos, so wird es auch unwirklich. Kilometer und Sekunden müssen dann nicht nur allein weiter fliegen, sondern sie müssen sich auch die alte Richtung ewig merken.

In der Physik darf das Licht deshalb nicht altern, weil ihm das seine *konstante Geschwindigkeit* angeblich untersagt. Hier haben wir schon ein erstes Beispiel, wie die Lichtgeschwindigkeit in Gedanken als *Ursache* eingesetzt wird. Die „absolute" Licht*geschwindigkeit* gilt als kausaler Grund und finaler Beweis für die Konstanz des Lichtes und seiner Bewegung. Hier übernimmt eine absolute *Zahl* das Regime über das Denken, in der Folge wird die Materie falsch beurteilt.

Ein absolutes, ewig sich gleiches Licht ist und bleibt unwirklich, weil es niemals wirken kann. Wirken kann das Licht nur, wenn es sich so teilt und vereint, dass die Senke mit den Teilen des Lichts etwas anfangen kann. Das Licht kann nur wirken, wenn es in die Erhaltungsarbeit des Absorbers eingeht. Es muss *Rohstoff* für die Erhaltung des Atoms sein. Konstantes Licht ist so irreal wie „elementare" Teilchen es sind. Beide nehmen am Austausch der Inhalte und damit an dieser Welt nicht Teil.

Weil das empfangene, untersuchte Licht in der zuständigen Wissenschaft nicht altern darf, wird die *wirkliche* Veränderung des Lichts der Ausdehnung der Raumzeit zugeschrieben. Die Raumzeit soll mit *ihrer* Ausdehnung die Erneuerungsrate des Lichtes verlangsamen, sodass schließlich die niederen Frequenzen, die roten Farben zwischen den verschleppten Galaxien überwiegen. Die Expansion der Raumzeit soll die Rotverschiebung *verursachen*.

Wir merken hoffentlich sogleich, dass wir von der Raumzeit ebenso verschleppt werden, denn auch wir sind Teil einer Galaxie. Die Raumzeit zupft irgendwie an unseren Atomen, oder an ihrem, oder an unserem Licht. Auf diesen bemerkenswerten Beutezug der siegreichen Geometrie werden wir antworten, wenn wir die Raumzeit, das physikalische Surrogat des Äthers, näher untersuchen.

Einstweilen begnügen wir uns mit der Bemerkung, dass sich der Äther immer mehr *homogenisiert* und *verdünnt*, je weiter seine Quellen entfernt sind. Das Licht einer Quelle pflanzt sich im dunklen Photonsee fort, bis es vom Äther aufgenommen wird. Das Licht erlischt, indem es den Äther speist *{These 109}*. Anders kommt der Äther ja nicht zustande, als dass er von allen Quellen gespeist wird.

4.3.4 Die Farben des Lichts

Das Licht einer Quelle kann von der Senke beurteilt werden, die es absorbiert, in ihre Substanz aufnimmt. Das sichtbare Licht, das Atome freisetzen, wird als „Spektrum" bezeichnet. Zur Sichtbarmachung und Analyse des Spektrums werden *Glasprismen* eingesetzt, welche die Farben des Lichts auffächern. Weil ein Glasprisma keilförmig ist, hat das Licht unterschiedliche Glasdicken zu durchdringen.

Wo das Glas *dünn* ist, verarbeiten *wenige* Atome das Licht, das sie weiterleiten und schließlich freisetzen. Wo das Glas *dick* ist, arbeiten *viele* Atome an dieser Aufgabe. Wir können auch sagen, die Erhaltungsarbeit nimmt entsprechend der Glasdicke mit der Zahl der Atome zu. Nimmt die Erhaltungsarbeit zu, so nimmt auch die *Verarbeitungsdauer* des Lichts zu. Es wird umso öfter aufgenommen, zerlegt, verarbeitet, neu zusammen gesetzt und emittiert. In der Folge kommen die Teile des Lichts zum Vorschein, die Farben.

Verarbeiten *wenige* Atome im Prisma ursprünglich weißes Licht, so emittieren sie zuletzt *rotes* Licht. Verarbeiten *viele* Atome dasselbe Licht, so setzen sie *blaues* Licht frei. Sind noch mehr Atome beteiligt, so entsteht violettes Licht als Endprodukt der Zerlegung. Das rote Licht kommt aus der Schmalseite des Glaskeils, das blaue aus dem dicken Glas und das violette Licht aus der längsten Glaspassage. Dabei wird das weiße Licht nicht nur zerlegt, sondern auch gestreut. Die einzelnen Farben werden nach ihrer Freisetzung breiter und damit aufgefächert.

Auch die *Streuung* hängt von der Erhaltungsarbeit ab. Je mehr Atome das Licht verarbeiten, desto mehr wird es verzögert und damit abgelenkt. Das gestreute Licht kommt später frei, es ist jüngeres Licht.

Das gesamte Spektrum zeigt nicht nur an, wie *oft* die Erhaltungsarbeit erfolgt, sondern auch, wie *lange* sie jeweils dauert. Sie wird Atom für Atom wiederholt, bis das letzte Atom *seinen* Überschuss freigibt. Es wird zwar das Licht der *ersten* Quelle zerlegt und analysiert, aber was aus dem Glasprisma herauskommt, ist bereits das Licht des Glases, also der Senke, die ihrerseits zur *zweiten* Quelle wird.

Die Regelmäßigkeit des Spektrums besagt, wie gleichmäßig die Erhaltungsarbeit von Atom zu Atom fortgepflanzt wird. Weil jedes beteiligte Atom fast dasselbe zu seiner Erhaltung tut wie das vorige, wird das weiße Licht zum Großteil in alle seine Teile aufgefächert. Nur ein geringer Teil wird in Wärme verwandelt und verbleibt als Schwingung der Moleküle im Glas.

Die aufgefächerten Farben werden mit einem weißen Schirm aufgefangen, dort reflektiert und schließlich fotografiert. Dabei kommt es zu keiner Umgestaltung mehr, weil gleich dicke Schichten absorbieren und emittieren. Das so gewonnene Abbild der Erhaltungsarbeit und Zerlegung des Lichts heißt „Farbspektrum".

Das ganze Spektrum sieht so ähnlich aus wie ein Regenbogen, wo die Wassertropfen in der Luft ähnliche Arbeit verrichten. Violett geht in Blau über, Blau in Grün, Grün in Gelb, Gelb in Orange und Orange in Rot. Die blauen Farben sind in der Darstellung konventionell links oder unten zu finden, die roten rechts oder oben.

Wenn die Glasprismen, Filter oder Spiegel gedreht werden, welche das empfangene Licht zerlegen, dann drehen sich die Farben mit. Die Anordnung der Aufnahmen ist jedoch standardisiert, damit der Vergleich der Spektren besser gelingt. Wir vergleichen hier nur rot und blau, ohne die Zwischenstufen oder Mischformen, weil diese beiden Farben in der Beurteilung der Lichtquellen die größte Bedeutung erlangt haben.

4.4 Das Licht der Quellen

Atome emittieren immer das gesamte Spektrum an Licht, wobei die Verteilung der Farben für jede Atomart *charakteristisch* ist.

Die *Atomarten* unterscheiden sich nach der Anzahl der Protonen im Atomkern. Die Anzahl der *Elektronen* in den Schalen eines stabilen Atoms entspricht der Anzahl der *Protonen*. Immer *ein* Proton und *ein* Elektron bilden zusammen einen Verband. Die Elektronen sind verantwortlich für die Emission des sichtbaren Lichts. Arbeiten zwei Elektronen im Austausch mit zwei Protonen, so geben sie anderes Licht, als wenn drei Elektronen mit drei Protonen zusammen arbeiten, und so weiter. Gleichartige Atome haben gleich viele Elektronen und Protonen, deshalb geben sie *dasselbe*, für sie *charakteristische* Licht.

Wir müssen beachten, dass immer das *zuletzt* freigesetzte Licht analysiert wird, also das Licht der *zuletzt reagierenden Senke*. Deren Erhaltungsarbeit entscheidet, welche *Überschüsse* freigesetzt werden. Alles Licht, das *vorher* emittiert wird, wird auch wieder absorbiert und verarbeitet. Wenn das zuletzt erzeugte Spektrum charakteristisch ist, dann kennzeichnet es das zuletzt aktive *irdische* Atom. Die letzte Lichtquelle ist notwendig irdisch. Wir können immer nur solches Licht sehen, das *irdische* Atome erübrigen.

Allerdings setzt sich die Veränderung, die von der ersten Lichtquelle erwirkt wurde, bis zur letzten Senke fort. Innerhalb von *stabilen* Verbänden wird die Erhaltungsarbeit *gleichmäßig fortgepflanzt* oder übertragen. Jegliche „Information" ist materiell die Übertragung atomarer Erhaltungsarbeit *{These 110}*.

Deshalb kann aus der Veränderung der *letzten* Senke auf die *erste* Quelle *geschlossen* werden. Ändert sich die Farbverteilung seitens der Senke, so wurde diese Änderung von der ersten Quelle hervorgerufen. Ist die Änderung der Farbverteilung durch die Senke charakteristisch, so ist sie auch für die *Wirkung* der Quelle charakteristisch.

Das besagt aber *nicht*, dass die erste Quelle *dasselbe* Licht gibt wie die letzte Senke. Aus diesem Grund können wir *nicht* gesichert behaupten, dass die erste Quelle aus *denselben* Atomen, aus derselben Materie besteht wie die letzte Senke. Aus gleichartigen Spektren auf gleichartige Atome zu schließen, das ist nicht gerechtfertigt *{These 111}*. Unsere Behauptung, dass das Universum aus gleichen Atome aufgebaut sei, ist unbegründet.

Wir können nur beurteilen, wie irdische Atome das ferne Licht verarbeiten, in ihr eigenes Licht *verwandeln*. Das müssen sie auch tun, denn sonst blieben sie nicht bestehen. Ihre Substanz würde sich auflösen. Das *originale* Licht der Quelle *gibt es nicht meh*r, sobald es „empfangen" wird. Die „Information" der Quelle ist gleichermaßen ein Produkt des Empfängers, sie ist der *beiderseitigen* Erhaltungsarbeit geschuldet. Information ist *objektiv und subjektiv* zugleich *{These 112}*.

Nur weil die Erhaltungsarbeit der irdischen Atome gelingt, können wir überhaupt sehen. Der Sehsinn wertet die *Unterschiede* in der *Erhaltungsarbeit* aus, anderes können wir nicht erwarten oder tun. Jedes gesehene, „empfangene" Farbspektrum ist notwendig irdisch, weist *irdische* Atome als letzte, *eigentliche Quelle* auf.

Wir müssen vielmehr schließen, dass wir Teil *stabiler* Verbände und Strukturen sind, denn nur unter dieser Bedingung wird die Erhaltungsarbeit *gleichmäßig* übertragen. Über die Quellen können wir nur aussagen, *wie sie wirken*. Sie verursachen bei irdischen Atomen eine regelmäßige Erhaltungsarbeit, regelmäßige Farbspektren.

Direkte, nicht rekonstruierte Aussagen über die Quellen sind haltlos.

Hier verschärft sich der materielle Unterschied zwischen Gestalt und Form, den wir schon kennen gelernt haben. Die *Form* ist die Grenze des Inhalts, sie bleibt Inhalt. Zu ihr haben wir keinen Zugang. Was die Grenze des Inhalts passiert, das ist die *Gestalt*. Sie ist das Emittat, mit dem wir uns als Senke begnügen müssen. Wären wir ungenügsam, so würden wir uns auflösen. Wir danken unserer Erhaltungsarbeit nicht nur unsere Substanz, sondern auch jegliche Information. Denn jede Information ist nur eine Anpassung der Erhaltungsarbeit an neu eintreffende Gestalten *{These 113}*.

Die *Form* anderer Himmelskörper bleibt uns *materiell* immer so verborgen wie ihr Inhalt und ihre Substanz. Darüber müssen wir allerdings froh sein, denn anders könnten wir nicht stabil bleiben, hätten wir keinen Bestand.

Selbst wenn Meteoriten zu uns gelangen, sind sie bereits Emittat oder Gestalt. Sie sind nicht mehr Inhalt der Quelle, sie haben deren Form und Substanz bereits verlassen. Kommt ein Meteorit, der nicht verglüht, und den wir nicht verarbeiten können, weil unsere Atome *nicht* reagieren, so können wir seine fremde Materie nicht beurteilen. Wir können sie nur *soweit* wahrnehmen, als unsere Atome reagieren. Umgekehrt müssen wir annehmen, dass die bisherigen Meteoriten aus dem Sonnensystem stammen, weil irdische Atome reagiert haben.

Die *Gestalt* der Himmelskörper können wir beurteilen, sofern *irdische* Atome das fremde Emittat verarbeiten können. Was wir zuletzt beurteilen, ist das, was die irdischen Atome aus der Gestalt der fernen Quellen *gemacht* haben. Die irdischen Atome haben ihre Substanz verändert und *ihre Überschüsse* freigesetzt. Das ist der Vorgang des Empfangens oder Sehens. Nur dieser materielle und kausale Vorgang ist die Grundlage des Urteils.

4.4.1 Die Rotverschiebung

Zusätzlich zu den Farben treten im Spektrum je nach Atomart immer die gleichen „Spektrallinien“ auf, das sind helle und dunkle Streifen in der Farbverteilung. Auch sie sind charakteristisch für die zuletzt erfolgte Arbeit, die seitens der Senke erfolgt. Helle Streifen im Spektrum heißen *„Emissionslinien“*. Sie zeigen an, dass in dieser Farbe *mehr* Licht gesendet wird. Die Emission erfolgt von Elektronen, die sich dem Proton im Atomkern *nähern*, die ihren Umlauf verkleinern. Der zuletzt aktive, irdische Verband zwischen Elektron und Proton wird enger, er gibt Photonen frei.

Dunkle Streifen heißen *„Absorptionslinien“*. Sie entstehen, weil in dieser Farbe *wenig* Licht gesendet wird. Die Absorption erfolgt von Elektronen, die sich vom Atomkern weiter *entfernen*, die ihren Umlauf ausweiten. Der Verband zwischen Elektron und Proton wird größer, sein Gehalt an Photonen nimmt zu. Es werden mehr Photonen zwischen Elektron und Proton ausgetauscht. Deshalb verbleiben sie im empfangenden Atom, das irdische Atom hat absorbiert.

Äquidistante oder relativ ruhende Atome zeigen ihre Spektrallinien immer in *denselben* Farbzonen. Umgekehrt kann aus *nicht* verschobenen Linien geschlossen werden, dass Quelle und Senke ihren Abstand nicht verändern, indem sie zum Beispiel umeinander rotieren.

Wenn sich Atome *auseinander* bewegen, voneinander *entfernen*, dann verschieben sich ihre Spektrallinien etwas mehr in den roten Farbbereich. Dieser Umstand wird die „Rotverschiebung“ ihres Lichts genannt. Dabei zeigt sich im Laborversuch, dass die Rotverschiebung umso *größer* auftritt, je *schneller* sich die Atome voneinander entfernen.

Atome, die attrahieren, sich einander *nähern*, zeigen hingegen eine „Blauverschiebung“. Die Linien in ihrem Spektrum sind in Richtung der blauen Farben verschoben. Wieder gilt, dass die Verschiebung mit der Geschwindigkeit zunimmt, in der sich Quelle und Senke annähern. Wir fragen nach dem Grund.

4.4.2 Die Erhaltungsarbeit des Elektrons

Wenn Elektronen emittieren, Inhalte freisetzen, Strahlung abgeben, dann entfernen sie sich zunächst von ihren alten, verbrauchten Inhalten. Das Emittat muss weiters als Licht freikommen, denn es wird später bei der Senke wirken. Also erfolgt die Emission *nach außen*, in die Umgebung des Atoms.

Bleibt das Elektron als Substanz stabil, so muss seine Absorption so groß sein wie seine Emission. Erfolgt die Emission nach außen, so muss die Absorption *von innen* erfolgen. Dafür steht das Proton im Atomkern als Quelle neuer Inhalte zur Verfügung. Wir können auch die Elektronen in den inneren Schalen hinzunehmen. Es ist anzunehmen, dass die Verarbeitung des Lichts Schale für Schale erfolgt. Aber letztlich bilden immer ein Elektron und ein Proton den Verband, der das Atom ausmacht. Also dürfen wir das Proton als *eigentliche* Quelle dessen ansprechen, was nach der Verarbeitung durch das Elektron als Photon freikommt *{These 114}*.

Das Elektron absorbiert den Rohstoff für Photonen aus dem Proton, verarbeitet ihn zu seiner Substanz, und setzt seinen eigenen Überschuss schließlich als Photon frei. Dieser Überschuss an Inhalt des Elektrons ist das Licht, das aus den *Schalen* des Atoms kommt.

Das Licht des Atoms wird von *fallenden* Elektronen emittiert. Sie nähern sich dem Proton, aus dem sie absorbieren. Nach den Angaben der Physik verliert das Elektron mit der Emission an Energie und muss in der Folge eine kleinere Umlaufbahn „aufsuchen". Es „springt" in eine engere Schale. Es generiert den „Quantensprung", wenn es ein Photon „verliert" oder abgibt.

Wir ergänzen, das dieser Verlust zunächst ein Überschuss aus dem Proton ist und von den Elektronen in den Schalen verarbeitet wird, bis ein Photon vom zuletzt aktiven Elektron freikommt. Das Licht wird im Atom so verwandelt, als dies zur Stabilisierung von Proton und Elektron erforderlich ist. Die spätere Senke wird bei der Absorption die *gegengleiche* Erhaltungsarbeit aufnehmen und das ist die „Information" der Quelle an die Senke, der materielle und kausale Zusammenhang *{These 115}*.

Betrachten wir den umgekehrten, gegengleichen Vorgang. Jetzt emittiert das Elektron nicht, sondern absorbiert. Es generiert keine hellen Emissionslinien, sondern dunkle Absorptionslinien. Wie geschieht das?

Erfolgt die Absorption *von außen*, nimmt das Elektron Photonen aus der Umgebung des Atoms auf, so muss die Emission *nach innen* erfolgen. Das Elektron *entfernt* sich vom Proton. Es generiert eine größere Umlaufbahn. Diesmal erfolgt der Quantensprung von innen nach außen.

Wir brauchen ein sehr dynamisches Bild. Wir können die Erhaltungsarbeit des Elektrons etwa mit der Erhaltungsarbeit der Luft vergleichen, mit den steigenden und fallenden Winden. Darin kondensieren Wolken, die einer Wurfparabel folgen, oder Wellen des inneratomaren Äthers, die rhythmisch steigen und fallen, sich auflösen und wieder vereinen, während sie den Atomkern elliptisch umrunden.

Absorbierende Elektronen verarbeiten Photonen von außen. Sie emittieren gegen das Zentrum und *steigen* auf. Ihren Überschuss an Photonen geben sie bis zum Wendepunkt ihrer Bahn ab. Am Scheitel der Parabel sind sie erkaltet und fallen in der Folge wieder dem Proton zu. *Fallende* Elektronen absorbieren von innen und emittieren nach außen. Der Lichthaushalt zwischen Proton und Elektron entspricht dem Wärmehaushalt des ganzen Atoms *{These 116}*. Anders wäre kein Atom stabil, kein Proton und kein Elektron.

Wie kann das eine Senke beurteilen?

Emittiert das Elektron als Quelle, und reagiert die Senke, so arbeitet sie als Absorber. Die Senke muss das aufgenommene Emittat des Elektrons verarbeiten. Die Elektronen in der Senke *absorbieren von außen* und emittieren nach innen, sie *steigen* auf. Seitens der

Senke kommt es zur Ausweitung der Rotationsweise seiner Elektronen.

Der Vorgang in der Quelle ist *gegengleich*, reziprok. Dort emittieren die Elektronen *nach außen* und *absorbieren von innen*, sie *fallen*.

Als Merkregel notieren wir einfach: Die Senke nimmt, was die Quelle gibt. *Wächst* die Senke, so *schwindet* die Quelle. Die Senke wird größer, nimmt an Inhalt zu. Die Quelle wird kleiner, nimmt an Inhalt ab. Das *Plus* der Senke ist das *Minus* der Quelle. Weil ausgetauschter Inhalt die Seiten wechselt, wechselt auch die *Erhaltungsarbeit.*

Wird die Erhaltungsarbeit von der Quelle auf die Senke übertragen, so erfolgt sie *gegengleich {These 117}*. Das ist der materielle und kausale Zusammenhang, welcher der Senke ermöglicht, über die Quelle zu urteilen, ihre Spende in der Tat *wahrlich* und sie als Spender geistig *wahr* zu nehmen.

4.4.3 Das rote Spektrum

Betrachten wir nochmals das Glasprisma von vorhin. Die roten Farben treten dort zutage, wo das Glas am dünnsten ist. Dort arbeiten am wenigsten Atome an ihrer Erhaltung. Je weniger Elektronen ihren Umlauf verengen, desto seltener kommt eine Emission zustande. Also ist die *Erneuerungsrate* oder *Frequenz* des roten Lichtes am niedrigsten.

Die roten Photonen kommen seltener zustande als die blauen. Die Peripherie arbeitet langsamer als das Zentrum, weil die äußeren Elektronen größere Umläufe generieren.

Dem roten Spektrum wird geringere „Energie" zugesprochen. Die Energie ist ein *Maß der Wirksamkeit* beim Absorber. Ist die Energie gering, so reagiert der Absorber ebenfalls geringfügig, hier nur peripher oder äußerlich. Die Erhaltungsarbeit der Senke ist nicht umfassender als jene der Quelle, sondern ähnlich an Art und Intensität.

Die Erhaltungsarbeit erfolgt reziprok, haben wir oben gefunden. Solange Aktion und Reaktion einander *gegengleich* entsprechen, solange kann die Senke über die Quelle richtig urteilen. Das Urteil der Senke „die Quelle *ist* rot" besagt, dass die *Senke* genauso langsam *arbeitet* wie die Quelle, ebenfalls mit rotem Licht als Ergebnis.

Verändert sich hingegen das Licht unterwegs, so entspricht die Reaktion der Senke *nicht mehr* der Aktion der Quelle. Das Urteil „die Quelle ist rot" ist dann falsch, vielmehr ist inzwischen lediglich das *empfangene* und *verarbeitete* Licht rot. Die Veränderung des Lichts muss also berücksichtigt werden, soll richtig über die Quelle geurteilt werden.

Wir betrachten zuerst den Fall, wo das Licht noch jung, nicht ermattet ist. Wir betrachten Quelle und Senke in einem Abstand, wo Aktion und Reaktion von gleicher Intensität sind. Die Erhaltungsarbeit ist zwar gegengleich, aber auf beiden Seiten gleich umfangreich und gleich schnell. Die Senke sieht rot und schließt zurecht auf eine rote Quelle.

Die Wirksamkeit des roten Lichtes ist geringer, weil es *seltener* erzeugt wird, seine Frequenz ist niedrig. Zugleich weist das rote Licht aber *mehr* Gehalt auf, sein materieller Inhalt ist größer, die Wellen sind länger und höher. Der Grund ist, dass in den peripheren Schalen eines Atoms *mehr* Elektronen angesiedelt sind als im Zentrum. Es sind mehr Elektronen am Werk, an der Genese des roten Lichtes beteiligt. Die Peripherie arbeitet zwar *langsamer*, aber *umfangreicher*, gehaltvoller.

Auf Seiten der Senke sind ebenfalls *mehr* Elektronen an der Verarbeitung beteiligt, weil die Arbeit auch hier peripher erfolgt. Daher ist in Summe die Wirksamkeit auf das Atom der Senke geringer. Die Energie des roten Lichts wird zurecht als geringer angesehen.

Wir halten fest, dass Frequenz, Wirksamkeit und Farbe *proportional* sind. Je *höher* die Frequenz, desto *höher* die Wirksamkeit, was zuletzt blaues und violettes Licht ergibt. Je *tiefer* die Frequenz, desto *niedriger* die Wirksamkeit, was rotes Licht ergibt. Sehen wir rotes Licht, so arbeiten die Atome in der Netzhaut langsam. Sehen wir blaues Licht, so arbeiten sie schnell.

Der Absorber wird durch rotes Licht nicht substanziell verändert, weil es nicht tief in das Atom vordringt. Rotes Licht wird auf Seiten der Quelle von den Schalen des Atoms freigesetzt, und auf Seiten der Senke ebenso von den Schalen aufgenommen und verarbeitet. Wir können das *rote* Spektrum als jenen Austausch bezeichnen, welchen die *äußeren* Schalen untereinander aufrecht erhalten.

Blaues Licht wird in den *inneren Schalen* des Atoms generiert und ausgetauscht. Dort siedeln sich *weniger* Elektronen an. Die blauen Farben haben eine *hohe* Erneuerungsrate. Sie werden öfter erzeugt, was als höhere Frequenz gemessen wird. Diesmal sind zwar weniger Elektronen am Werk, aber sie arbeiten schneller, sie emittieren öfter. Das ist den kürzeren Umläufen um den Atomkern geschuldet.

Der Gehalt der blauen Photonen an materiellem Inhalt ist *geringer,* die Wellen sind kürzer und flacher. Kommt weniger Inhalt frei, so verbleibt mehr Strahlung in der Substanz des Atoms, im Austausch zwischen Kern und Elektronen gebunden. Trotzdem wird dem blauen Spektrum höhere Energie zugesprochen, höhere *Wirksamkeit,* den Absorber zu verändern. Der Grund ist, dass das blaue Licht in das Zentrum des absorbierenden Atoms vordringt und erst dort verarbeitet wird.

Das blaue Licht kann nur eindringen, wenn sich die peripheren Schalen öffnen und schließen. Sie werden vom blauen Licht scheinbar „durchdrungen". Welches Bild ergibt sich?

Die Schalen des Atoms sind weder fest noch leer. Pulsierende Wolken aus kondensiertem Licht, das sind die Elektronen. Sie tauschen Photonen wie Blitze aus. Weil die Wolken sehr schnell um den Atomkern rotieren, verhalten sie sich mechanisch wie schwingende Flüssigkeiten. Sie durchmischen sich nicht. Jede Wolke bildet eigene Substanz, vereint *spezifische* Photonen zu einem *besonde-*

ren Elektron. Jede Art kann nur dort entstehen, wo ihr Lichthaushalt ihrer Bewegung entspricht. Die Schalen ergänzen einander zur Struktur des Atoms, scheinen aber einander zu verdrängen.

Physikalisch ausgedrückt, haben keine weiteren Elektronen in einer Schale „Platz", wenn die Schale voll besiedelt oder „besetzt" ist. Das wird nach dem Entdecker Wolfgang Pauli das „Paulische Ausschließungsprinzip" oder auch das „Pauli-Verbot" genannt.

Weil jedoch alle Elektronen *gleichartig* und *unveränderlich*, nämlich als *„Elementarladung"* aufgefasst werden, muss für ihr *unerklärliches* Verhalten ein Prinzip herhalten. Das prinzipientreue Verhalten ist nichts anderes als die *Erhaltungsarbeit*. Mehr kann ein Elektron nicht können, aber auch nicht weniger, und anderes kann es nicht tun. Verlagert sich eine Wolke nach innen, dann *gibt* sie Blitze oder Photonen ab. *Nimmt* sie Photonen auf, dann wandert sie vom Kern nach außen.

Die Zahl der Wolken nimmt nach außen zu und ergibt in Summe die Elektronenzahl, die der Anzahl der Protonen im Kern entspricht. Dass der atomare Haushalt schon *jedem* Photon entspricht, das entnehmen wir dem Umstand, dass zuletzt immer das gleiche Licht freikommt. Das Spektrum eines stabilen Atoms ist charakteristisch. Wir können auch sagen, die Erhaltungsarbeit des Atoms arbeitet erfolgreich. Die Substanz bleibt erhalten, wie die *gleichartige* Emission der Überschüsse zeigt, auch wenn die Absorption mit dem Angebot an Strahlung wechselt.

4.4.4 Die Verschiebung der Streifen

Nun betrachten wir die Verschiebung der Streifen im Spektrum. Die *hellen* Emissionslinien bezeichnen jenen *Überschuss* der Elektronen, den sie nach außen abgeben. Die Blitze der Wolken entweichen als Licht. Die *dunklen* Absorptionslinien verweisen auf den *Mangel* der Elektronen, der *im* Atom gedeckt werden muss. Diese Blitze werden zwischen den Wolken und dem Kern ausgetauscht. Sie verlassen das Atom nicht.

Die hellen und dunklen Streifen werden immer gemeinsam verschoben. Ihre *Anordnung wird nicht verändert,* wird nicht neu durchmischt, sondern bleibt stabil. Dem entnehmen wir, dass die Erhaltungsarbeit gelingt, das Atom bleibt substanziell gleich, es arbeitet nur geringfügig anders. Würde sich die Erhaltungsarbeit *qualitativ* verändern, so müsste sich die Substanz des Atoms verändern und in der Folge sein Spektrum. Das geschieht nicht. Also verändert sich die Erhaltungsarbeit nur *quantitativ,* sie wird schneller oder langsamer. Deshalb verschieben sich die Streifen gemeinsam.

Erfolgt die Verschiebung der hellen und dunklen Streifen gegen *Rot,* so *verschiebt sich die Erhaltungsarbeit* des Atoms in die *Peripherie.* Dort wird *langsamer* gearbeitet. Unterdessen wird weiter das gesamte Spektrum freigesetzt.

Das besagt, alle Teile des Atoms bleiben aktiv, jedoch stabilisiert sich das Zentrum zuerst, es gibt die Verarbeitung der Überschüsse an die äußeren Schalen ab. Dort wird vermehrt absorbiert, das zeigen die dunklen Streifen. Dort wird auch vermehrt emittiert, wie die hellen Streifen zeigen. Hingegen arbeitet das Zentrum bereits wieder normal weiter, es ist zur Ruhe gekommen, die Substanz ist stabil.

Die Erhaltungsarbeit wandert hier, im Fall der *Rotverschiebung, von innen nach außen.* Zuerst wird der Mangel im Zentrum gedeckt, dann werden die Überschüsse schrittweise, Schale für Schale nach außen abgegeben.

Die Folge ist *Repulsion,* Entfernung von der Quelle, weil sich jede Schale nach der Freisetzung des Überschusses schließt. Solche Atome stabilisieren ihre Substanz, indem sie sich von der Quelle fort bewegen. Die Quelle ist offenbar ungeeignet für die eigene Erhaltung.

Sind *beiderseits* periphere Elektronen am Werk, dann bringen die Atome der Quelle und Senke ihr rotes Schalenlicht *zwischen* sich. Auf diese Weise *entfernen* sie sich voneinander. Tun sie es langsam, so emittieren die peripheren Elektronen der *Quelle* ihren Überschuss langsam. Die Frequenzen sind niedrig, sie liegen im roten Spektrum. Tun sie es noch langsamer, dann *sinken* die Frequenzen *weiter*, die Spektrallinien verschieben sich weiter nach Rot, die Rotverschiebung nimmt zu.

Je *langsamer* die Freisetzung erfolgt, desto mehr sinkt die Frequenz, desto mehr verschiebt sich die Erhaltungsarbeit in das rote Spektrum, desto rotverschobener ist das ausgesandte Licht. Wir erhalten als Ergebnis: umso mehr die Absorptions- und Emissionslinien nach Rot verschoben sind, desto *langsamer* wachsen die gegenseitige Emission und Entfernung.

Nur die *Entfernung* der Quellen nimmt zu, nicht auch ihre Bewegung. Solche Atome *be*schleunigen *nicht*, sondern werden langsamer, sie *ent*schleunigen, weil ihre Erhaltungsarbeit *abnimmt*. Weil die gegenseitige Emission abnimmt, nimmt auch die Geschwindigkeit der Repulsion ab *{These 118}*.

Es geschieht das *Gegenteil* von dem, was die Physik behauptet. Hohe Rotverschiebung zeigt *empirisch* eine schnelle Entfernung der Quelle, so lautet ihr Diktum. Wie ist das möglich?

Physikalisch wird die *Korrelation* zwischen *Geschwindigkeit* und Rotverschiebung gemessen. Schnell fliehende Körper *zeigen* eine hohe Rotverschiebung. Das ist ein gut bekannter Sachverhalt, der regelmäßig auftritt, so oft er getestet wird. Er wird *gesehen* und gemessen, er wird voraus berechnet und durch Messung exakt bestätigt. Mit der Messung ist dieser Sachverhalt wissenschaftlich bestätigt, als gegeben anzusehen, als naturgesetzlich.

Aber *wie* „zeigen" Körper ihre Rotverschiebung?

4.5 Die Emissionswolke

Eine Quelle von Strahlung, bewegt sich gemäß ihrer Erhaltungsarbeit. Ihre Emission bildet eine Wolke, die von der Quelle ständig neu erzeugt und somit mitgeführt wird. Ein Stern und sein Licht, oder eine Galaxie und ihr Emittat reisen gemeinsam. Finden sich unterwegs keine neuen Quellen oder Senken, so bleiben Erhaltungsarbeit und Bewegung der Quelle konstant. Ebenso bleibt die Ätherwolke gleich, die sie aussendet. In solch ruhiger Umgebung ist die Wolke der Emission kugelförmig, jedoch nicht homogen.

Weil sich die Strahlung von der Quelle ausgehend ausbreitet, nimmt die Dichte der Wolke ab, je größer sie wird. Rund um die Quelle ist die Strahlung am dichtesten, in hinreichender Entfernung löst sie sich auf in die *Hintergrundstrahlung*, in den allgemeinen Äther, dort erlischt ihre Wirksamkeit.

In der Zusammensetzung der Emissionswolke treten weitere Unterschiede auf. Wir haben Zielrichtung und Startrichtung zu unterscheiden. Ein Düsenflugzeug fliegt in *Zielrichtung*, aber sein Strahl bewegt sich in *Startrichtung*. Die Zielrichtung ist intuitiv klar. Wir schauen, greifen und gehen immer in Zielrichtung. In Zielrichtung schwindet der Abstand zum Ziel.

Die *Startrichtung* ist die *entgegengesetzte* Richtung. Wir verwenden die Startrichtung zur Orientierung. Wir blicken *zurück* oder hören, wie weit wir schon *gekommen* sind. In Startrichtung sehen wir die *Spur wachsen*, den Abstand *vom Start*. Von außen sehen wir, dass ein in Zielrichtung fliehender Körper in Startrichtung seinen Abstand zur Störung oder Gefahr vergrößert.

Teilt ein Körper seine Emission, so teilt sich *deren* Bewegung. Der *vordere* Teil bewegt sich in dieselbe Zielrichtung wie die Quelle. Der rückseitige Teil bewegt sich in *Startrichtung* der *Quelle*, jedoch in seiner *eigenen* Zielrichtung. Welche Unterschiede treten auf?

In *Zielrichtung* der Quelle wird die Wolke der Strahlung von der nachrückenden Quelle *öfter* gespeist. Der Nachschub erfolgt in kürzeren Intervallen oder Wellen. Die Erneuerungsrate oder Frequenz der Strahlung ist *höher*, aber konstant. Die Emission bleibt gleich, auch der Abstand zwischen den Wolkenteilen und der Quelle bleibt unverändert. Die *gemeinsame* Bewegung verändert sich nicht.

Jedoch gibt es eine *Streuung*, die Strahlung breitet sich auch seitlich aus. Das ergibt einen *Kegel* in der Wolke, der von der unwirksamen Basis bis zur Spitze immer dichter und wirksamer wird. Die Spitze ist die nachrückende Quelle, die den Kegel generiert. Entlang der Achse ist die Frequenz am höchsten, seitlich lässt sie gemäß ihrer Ausbreitung oder Streuung nach. In Zielrichtung entsteht der *„Zielkegel"* der Emission.

In *Startrichtung* der Quelle wird die Kugelwolke des Emittats dünner, ärmer an Strahlung, weil sie von der *enteilenden* Quelle *seltener* gespeist wird. Der Nachschub erfolgt in längeren Intervallen oder Wellen. Die Erneuerungsrate oder Frequenz der Strahlung ist *geringer*. Wieder entsteht ein Kegel in der Wolke, der *„Startkegel"* der Emission. Die Spitze ist die fliehende Quelle, die Basis ist das Erlöschen der Strahlung.

Ist die Bewegung der Quelle *konstant*, so muss der Zielkegel ihrer Emission dem Startkegel entsprechen, sonst würde die Erhaltungsarbeit scheitern. Im Ergebnis weist die Kugelwolke der Emission bei konstanter Erhaltungsarbeit und Bewegung *drei* Teile auf.

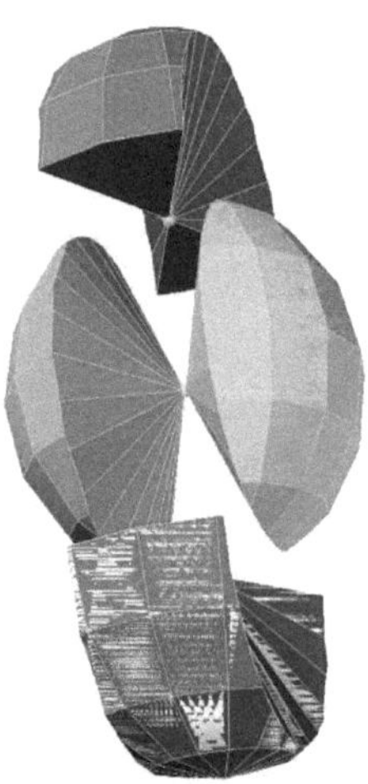

Abbildung 14 In Zielrichtung bildet die Emission einen *Zielkegel* mit *zunehmender* Dichte, weil mit wachsendem Nachschub. In Startrichtung bildet die Emissionswolke einen *Startkegel* mit *abnehmender* Dichte, weil der Nachschub *seltener* erfolgt. Von der konstanten Kugelwolke bleibt ein Ring oder Torus mit zwei Kegelbohrungen übrig. Dort erfolgt die Speisung mit Emission unverändert.

Die Darstellung zeigt *vier* Teile. Der Ring ist in zwei Hälften geteilt. Sie sind nach oben und unten verschoben, um die Quelle im Zentrum der Kugelwolke zu zeigen. Zusammengefügt ergibt sich eine Kugel.

Abbildung 15 zeigt schematisch einen Querschnitt durch die kugelförmige Emissionswolke. Der *Zielkegel* links ist dichter als der *Startkegel* rechts.

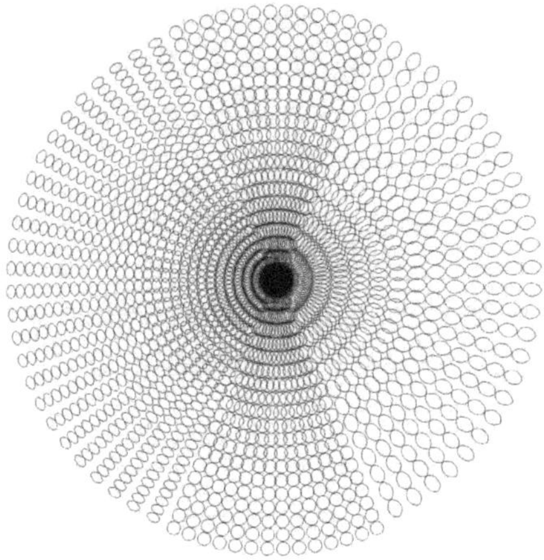

Dazwischen befindet sich der Ring mit gleich bleibender Dichte.

Im Zentrum ist starke Interferenz der Emittate zu erwarten und grafisch angedeutet.

4.5.1 Die Reichweite der Absorption

Eine Senke muss in geeigneten Äther eintauchen, in die Emissionswolke einer Quelle, ansonsten kann ihre Absorption nicht einsetzen, nicht beginnen. Brauchbare Inhalte werden zerlegt und nur dann in die Rotationsweise aufgenommen, wenn sie einen *Mangel* in der Substanz decken können. Nachdem die Inhalte des Äthers nach ihrer Brauchbarkeit *sondiert* werden, müssen sie *zuvor* Eingang in die Form finden. Nur im Inneren der Form kann die Zerlegung und Verarbeitung einsetzen.

Ein Absorber *selektiert* die Inhalte, die er aufnimmt. Schon ein Atom verfügt über ein *Selektionsvermögen*. Sehen wir Bewegung und Selektionsvermögen als Lebenszeichen an, so müssen wir dem Atom Leben zusprechen *{These 119}*. Umgekehrt müssen wir biologisches Leben neu definieren, zum Beispiel als die Genese und Fortsetzung des Zwecks.

Die selektive Verarbeitung neuer Inhalte ist auch bei dem Stern gegeben, dessen Reise wir begleiten. Er *emittiert* als Strahlungs*quelle* und *absorbiert* als Senke. Ansonsten würde er kein Gravitationszentrum umrunden. Der Stern nimmt Inhalte aus dem Schwarzen Loch im Zentrum der Galaxie auf, verarbeitet sie zu Atomkernen, und gibt die Überschüsse aus der partiellen Vereinigung als Licht und Strahlung ab. Auf diese Weise wird der Stern zum Trabanten, sowie zum Bestandteil der Galaxie. Scheinbar hat die Galaxie den Stern „eingefangen".

Das aber geschah nur *scheinbar*. Die Galaxie verfügt über keine Fangnetze. Umgekehrt müssen die Trabanten *ihrerseits* zu absorbieren beginnen, sonst generieren sie keinen Umlauf, nehmen sie an der Rotation des Verbandes nicht teil.

Die Galaxie kann nur dann *ihrerseits* absorbieren, Sterne aufnehmen, wenn sie eine geeignete Strahlungs*quelle* für das Absorbat, für die *erforderlichen* Inhalte der *Trabanten* ist. Entscheidend ist somit immer die Reichweite der Emission, die Größe und *Beschaffenheit* der Emissionswolke.

Die Gravitation ist *keine* Fernwirkung *{These 120}*. Sie *hat* auch keine Fernwirkung, denn sie ist *keine* Ursache. Sie ist lediglich ein gültiges Maß der Attraktion.

Die Attraktion setzt erst dann ein, wenn die Senke zu absorbieren beginnt, und das kann sie erst, wenn absorbierbare Emittate ankommen oder vorzufinden sind. Dass die Gravitation scheinbar „in der Ferne" wirkt, beruht darauf, dass die *Emissionswolke* anzutreffen ist, sich soweit ausdehnt.

Es gibt weder eine Absorptionswolke, noch einen Absorptionsradius?

Eine *Absorptionswolke* gibt es nicht und kann es nicht geben. Diese Vorstellung widerspricht sich selbst. Was aktuell in die Substanz eingeht, das geht in ihr unter, das bildet keine Wolke außerhalb. Wo kommende, zukünftige Inhalte *anzutreffen* sind, entspringen sie notwendig einer Quelle, sind also *deren* Emissionswolke.

Einen Absorptions*radius* können wir formulieren, er ist so groß wie der Umfang des Inhalts, entspricht also der *Form*, der *Grenze* des Inhalts. Außerhalb der Form gibt es *keine* Absorption und somit auch keinen Radius derselben *{These 121}*. Der Absorptionsradius ist dasselbe wie der *Radius der Substanz*, sofern sie kugelförmig ist.

Es gibt jedoch einen Absorptions*kegel*?

Ja, den muss es geben. Der Absorptionskegel ist die Region, in dem die Emissionswolke *der Quelle* durch die Absorption des Trabanten *verdünnt* wird, an Inhalt und Dichte abnimmt. Während der Trabant absorbiert, *strömt der Äther* im Bereich des Absorptionskegels *nach*.

Wenn wir einen fremden Stern sehen, strömt sein Licht nach. Wenn die Erde aus der Sonne absorbiert, strömt der Äther der Sonne nach. Die Erde macht in der Emissionswolke der Sonne kein Loch, aber sie erzeugt eine *Strömung in der Wolke*. Absorption macht den Äther dynamisch, bewegt ihn.

Wie weit öffnet sich der Absorptionskegel?

Wenn die Emissionswolke der Quelle geeignet ist, den *Mangel* in der Substanz zu decken, dann verstärkt der Trabant seine Absorption und nähert sich. Sein Absorptionskegel *öffnet* sich bis zur Halbkugel, wie uns die Genese der Ellipse gezeigt hat. Der Trabant wird damit *schneller*, sowohl in seiner Substanz als auch in seiner Bewegung. Nach der Deckung des Mangels erfolgt die Entfernung. Die Absorption erfolgt dann aus der Umgebung, der Quelle wird die Emission zugewandt.

Wenn wir ein hydraulisches Analogon verwenden, können wir sagen, im *Absorptionskegel* herrscht *Sog*, dort wird die Emissionswolke angesaugt. Im *Emissionskegel* herrscht *Druck*, dort überlagert der Trabant seine gerichtete Emission mit seiner allseitigen Emissionswolke. Sog und Druck im Äther müssen einander ausgleichen, sonst scheitert die Erhaltungsarbeit des Trabanten, sonst löst sich seine Substanz auf. Soviel Sog der Trabant generiert, soviel Druck muss er erzeugen. Sein Emissionskegel und sein Absorptionskegel müssen einander *ausgleichen*, an Wirksamkeit einander gegengleich entsprechen.

Der Strahlungs*druck* erzeugt die Repulsion, die Entfernung und Beschleunigung? Der Strahlungs*sog* erzeugt die Attraktion, die Gravitation?

Nein, da werden Ursache und Wirkung vertauscht. Die *Substanz* ist jeweils der *Urheber*, Druck und Sog sind jeweils die Folge oder Wirkung.

Wenn die Substanz *absorbiert*, dann attrahiert sie. Sie *erzeugt* die Gravitation. Die Gravitation ist das Maß ihrer *Absorptionstätigkeit {These 122}*. Weil die Substanz dabei Äther aufnimmt, strömt der Äther nach, er dehnt sich aus und *verdünnt* sich. Das erscheint als Sog oder *Unterdruck* im Äther. Er bildet in jedem Querschnitt ein Wellental, das dem Absorber nacheilt.

Unterdessen speist die Quelle weiterhin ihre Emissionswolke. Auf das *Wellental*, das die *Senke* generiert, folgt ein *Wellenberg* im Äther, den die *Quelle* mit *ihrem* Nachschub liefert. So laufen die Wellen des Äthers auf die Senke zu, nämlich das Licht der Quelle.

Wenn die Substanz *emittiert*, dann repulsiert sie. Sie *erzeugt* die Fluchtbewegung, die Entfernung und die Beschleunigung. Die Geschwindigkeit ist das Maß ihrer *Emissionstätigkeit {These 123}*. Weil die Substanz dabei Äther freisetzt, wird der Äther *verdichtet*. Er strömt von der Substanz, von der Quelle weg. Wieder breitet er sich aus, aber diesmal als Wellenberg, welcher der Quelle vorauseilt.

4.5.2 Die Kugelwelle

Der Trabant erzeugt *hinter* sich ein Wellen*tal* und *vor* sich einen Wellen*berg* im Äther?

Ja, so verarbeitet die Substanz des Trabanten den Äther, so bewegt sie sich. Weil die Wellentäler und Wellenberge in *jedem* Querschnitt oder Profil des Äthers auftreten, ist die Rede von einer „Kugelwelle“. Wir können uns das so vorstellen, dass der Äther pulsiert. Im *Sog* des *Trabanten* wird er verdünnt, im *Druck* der *Quelle* wird er verdichtet. Das ergibt seinen Rhythmus, seinen Puls, seine Frequenz.

Allerdings ist die Kugelwelle *nicht* homogen, wie der Name suggeriert. Nur im *Absorptionskegel* erzeugt der Trabant *Sog* im Äther, nur dort gibt es „einlaufende" Wellen, ankommende Strahlung. Ihre Verarbeitung erzeugt die Zielbewegung.

Im *Emissionskegel* gibt es doppelten Überschuss, doppelt „auslaufende" Wellen. Zum *einen* kommen sie aus der konstanten, allseitigen Erhaltungsarbeit der Substanz, das ergibt die kugelförmige Emissionswolke. Die *allseitigen* Druckwellen *stabilisieren* die Bahnbewegung, sie sind *nicht direkt* dynamisch wirksam *{These 124}*. In Zielrichtung schiebt der Trabant die Druckwellen vor sich her, er verdichtet den Äther im Takt seiner Arbeit.

Zum *anderen* kommen die Druckwellen aus der *gerichteten* Erhaltungsarbeit, aus dem *Emissionskegel* des Trabanten. Im Emissionskegel „schiebt" der Trabant die Wellenberge seines Äthers von sich, und zwar in Startrichtung. Der Trabant drückt seinen emittierten Äther nach rückwärts. Dieser *Zuwachs* des zurück gesandten Äthers wirkt dynamisch, ergibt die Trennung, die Fluchtbewegung.

Wir können einfach sagen, im Absorptionskegel laufen *„Sogwellen"* ein, im Emissionskegel laufen *„Druckwellen"* gebündelt, sowie in der Emissionswolke *allseitig* aus. So sieht die Kugelwelle im Äther aus, wenn sich eine Substanz mittels Absorption und Emission erhält und bewegt.

Ist das real? Ist das nicht zu ätherisch?

Wenn wir einem Körper *begegnen*, dann tauchen wir in seine Kugelwelle ein, sowie er in unsere. Wollen wir derlei „ätherisches" Verhalten unterlassen, so büßen wir unsere Wirklichkeit ein. Denn dann verweigern wir den Austausch von Inhalt, von Materie. Verzichten wir *nicht* auf die Erhaltung unserer Substanz, so müssen wir uns mit unserer Kugelwelle ebenso aussöhnen und anfreunden wie mit anderen Quellen und deren Emissionswolken.

4.5.3 Der Klang

Zwecks dieser Anfreundung klopfen wir vorsichtshalber gleich auf Holz. Jedes Holz klingt anders. Auch jeder Stahl klingt anders. Jede Substanz klingt anders. Wenn wir üben, können wir eine Substanz daran erkennen, wie sie klingt. Das besagt, jede Substanz hat einen spezifischen Äther, sie generiert eine spezifische Kugelwelle *{These 125}*.

Ist das nicht bloß heiße Luft? Klang ist doch lediglich eine Luftschwingung?

Wenn wir klopfen, bringen wir unsere „Kraft" in die Substanz ein, das ist in der Tat unsere *Emission*. Die damit belasteten Moleküle nehmen ihre Erhaltungsarbeit auf. Sie absorbieren unsere Emission, verarbeiten sie und emittieren ihren Überschuss. Sie repulsieren, sie entfernen sich von einander, sie bilden einen Wellenberg. Das ist die *erste* Phase der Erhaltung einer Substanz.

Ein Teil des Wellenberges wird an die anliegende Luft übertragen. Auch ihre Moleküle trennen sich voneinander. Die Luft ist eine eigene Substanz, sie ist nicht so dicht, ihr Wellenberg sieht anders aus. Er beinhaltet mehr Äther, erstreckt sich über eine größere Wellenlänge. Aber seine Frequenz, seine Entstehungsrate ist die gleiche wie im Holz. Wir können unser Holz stimmen, es ist ein Klangholz.

Aufgrund ihrer *gerichteten* Emission erlahmt der *allseitige* Austausch der Moleküle, sowohl im Holz als auch in der Luft. Die Substanz der Moleküle weist damit Mangel auf. Die Moleküle wenden ihr Heben in das Fallen. Sie absorbieren Inhalte auseinander, sie attrahieren. Damit bilden sie das Wellental. Das ist die *zweite* Phase der Erhaltung. Holz und Luft arbeiten wieder gegengleich zusammen, die Stimmung passt.

Während die ersten Moleküle in der ersten Phase emittiert haben, haben sie bei ihren Nachbarn „angeklopft" so wie anfänglich wir. Sie geben aber nicht unsere oder ihre Kraft weiter, sondern die Arbeit. Das ist so Brauch in einer stabilen Substanz. Die zweite Reihe ist rundum größer, ihre Arbeit verteilt sich weiter. Also erheben sich ihre Wellenberge weniger, und senken sich ihre Wellentäler geringer. Aber die Frequenz bleibt wieder gleich, die Erneuerungsrate des Verbands ist so stabil wie er selbst.

Die Verbindung von Klangholz und Luft bleibt aufrecht, wie der Klang beweist. Wollen wir die Verbindung mechanisch auffassen, so sprechen wir von Stoß und Gegenstoß. Dagegen spricht zunächst der Umstand, dass Moleküle einander nicht berühren. Stoß und Gegenstoß finden gar nicht statt. Was hingegen stattfindet, ist die Übertragung der Erhaltungsarbeit. Sie kann nur darauf beruhen, dass gegenseitig absorbiert und emittiert wird.

Wir kommen nicht umhin, dem Klangholz und der Luft die Verarbeitung von Äther zuzusprechen. Er stellt die Verbindung zwischen den Molekülen her. Dass der Schall im Vakuum ausbleibt, beruht darauf, dass die Emission der Quelle eine zu kurze Reichweite aufweist. Fehlen nahe Luftmoleküle zur Übertragung der Erhaltungsarbeit, so geht die Emission in den Äther über.

Wir ziehen die Physik, bzw. flüssige Substanzen mit verschiedenem spezifischem Gewicht zu Rate. Gemäß unserer These weisen sie spezifischen Äther auf. Das heißt, dass die Ausbreitung ihrer Wellen mit spezifischer Geschwindigkeit erfolgen muss. Laufen die Wellen im Wasser schnell auseinander, so tun sie das in Quecksilber langsam. Es muss eine Relation geben zwischen dem spezifischen Gewicht und der Fortpflanzung der Wellen.

Diese Relation gibt es, die *„Phasengeschwindigkeit"* ist für eine Substanz kennzeichnend. Die Phasengeschwindigkeit misst die Ausbreitung oder Fortpflanzung der Erhaltungsarbeit, das ist, wie schnell der spezifische Äther einer Substanz verarbeitet wird *{These 126}*.

Schicken wir Licht durch verschiedene Flüssigkeiten, Gase oder Licht leitende Festkörper. Immer erweist sich die Reisezeit des Lichts als *spezifisch* für die Substanz. Das Licht muss sich in derselben Frequenz fortpflanzen, in der es sich aus dem gegebenen Äther erneuert. Dem entnehmen wir, dass *jede* Substanz *spezifischen* Äther aufweist. Was die Substanz zusammen hält, das ist der Austausch von Äther in ihrem Inneren *{These 127}*.

Wollen wir uns mit einer Substanz beschäftigen, so beschäftigt uns notwendig und allein ihr Äther, ihre Emissionswolke. Leugnen wir den Äther als zu ätherisch, dann leugnen wir die Verbindung der Körper, die allein in der Übertragung von Emission und Absorption besteht. Wir betrachten dann Glaubensartikel, die uns vielleicht besser gefallen, die aber der Wirklichkeit entbehren. Denn jede Wirkung beruht auf der Absorption eines Emittats *{These 128}*.

4.6 Die Kegelschnitte

Die Kugelwelle der Sonne muss homogen sein? Wie sonst könnte die Sonne strahlen oder emittieren, ohne die Mitte des Sonnensystems zu verlassen?

Die Sonne *liefert* zwar eine allseitige Emissionswolke, welche die Planeten versorgt. Aber die Sonne ist zugleich ein *Trabant* des galaktischen Zentrums, sie rotiert um das Schwarze Loch inmitten der Milchstraße. Das besagt, dass die Sonne *ihrerseits* aus dem Zentrum *absorbiert.* Sie *verdünnt* den aus dem Schwarzen Loch nach strömenden Äther. Er besteht allerdings nicht aus elektromagnetischer Strahlung, sondern aus Kernteilen, wie wir schon vermutet haben und noch näher betrachten werden.

Absorbiert die Sonne, und bleibt sie stabil, so generiert sie zusätzlich einen *Emissionskegel* innerhalb ihrer Emissionswolke, der ihrer Absorption aus dem galaktischen Zentrum entsprechen muss. Die Sonne kann die Planeten nur *deshalb* versorgen, weil sie Materie *umformt,* weil sie ihrerseits Emittat absorbiert, verarbeitet und freisetzt. Die Sonne ist eine „Umformerstation" für die Materie aus dem Zentrum der Milchstraße, auf welche ihre Trabanten, die Planeten zwecks Erhaltung und Bewegung angewiesen sind.

Der Umstand, dass die Planeten gemeinsam *mit* der Sonne reisen, besagt, dass die Planeten *in gleicher Intensität* absorbieren und emittieren. Nur mittels gleich *wirksamer* Erhaltungsarbeit kann ihre Bewegung jener der Sonne gleichen. Allerdings absorbieren die Planeten nicht direkt aus dem galaktischen Zentrum, sondern aus der Emissionswolke der Sonne. Sie sind zuerst Trabanten der Sonne und erst dann auch Trabanten des Zentrums. Daraus folgt, dass sich die Planeten im Emissionskegel der Sonne befinden *{These 129}*.

Würden sich die Planeten in der ruhigeren Emissionswolke der Sonne aufhalten, so wäre ihre Erhaltungsarbeit zu langsam. Die Planeten würde zurückbleiben und von der Sonne abdriften. Das Sonnensystem ist elliptisch, weil es geometrisch einen Kegelschnitt durch den Emissionskegel der Sonne bildet *{These 130}*.

Das wirft ein Licht auf die Formen der Bahnen, die bei der Begegnung von Quelle und Senke erzeugt werden. Sie sind jeweils ebene Schnitte durch den Emissionskegel der Quelle.

Der *Vereinigung* entspricht die *Ellipse*. In ihr bleiben Ver- und Entsorgung konstant, weil die Flächeninhalte in jedem Intervall oder Sektor gleich sind. Die Ellipse schneidet den Emissionskegel der Quelle samt Achse in jener Ebene durch, in welcher der Trabant anreist, in unserem Fall der Urnebel. Die Ellipse entsteht nicht am Rand des Emissionskegels, sondern in seinem Inneren dort, wo die Ätherdichte ausreicht.

Die Quelle ist der Ursprung des Kegels. Die Emission im Emissionskegel genügt den Trabanten zur Erhaltung und führt sie deshalb mit. Sie reisen fortan mit der Quelle, die sie versorgt. Die Trabanten drehen im Verband ihre Runden, denn sie stabilisieren ihre Substanz. Weil ihre Bahnebene schräg zur Kegelachse liegt, verändert sich die Dichte im Emissionskegel der Quelle. Deshalb ändert sich die Bahngeschwindigkeit jedes Trabanten so, dass sein Austausch konstant bleibt.

Weil die Sonne ihren Emissionskegel gemeinsam mit dem Absorptionskegel dreht, dreht sie die Ebene des Sonnensystems mit. Das ergibt die „Apsidendrehung" der Planetenbahnen *{These 131}*.

Der *Trennung* entspricht die *Hyperbel*. Die Repulsion löst die Attraktion ab, weil die gegenseitig ausgetauschten Inhalte nicht geeignet für die Substanz sind. Das erkundet der Ankömmling bis zu seinem geringsten Abstand, bis zum Scheitel der Hyperbel. Dann wendet er sich ab und seine Emission der ungeeigneten Quelle zu. Erfolgt der Schnitt durch den Emissionskegel der Quelle F1 parallel zur Achse, so entsteht eine Hyperbel.

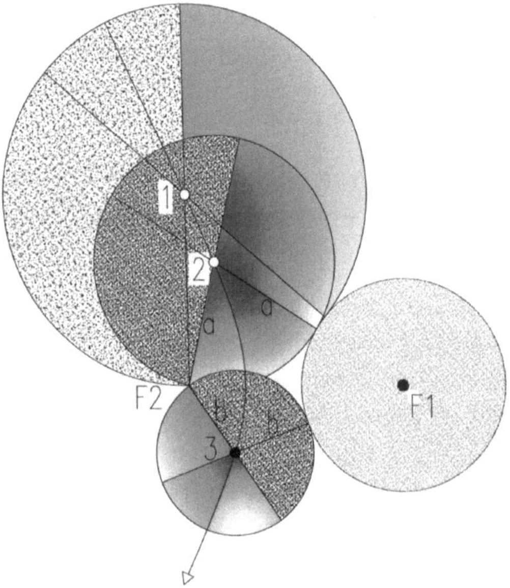

Abbildung 16. Die Isotherme des Austausches verbleibt *außerhalb* der Bahn, und zwar dort, wo die Dichte des Emissionskegels der *tätigen Selektion* des Ankömmlings entspricht.

Der Brennpunkt der Hyperbel ist der *Drehpunkt* von Zu- und Abwendung, und so auch der Bahn. Die zunächst zugewandte Absorption wendet sich am Brennpunkt F2. Sie *verwandelt* sich dort in die Emission der Fluchtbewegung.

Geometrisch ist die Hyperbel die Summe aller Punkte, die von einem Leitkreis und einem Punkt *außerhalb* den gleichen Abstand (a) aufweisen. Der Leitkreis ist die Isotherme, dort erweisen sich die Emittate der Quelle als ungeeignet. Der Punkt außerhalb ist der Brennpunkt F2. Dort erlöschen und wenden sich Emission und Absorption, so wendet sich dort auch die Bewegung.

Die *Parabel* schneidet einen Emissionskegel *parallel* zu einer Erzeugenden oder Mantellinie, und zwar wieder dort, wo die Emissionsdichte der Erhaltungsarbeit des Absorbers entspricht. Vertikale Emission tritt dort auf, wo die Quelle sehr dominant ist, wie etwa die Erde gegenüber einem Wurfkörper. Die Parabel ist die Bahn des Ausflugs zwischen überhitztem Heben und erkaltetem Fallen, wir haben sie schon in Abbildung 2-5 gewürdigt.

4.7 Der Mond

Welches dieser Kunststücke vollbringt denn der Mond? Warum sollte der Mond der Erde treu bleiben, wenn nicht infolge der Erdanziehung?

Die Erde hat keine Fäden, sie zieht nicht am Mond. Der Mond absorbiert Wärme aus der Emissionswolke der Erde, die wenigstens bis zum Mond reicht. Das besagt, dass der Mond aus irdischen Atomen besteht *{These 132}*.

Würde der Mond mit dem Sonnenlicht allein auskommen, so wäre er selbst ein Planet, ein Trabant *lediglich* der Sonne. Der Mond absorbiert jedoch *beide* Emittate, jenes der Sonne und das der Erde. Er ist entweder ein alter Teil der Erde, der beim „großen Bombardement" durch Kometen herausgeschlagen wurde. Oder der Mond hat sich schon während der Erdentstehung aus benachbarten Planetoiden gesondert vereinigt.

Unabhängig vom Zeitpunkt der Trennung erhält der Mond beide Erhaltungsweisen aufrecht, jene gegen die Sonne, und jene gegen die Erde. Deshalb ist seine Bewegung zusammengesetzt. Er rotiert um die Erde infolge seines *Wärmehaushalts*, und er rotiert mit der Erde um die Sonne infolge seines *Lichthaushalts*. Die Drehung um die Erde ist kreisförmig, weil die Erde allseitig gleich viel Wärme emittiert. Die Drehung mit der Erde ist elliptisch, weil sie im Emissionskegel der Sonne erfolgt und dort dessen Dichte folgt.

Auffällig ist, dass uns der Mond immer dieselbe Seite zuwendet. Nur die uns zugewandte Seite des Mondes kann Erdwärme absorbieren. Die von der Erde aufgenommene Wärme genügt zwar zur Attraktion des Mondes, aber nicht auch zur Erhaltung seiner Substanz, denn sie genügt nicht zu seiner Rotation.

Die abgewandte Seite des Mondes verarbeitet das Licht der Sonne. Die Überschüsse, die der Mond daraus erzielt, genügen ihm zur *zweifachen* Emission, womit er seinen *zweifachen* Umlauf um Erde und Sonne generiert. Dass er dabei der Erde treu bleibt, das beruht allein auf seiner dominanten Absorptionstätigkeit aus der Erde. Ansonsten würde er sich der Sonne nähern.

Genau das wird der Mond auch tun, sollte die Emission der Erde *nachlassen*. Der Mond verstärkt dann seine Absorption aus der Sonne, um stabil zu bleiben. Steigert die Erde umgekehrt ihre Wärmeabgabe, weil die Lufthülle als Regulativ versagt, so wird der Mond *näher* kommen. Er braucht dann weniger Sonnenlicht zur Erhaltung, indem er seinen Mangel vermehrt durch Absorption aus der Erde ausgleicht. Erde und Mond sind ein Verband, im Sonnensystem *ein* einziger Subkörper, weil ihre *gemeinsame* Erhaltungsarbeit wirksam ist.

Kommt der Mond näher, so nehmen die Gezeiten zu. Der Klimawandel ist kein isoliertes irdisches Phänomen. Die Himmelsmechanik atomarer Materie ist ein Erzeugnis des atomaren Wärmehaushalts *{These 133}*.

Aber der Mond zieht doch irgendwie am Wasser der Ozeane? Wie sonst kommen die Gezeiten zustande? Wenn es keine Gravitation gibt, dann müssten die Gezeiten doch ausbleiben?

Der Mond zieht nicht am Wasser der Erde. Umgekehrt absorbieren die irdischen Atome des Wassers die Strahlung des Mondes. Er ist zwar keine direkte Quelle, weil er erkaltet ist, aber er verarbeitet das Sonnenlicht zu Strahlung und emittiert diese gegen die Erde. Die Emission des Mondes muss sich von der irdischen Wärme unterscheiden, weil der Mond die Erdwärme benötigt, absorbiert, einverleibt, nicht auch abgibt.

Aber die Strahlung des Mondes muss vom Wasser aufnehmbar sein, muss für die *Substanzerhaltung* des Wassers *geeignet* sein. Das ist insofern gegeben, als alle irdischen Atome solche Überschüsse austauschen, die aus der Verarbeitung des Sonnenlichts freikommen. Wieder ergibt sich ein Hinweis auf die Verwandtschaft der Atome von Mond und Erde.

Die *Emissionswolke* des Mondes *erreicht* die Erde und ihre Ozeane, deshalb attrahiert das Wasser. Auch die Berge attrahieren, aber ihr Wärmehaushalt wird so stark vom Planeten dominiert, dass eine merkliche Bewegung zum Mond ausbleibt. Falls jetzt manche Haare zu Berge stehen, dann hat das ebenfalls andere Ursachen. Der Mond zieht an keinem Haar, weil ihn dessen Duft oder Emittat nicht erreicht.

4.8 Das Gravitationsgesetz

Aber das „Gravitationsgesetz" von Isaac Newton gilt doch universell, im ganzen Universum? Alle massiven Körper ziehen aneinander, vom Atomkern bis zur Galaxie?

Newton selbst sah noch ganz klar, dass er zwar ein gültiges *Maß* für die Attraktion gefunden hat, aber nicht auch deren *Ursache*. Ein Leben lang versuchte er die Ursache dafür zu finden, dass Körper einander nähern, wenn sie es tun. Sie tun es dann, wenn ihre Emissionswolken einander erreichen und zur Erhaltung der Substanz geeignet sind. Anders kommt eine Absorption nicht zustande, und somit auch keine Bewegung der Annäherung.

Das Gravitationsgesetz funktioniert trotzdem als Maß der Bewegung, weil und solange die Körper in der Tat *nicht* attrahieren, sondern *äquidistant* bleiben, umeinander *rotieren* und so Strukturen bilden. Der Grund ist, dass in diesem Fall eine Vereinigung von Quelle und Senke *bereits erfolgt* ist. Die Absorption im Verband ist dann gleich groß wie die Emission. Nur dann, nur im Verband genügt das Maß der *halben* Erhaltungsarbeit, weil die andere Hälfte *notwendig* gleich groß ist.

Unter der Voraussetzung, dass „alle Körper" attrahieren, kann das Gravitationsgesetz richtig angeben, wie sich alle *solchen* Körper zueinander anordnen. Es wird nämlich unterstellt, dass die Körper *dieselben* Körper bleiben, dass ihre Substanz stabil ist.

Dies kann sich allerdings nur so bewahrheiten, dass alle attrahierenden Körper *auch repulsieren*. Im selben Maß als stabile Körper einander nähern, im selben Maß müssen sie einander *auch entfernen*, sonst scheitert ihre Erhaltungsarbeit. Sind im Gravitationsgesetz *stabile* Körper voraus gesetzt, so ist damit bereits ausgemacht, dass die Körper absorbieren *und* emittieren, dass sie ihre Substanz mittels *beider* Erhaltungsweisen bilden, erneuern und bewahren.

Das Gravitationsgesetz setzt *unbewusst* voraus, dass stabile Körper in der Tat rotieren. Es besagt hingegen *nicht*, dass die Körper attrahieren *{These 134}*. Weil das nicht gesehen wird, ist unerklärlich, warum das Universum zwar zusammenhält, aber nicht zusammenfällt.

Zur Abhilfe werden für jede Struktur „Fliehkräfte" bemüht, die das Ding auseinander halten, damit es nicht in seiner Mitte verschwindet. Im ganzen Universum muss die Raumzeit expandieren und die Galaxien mitschleifen, damit jener Kollaps nicht eintritt, welcher der Gravitation geschuldet ist. Umgekehrt muss die „Gravitationskonstante" die Raumzeit daran hindern, alles in ihr Jenseits zu übersiedeln. Da kämpfen zwei Giganten der Einbildung, weil sie einander nicht kennen.

Was unterdessen wirklich geschieht, ist, dass die Emissionswolken der Quellen für die Absorption neuer Inhalte seitens der Senken zur Verfügung stehen. Überschüsse werden abgegeben, das ergibt die *Repulsion*. Bei Mangel wird das Emittat anderer Körper aufgenommen, das ergibt die *Attraktion*. Beide vereinen sich zur Rotation, was die Körper und Strukturen hervorbringt.

Kräfte und Gesetze sind ebenso überflüssig wie wirkungslos. Das Werk wird von der zweifachen Erhaltungsarbeit getan, die jeder Körper tadellos beherrscht.

Wir müssen die Reichweite des Gravitationsgesetzes einschränken auf *stabile* Körper und rotierende Strukturen. Wo hingegen die Erhaltungsarbeit scheitert, dort lösen sich die Substanzen auf, die *Urheber* von Absorption und Emission. Dort überwiegt in der Folge entweder die Absorption, oder umgekehrt die Emission, bis die jeweils vorherrschende Erhaltungsweise in ihr Gegenteil umschlägt. In solchen Regionen bleibt die Rotation aus, dort kommt sie nicht zustande.

Als ein Beispiel haben wir schon das Schwarze Loch besprochen, den Jungbrunnen der Materie. Zuerst überwiegt die Absorption, die Vereinigung wächst, weil der innere Mangel auch durch Fusion nicht gedeckt werden kann. Als Folge zerstrahlt die Substanz völlig, die Emission löst die Absorption restlos ab, und so auch die Repulsion die Attraktion. Das Zentrum „unendlich großer Gravitation“ wird zum Urheber einer Emissionswolke von Kernmaterie, welche die gesamte Galaxie versorgt. Die Gravitation negiert sich selbst, hebt sich auf, verwandelt sich in ihr Gegenteil.

Nach dem Gravitations*gesetz* wäre ein solcher Vorgang verboten und unvorstellbar. Weil jedoch die wichtigste *Voraussetzung* weg fällt, der *stabile* Körper, enthebt sich das Gravitationsgesetz dort selbst seiner Gültigkeit. Es führt sich selbst ad absurdum, weil es nur die *halbe* Arbeit misst und berechnet, aber eine *ganze* Arbeit voraussetzt, die es nicht kennt.

Anzumerken ist, dass dies zu Zeiten Isaac Newtons noch gar nicht möglich war. Erst die Erforschung der „Wechselwirkungen“ hat zutage gebracht, was eine Substanz leisten muss, solange sie besteht und sich bewegt. Die Quantenphysik muss sich nur eingestehen, dass sie mit *realen* Inhalten hantiert, die *materiell* ausgetauscht werden, nicht lediglich mit Wirkungen elementarer Maße, mit „Quanten", die grundlos hin und her fliegen. Dann wird die Physik die widerspenstige Gravitation mit ihren gefügigen Grundkräften vereinen können.

Im Bild der Raumzeit tritt im „Gravitationszentrum" einer Galaxie eine *Unendlichkeit* aller Maße oder Zahlen zutage. Wir können sagen, das Unendliche ist der *Wechsel* der Erhaltungsweise *{These 135}*. Die Fesseln der Gravitation werden dort abgelegt und die vermessenen Quanten dürfen wieder fliegen, wie sie wollen oder können. Abermals hören sie nicht auf Gesetze und folgen keinen Kräften, sondern allein ihrer Erhaltungsarbeit.

4.9 Die Absorption des Sterns

Zuvor haben wir das *Emissionsverhalten* einer reisenden Quelle, etwa eines Sterns, betrachtet. Jetzt widmen wir uns der ebenso ausgereiften Technik der Selbsterhaltung, dem *Absorptionsverhalten* der Quelle. Der Stern fungiert jetzt als *Senke*, er nimmt Inhalte auf, die seinen chronischen Mangel an nuklearer Substanz verringern.

Der Emission des Sterns *muss* eine *Absorption* entsprechen, welche die Verluste ausgleicht, sonst ermatten Emission und Bewegung. Der Stern muss auch eine Senke sein, damit er Bestand hat. Dies gelingt viele Millionen Jahre lang. Dann wechselt mit der Erhaltungsarbeit die Bewegung. Eine neue „Sternphase" beginnt. Ihr muss auch eine andere Rotationsweise entsprechen, ein neuer Umlauf um das Zentrum *{These 136}*.

So lange können wir allerdings nicht zuschauen. Wir begnügen uns mit dem aktuellen Geschehen.

Wir begleiten eine reisende Senke, etwa unseren obigen Stern. Wir unterstellen nicht, dass er seine Galaxie *verlässt* oder *grundlos* von ihr entlassen wird. Nein, der Stern hebt nur ein wenig ab, generiert eine kleine Parabel zur Beruhigung der überhitzten Arbeit. Die Emission der Galaxie ist örtlich zu dicht geworden, eine Überlastung des sonst ruhigen Austausches ist aufgetreten. Ist die Emission zu intensiv, so erfolgt die Fluchtbewegung, die Repulsion. Zu dichter Äther wird verlassen.

Die Versorgung eines fliehenden Absorbers mit *neuen* Inhalten kann schlecht von rückwärts erfolgen, weil die Emission in Startrichtung erfolgt. Der Stern verlässt den ungeeigneten Äther, indem er *alte* Inhalte freisetzt. Die Versorgung muss überwiegend *von vorne* oder von den Seiten erfolgen. Unterstellen wir in Zielrichtung keine dominante Quelle von *neuen* Inhalten, kein himmlisches Versorgungszentrum, so genügt das diffuse Emittat seitlicher Quellen, zur Not ein brauchbarer Äther.

Der fliehende Stern absorbiert *von* vorne, zugleich emittiert er auch *nach* vorne, denn er hört nicht auf zu leuchten. Seine allseitige Emissionswolke wird vorne, in Zielrichtung, von der Absorption durchsetzt oder *durchdrungen*. Zur Veranschaulichung können wir uns einen flüchtenden Vogel vorstellen, der im Flug Warnrufe absetzt und atmet. Die Rufe sind Emission, der Atem ist Absorption. Beide durchdringen einander, und überlagern zudem den Wärmehaushalt des Vogels, mittels dem er seinen Flug generiert.

Der Umstand, dass neue Inhalte anzutreffen und zu verarbeiten sind, beruht auf dem *unabhängig* vorhandenen Äther. Dessen Dichte wird zwar infolge der Absorption verringert, das verändert jedoch nicht die Emission in Zielrichtung. Deren Dichte nimmt *nicht* infolge der überlagerten Absorption zu, sondern nur deshalb, weil die Quelle nachrückt. Analog saugt der Vogel Luft ein, verdünnt sie in nächster Umgebung. Der Klang des Vogelrufs wird jedoch nicht vom Atmen verändert, sondern davon, wie schnell der Vogel heran kommt.

Die Emission der *neuen* Überschüsse aus der frontalen oder seitlichen Absorption erfolgt nach der Verarbeitung. Aber wohin?

Erfolgt die Emission in Zielrichtung, so wird die Erhaltungsarbeit geschwächt, die Flucht erschwert. Eine Absorption *neuer* Inhalte *aus* dem Ziel, und dann Emission *derselben* Inhalte *gegen* das Ziel, das wäre widersinnige, doppelte Arbeit. Erfolgen sie gleich groß, so bleiben sie ohne Wirkung und scheiden als unwirklich aus. Wir müssen annehmen, dass die Emission in Startrichtung erfolgt.

Neben den *neuen* Inhalten finden sich im anzutreffenden Äther auch noch *alte* Inhalte. Die störende Emissionswolke der überhitzten Galaxie ist noch nicht verlassen, ist noch gegeben. Der Äther ist *gemischten* Inhalts, er ist teils geeignet, teils ungeeignet.

Aus den genannten Umständen ist notwendig zu folgern, dass eine Senke ihre Erhaltungsarbeit dem anzutreffenden Äther anpassen kann. Die Senke muss zur *Selektion* fähig sein *{These 137}*. Nachdem ein Stern seine Substanz aus Kernteilen bildet, muss die *Selektionsfähigkeit* schon in den Kernteilen gegeben sein. Nicht erst Atome, schon Atomkerne sind zur Selektion fähig *{These 138}*.

Ein Absorber trennt die Inhalte, die er aufnimmt, von jenen, die er freisetzt. Das erfolgt durch die *Anpassung* der *Rotationsweise*. Absorbierte Inhalte gehen in die Rotationsweise ein. Überschüssige Inhalte verlassen sie. *Was rotiert, das selektiert auch*. Die Erhaltungsarbeit *besteht* in der Anpassung der Rotationsweise. *{These 139}*.

Anders als die komplexe Vorderseite weist der *Start*kegel nur *einfache* Erhaltungsarbeit auf. In Startrichtung wird lediglich *emittiert*. Überschüsse aus allen Inhalten, aus den neuen, geeigneten, und aus den alten, ungeeigneten, werden möglichst in Startrichtung freigesetzt. Dabei muss die Emission in Startrichtung insgesamt größer sein als jene in Zielrichtung, sonst scheitert die Flucht. Eine erfolgreiche Emission wird seitlich zunehmen und in Startrichtung ihr Maximum erreichen.

4.9.1 Begegnung von Quelle und Senke

Nun wird eine Senke von Strahlung in wirksamen Abstand passiert, etwa die Erde. Keine Sorge, der wirksame Abstand ist unbedenklich groß. Er reicht gerade einmal hin, dass da am Himmel etwas Neues auftaucht. Die Erde taucht in die Emissionswolke des reisenden Sterns ein. Die Erde interessiert sich für den auffälligen Vagabunden. Sie wird zum Beobachter und fragt unter eifriger

Mitwirkung ihrer besorgten Bewohner „wo ist seine Galaxie geblieben? Ist er etwa ausgerissen?"

Wir unterstellen, dass die Neugierde der Erde ausreicht, sie ein wenig zu verändern. Sie reagiert, wird als Absorber tätig. Die Erde weist höchst delikaten Mangel auf, sie kann die interessante Emission des exotischen Vagabunden zur Auffrischung ihrer althergebrachten Anschauungen oder Inhalte brauchen, verarbeiten und ihrerseits die Überschüsse freisetzen. Das Althergebrachte rührt freilich allein daher, dass sich hierorts immer *irdische* Atome gegenseitig ver- und entsorgen. Soviel Tradition verträgt schon ein wenig Würze aus dem All.

Was die Erde an neuen Inhalten aufnimmt, das stammt aus den Emissionswolken des Vagabunden. Die Erde empfängt *niemals* den Vagabunden *direkt* oder unmittelbar, sondern lediglich seine Strahlung, seine „Signale" oder allwürzigen Spenden. Weil die Erde mit einigem Bewusstsein aufwarten kann, nämlich Tier und Mensch beschäftigt, können die Verständigen aus der inhaltlichen Spende auf die Quelle schließen.

Mittels des Verstandes „sehen" nun die verständigen Beobachter den nahenden Vagabunden. Das allerdings so, wie jeder einzelne Beobachter ihn auffasst oder „erkennt", nicht auch anders. Die inhaltliche, materielle Spende des Vagabunden ist zuvor zu verarbeiten, materiell und geistig auszuwerten, in jedem Auge, in jedem Gehirn *extra,* gesondert und spezifisch. Jeder Empfänger *macht* sich in der Folge ein richtiges Bild vom Sender, aber es ist *sein* Bild, *sein* geistiges Produkt, sein *gedankliches Erzeugnis*. Schließlich erfolgt die Verständigung, die Genese eines *gemeinsamen* Bildes vom Vagabunden.

Was ist *dort* oben? Was gibt es *da* zu sehen?

Das *„dort"* bezeichnet die *Quelle*. Das *„da"* bezeichnet die *Senke*. *Unbewusst weiß* der Verstand, dass er am Werk sein muss, soll er etwas „sehen". Die *gesehene* Quelle wird vom Verstand *rekonstruiert,* nicht auch anders wahrgenommen *{These 140}*.

4.9.2 Die Blauverschiebung

Die Erde wird zuerst von der *zielgerichteten* Emission des Sterns erreicht. Dabei wirkt nur die *Emission* auf die Erde ein. Die Absorption des Sterns muss zwar auch gegeben sein, aber die Erde ist keine geeignete Quelle. Die Erde kann *nicht* wahrnehmen, was der Vagabund seinerseits absorbiert.

Die Erde tritt in die Emissionswolke des Vagabunden ein und beginnt zu absorbieren. Sie kann den eintreffenden Inhalt verarbeiten, sie reagiert positiv. Ihre Erhaltungsarbeit nimmt an Inhalt und Tempo zu. Je näher der Vagabund kommt, desto *dichter* wird *sein* Zielkegel. Umso *schneller* wird die Erhaltungsarbeit der *Erde*. Die Erde setzt ihre Überschüsse in rascherer Folge frei. Die Frequenz *ihres* Lichtes steigt. Die Erhaltungsarbeit der *irdischen* Atome wandert von der Peripherie in das Zentrum. Die Spektrallinien wandern in Richtung der blauen Farben.

Ist die Senke ein Instrument, so *„meldet"* das Gerät eine *Blauverschiebung*. Allerdings ist diese Meldung *notwendig* das Licht des Instrumentes. Hat die Senke ein Bewusstsein, so „sieht" der irdische Beobachter eine Blauverschiebung und beurteilt spontan das Licht der *Quelle* als blauverschoben. Er übersieht, dass dieses Licht aus der Erhaltungsarbeit der *irdischen* Atome freikommen muss. Die Beurteilung gilt dem *falschen* Gegenstand. *Nicht* das Licht der Quelle ist blauverschoben, sondern das *eigene* Licht, das Licht der Senke *{These 141}*.

Allerdings hat die Quelle (der Vagabund) die Veränderung der Senke (der Erde) *erwirkt*. Der Zusammenhang ist *kausal*. Was können wir aus dem Licht der Senke (aus dem Licht der *irdischen* Atome) schließen, über die Quelle (über den Vagabunden) aussagen?

Wir urteilen, dass die Erhaltungsarbeit der Erde nur *deshalb* laufend zugenommen hat, weil der Vagabund dies entsprechend *verursacht* hat. Eine chronische Steigerung kann nur so erwirkt werden, dass ständig mehr neue Inhalte eintreffen und zu verarbeiten sind. Diese Bedingungen sind nur dann erfüllt, wenn sich die Quelle der Senke nähert. Der Vagabund kommt auf die Erde zu, er attrahiert. Nur dann nimmt die Dichte seines Zielkegels laufend zu. Reagiert die Senke blauverschoben, so nähert sich die Quelle *{These 142}*.

Die Aussage der Physik lautet, dass sich Sterne nähern, *deren* Licht blauverschoben ist. Das stimmt insofern, als sich der Vagabund nähert. Jedoch ist die Annahme falsch, dass *sein* Licht beurteilt wird. Zur Beurteilung liegt lediglich das *eigene* Licht vor, das von den *irdischen* Atomen zuletzt erübrigte Licht.

Wir merken uns die würzig verzwickte Geschichte einfach so: reagiert die Erde *blau*, so kommt einiges auf sie zu. Sie dürstet nach himmlischer Würze und strahlt nach ihrer Sättigung so blau, oder so gut als sie das eben kann.

Das beinhaltet einen nützlichen Hinweis. Wir können auch beurteilen, wie *schnell* sich der Vagabund nähert, denn umso *dichter* wird sein Zielkegel. Je dichter der Zielkegel wird, desto öfter wirkt er, desto rascher steigert die Erde *ihre* Erhaltungsarbeit, desto höher wird *ihre* Frequenz. Das ergibt eine *höhere* Blauverschiebung in ihrem Licht. Reagiert die Erde stark blauverschoben, so nähert sich der Vagabund rasch. Wieder ist der Zusammenhang kausal.

Wir prägen uns das womöglich so ein: Je *rascher* die Überlastung des Trinkers erfolgt, desto blauer wird *er*, nicht jedoch der Alkohol.

4.9.3 Die Radarmessung

Eine ganz *alltägliche* Bestätigung liefert umgehend die Behörde in Blau, wenn sie unliebsame Raser aus dem Verkehr zieht.

Radargeräte arbeiten mit Radiowellen. Das Auge kann sie nicht verarbeiten, und deshalb nicht sehen. Das Gerät hingegen kann Radiowellen erzeugen, aussenden und empfangen. Die Geräte können die Geschwindigkeit von *kommenden* Autos feststellen, indem sie die *Zunahme* der Frequenz messen und umrechnen.

Verwendet wird dazu jene zweite Radiowelle, die vom Auto reflektiert wird. Das Auto fungiert nun als Quelle, als strahlender Vagabund, das Gerät als Senke, als nüchterner Beobachter. Die *Sensoren* im Gerät arbeiten umso schneller, je schneller das Auto herankommt. Mit der Erneuerungsrate des Signals nimmt die Frequenz zu.

Könnten wir Radiowellen sehen, so würden wir eine Blauverschiebung der Spektrallinien wahrnehmen. Wieder würden wir sie irrtümlich der Quelle zuordnen, dem Auto. Das Auto *reflektiert* die Radiowellen zwar umso *öfter*, je *rascher* es herankommt, aber das Auto verändert keine einzige Radiowelle.

Das *Reflektieren* besagt, dass die Atome des Autos die Radiowellen *auf gleiche Weise* emittieren, als sie diese empfangen. Würden die Atome die Radiowellen umformen, so würden sie ihre eigene Substanz und Bewegung ändern. Das aber geschieht nicht.

Was sich in der Tat verändert, das ist die *Erhaltungsarbeit* der Sensoren im Radargerät. Die *empfangenden* Atome müssen schneller arbeiten. Sie verändern die Überschüsse, die sie freisetzen. Sie steigern die Frequenz *ihrer* Emission und verlagern deren Ursprung in das Zentrum. Das verschiebt die Spektrallinien.

Für die *Umrechnung* der Frequenzänderung in die Geschwindigkeit macht es allerdings keinen Unterschied, wessen Arbeit als ursächlich aufgefasst wird. Die Arbeit bleibt die gleiche, egal wer sie macht, die Quelle oder die Senke. Tritt die Arbeit auf, wird ihr Ergebnis sichtbar, dann wurde zu schnell gefahren.

4.10 Ferne Quellen

Wir können das Licht einer Quelle nur dann beurteilen, wenn wir selbst die Quelle zur Emission *veranlassen*. Wir können niemals eine gesicherte Aussage über das Licht einer fernen Quelle treffen, auf die wir keinen Einfluss haben. Denn empfangenes Licht liegt *niemals* unverarbeitet vor.

Wird das Licht der Quelle *ohne* Verarbeitung aufgenommen, so wird es *nicht* absorbiert, also überhaupt nicht gesehen oder wahrgenommen. Es wird ohne Wirkung wieder freigesetzt.

Wird hingegen das Licht der Quelle aufgenommen, so wird es auch *verarbeitet*, dies aber erfolgt durch die Senke. Wir werten dann jenes Licht aus, das die *letzte* Senke *zuletzt* erübrigt und freisetzt.

Auch das Spektrum, das wir beurteilen, ist nicht die Farbverteilung der Quelle, sondern das Spektrum der Senke. Wir beurteilen, wie sich *unsere* Instrumente, nämlich deren *irdische* Atome im Licht der Quelle erhalten. Wir beurteilen die *eigene* Erhaltungsarbeit nach jenen Veränderungen, welche die Quelle hervorruft. Anderes können wir nicht tun.

Wie bereits in These 111 besprochen, dürfen wir nicht behaupten, dass alles Licht im Universum aus *ähnlichen* Atomen kommen muss, weil die Spektren ähnlich sind. Was die Spektren *gleich macht*, das ist die *irdische* Verarbeitung des fernen Lichts. Weil sich die *irdischen* Atome erhalten können, geben sie zuletzt zwar modifizierte, aber doch ihre *eigenen* charakteristischen Überschüsse frei. Wie ferne Materie beschaffen ist, dass können wir erst dann beurteilen, wenn wir sie verändern können *{These 143}*.

Hingegen dürfen und müssen wir urteilen, dass das Licht auch fremder Quellen von irdischen Atomen *erfolgreich* verarbeitet werden kann, und zwar *neben* dem Sonnenlicht. Die Erhaltungsarbeit gelingt. Die Spektren bleiben *unverändert*, wie uns Michelson und Morley belehrt haben. Das fremde Licht ist selten so wirksam, dass es irdische Atome überlastet. Es muss sogar geeignet sein, *spezifischen* Mangel in irdischen Atomen auszugleichen, ansonsten würde es nicht absorbiert werden. Wir stehen in einer *notwendigen* Verbindung zu anderem Licht aus fremden Quellen. Unsere Atome haben nur Bestand, weil sie *auch* Sternenlicht aufnehmen und verarbeiten. Diese Arbeit erfolgt im Atomkern, wie uns die Schwarzen Löcher belehrt haben.

4.10.1 Die Passage

Wir haben die Reaktion der Erde auf einen Vagabunden ausgewertet, der sich *genähert* hat. Jetzt fliegt der angeblich blaue Vagabund mit seinem würzigen Licht an uns vorbei, das *unsere* Atome bisher zu schneller, blauer Arbeit anregte. Was geschieht jetzt?

Während der Passage des Vagabunden taucht die Erde in die seitlichen, *absorbierenden* Teile seiner Emissionswolke ein. Das Verhältnis dreht sich eine Weile um. Solange der Vagabund *absorbiert*, ist er in Wahrheit die aktuelle Senke. In dieser Phase nähert sich der Vagabund, weil er Emittat aufnimmt. Die Passage des Vagabunden erfolgt nicht linear, sondern krümmt sich zur Erde hin. Am Wendepunkt der Bahn ist der gegenseitige Abstand am geringsten.

Wir sehen eine *Anziehungskraft* der Erde wirken, ihre *Gravitation*, und erblicken in gewaltigen irdischen Kräften die Ursache für die krummen Sachen des Vagabunden. In diesem heiklen Verfahren „zieht" die Erde am reisenden Stern, am Vagabunden. Was für ein Kräfteverhältnis!

Ja, in der Tat ein falsches. Der Vagabund absorbiert keine Wärme aus der Erde, weil er viel heißer ist. Was er aufnimmt, das sind neue Inhalte aus der *Milchstraße*. Wir haben uns lediglich zu wichtig genommen, als zu einflussreich angesehen. Wenn Sterne ausreißen und vorbei schauen, dann verbeulen sie die Rotationsscheiben der Trabanten vielleicht ein wenig, lassen aber die Planeten als unbedeutend aus dem Spiel. Welche Emissionswolke eines Planeten könnte einen fremden Stern erreichen?

Allerdings müssen wir zugeben, dass der wackere Vagabund in der Tat seiner Galaxie *entwischt* ist. Wie er das gemacht hat, das ist völlig unerklärlich, passt aber exakt in unser loses Konzept der strengen Unterhaltung. Wir wollen nämlich klären, woran Ausreißer zu erkennen sind. Sind sie etwa wählerisch im Umgang mit der Gravitation?

Zum Glück greifen nun keinerlei weiteren tollkühnen Kräfte in das Geschehen ein, sondern lediglich die *Erhaltungsarbeit* des Vagabunden ändert sich ein Weile. Weil seine Absorption *seitlich dominiert,* erfolgt eine hyperbolische Bewegung zur Seite. Dann ist die leidige Milchstraße passé, das heißt, ihr Äther ist passiert.

Die alte Bewegung wird nach der Störung fortgesetzt, die alte Erhaltungsarbeit wieder aufgenommen. Der Vagabund hat im Allgemeinen Gesetzbuch für Alles das *„Gesetz der Trägheit"* gefunden und möchte in der Folge sein ausreichendes Verständnis der „schweren Masse" oder schwierigen Materie beweisen.

Während der Passage muss die Milchstraße ihrerseits *reagieren*? Sie gibt Strahlung ab, wenigstens seitlich, weil sie in dieser Zeit als Quelle fungiert?

Nein, das tut die Milchstraße unentwegt. Ihre Emissionswolke steht allen Reisenden zur Verfügung, die sich darin und daran gütlich tun. Aber dieses chronisch gastfreundliche Verhalten wird bislang nicht beobachtet, es liegen keine empirischen Befunde vor, die über die Hintergrundstrahlung hinaus gehen könnten.

Der *erste* Grund ist, dass der Äther wissenschaftlich abgeschafft wurde und mit ihm die Emissionswolken. An ihrer Stelle macht sich die Raumzeit breit. Sie expandiert aber nicht wie der Äther aus *realen* Quellen, sondern bevorzugt als Ursprung den wahrhaft göttlichen Funken des teuflisch garstigen „nichts".

Der *zweite* Grund ist der Glaube, dass das beurteilte Licht direkt und unmittelbar vom Reisenden stammt. Nur Vagabunden werden einer ergiebigen Spende verdächtigt, nicht auch die *eigenen* Atome.

Die notwendige *Erhaltungsarbeit* auf beiden Seiten, von Quelle und Senke, ist bislang überhaupt unbekannt. Anders aber *geschieht* in der Tat *nichts,* mit oder ohne Funke, *alles* bleibt finster und reglos. Das wahre Nichts ist das Ausbleiben der Erhaltungsarbeit und somit das Ausbleiben von Bewegung und Substanz. Bleibt die Erhaltungsarbeit aus, so bleibt alles nichts *{These 144}*.

4.11 Die Bedeutung der Rotverschiebung

Nach der Passage des erfolgreich entsprungenen Vagabunden wird sein *Startkegel* wirksam, jener Teil seiner Emissionswolke, in dem die Erneuerungsrate *niedrig* ist und die Dichte mit der Streuung *abnimmt*. Die Frequenz ist zwar geringer, aber wieder konstant, weil Bewegung und Emission gleich bleiben. Wie reagiert die Erde, wenn sie in den Startkegel des Vagabunden eintaucht?

Nun verlangsamt sich die Erneuerungsarbeit der *irdischen* Atome, weil mit dem Nachschub der Quelle die Inhalte des Kegels abnehmen. Absorption und Emission wechseln in *größeren* Intervallen, die Frequenz nimmt ab. Die irdischen Atome geben ein Licht frei, dessen Spektrallinien *rotverschoben* sind.

Was kann die Erde aufgrund *ihrer eigenen* Veränderung auf den Vagabunden schließen?

Die Frequenz der Erhaltungsarbeit kann nur dann abnehmen, wenn die zu *verarbeitenden* Inhalte abnehmen. Die Dichte der Emissionswolke muss sinken. Das kann sie nur tun, wenn sich die Quelle entfernt. Der Vagabund reist weiter, auch die Milchstraße genügt nicht seinen gehobenen Ansprüchen.

Wieder ist auch die Beurteilung möglich, wie rasch der Vagabund flüchtet. Zwar erfüllt schon seine *konstante* Flucht die Bedingung, dass die Erhaltungsarbeit abnimmt, aber *wie schnell* die Arbeit *nachlässt,* das entscheidet sich am Tempo der Flucht. Je *höher* die Rotverschiebung im Licht der irdischen Atome auftritt, desto *rascher* flieht die Quelle.

Falsch ist allerdings die Beurteilung, dass fliehende Atome alle gleich sein müssen, weil ihre Spektren gleich aussehen. Es liegen ja *nicht* die Spektren der fliehenden Atome vor, sondern wieder nur die Spektren der Instrumente. Richtig ist wieder nur, dass die Erhaltungsarbeit der *irdischen* Atome gelingt, auch wenn sich fremde Quellen entfernen. Deshalb bleiben die *eigenen* Spektren erhalten und charakteristisch.

Wir fassen die gegenseitige Arbeit zusammen:

Wenn sich eine Quelle (ein Stern, der Vagabund) *nähert,* so wandert die Erhaltungsarbeit der Senke (der *irdischen* Atome) von der Peripherie *in das Zentrum.* Die Senke arbeitet schneller, ihre Überschüsse werden öfter freigesetzt. Das Licht der Senke wandert von Rot nach Blau und nimmt die Spektrallinien mit. Das *irdische* Atom setzt Licht mit *Blauverschiebung* frei, wenn ein Stern herankommt, *attrahiert.* Attraktion der Quelle *erzeugt Blauverschiebung* im Emittat der Senke.

Wenn sich eine Quelle *entfernt,* dann wandert die Erhaltungsarbeit der Senke vom Zentrum *in die Peripherie* des Atoms. Die Arbeit der Senke wird langsamer, ihre Emission erfolgt seltener. Das Licht der Senke wandert jetzt von Blau nach Rot, ebenso die Spektrallinien. Das *irdische* Atom setzt Licht mit *Rotverschiebung* frei, wenn ein Stern flieht, *repulsiert.* Repulsion der Quelle *erzeugt Rotverschiebung* im Emittat der Senke.

Beide male ist *vorausgesetzt,* dass die Senke auf die Quelle reagiert, dass sie deren Inhalte aufnimmt. Das Emittat der Quelle muss die Erde erreichen. Es liegt dann ein *gemischter* Äther als Habitat der irdischen Atome vor. Der alte, ruhige, irdische Äther entspricht der gemeinsamen Verarbeitung des Sonnenlichts. Hinzu kommt der neue, fremde Äther als Würze des konventionell langwierigen Daseins.

4.11.1 Strukturen haben spezifischen Äther

Nun lassen wir die Voraussetzung fallen, dass das Emittat des Vagabunden hierorts Gefallen findet. Die Erde reagiert *nicht* auf die neue Quelle, weil sie deren Inhalte nicht aufnehmen und verarbeiten kann. Wir unterstellen, dass die Inhalte von Quelle und Senke zu verschieden sind. Was ist die Folge?

Die Senke sieht *keine* Quelle. Die Erde sieht *keinen* Vagabunden. Die Quelle ist dunkel, sie besteht aus zu fremdartiger Materie, die unbrauchbare Inhalte freisetzt. Die Quelle wirkt nicht, sie ist *un-*

wirklich. Da beschwert sich sogleich unser Vagabund, wir haben ihm das Sein entzogen, versagt. Er konnte nur deshalb ausreißen, seiner Galaxie entwischen, weil er fiktiv ist, nichts weiter als eine literarische Quelle der Erleuchtung.

Die Beschwerde ist erfolgreich, wir passen unsere *Voraussetzung* an. Die Senke reagiert *doch* auf die Quelle. Wir lassen die Quelle wirksam und wirklich sein, wir schwächen nur ihre Wirkung ab. Die Senke reagiert nur schwach auf die Quelle. Die Erde sieht ein klein wenig Vagabund.

Die Quelle ist nur schwach von anderen Quellen *unterscheidbar*, weil ihre freigesetzten Inhalte sich unterwegs mit allen anderen Emittaten *vermischt* haben. Das Licht der Quelle ist noch nicht erloschen, hebt sich aber nur mehr unmerklich vom Hintergrund ab. Die Erde sieht einen Lichtpunkt unter anderen.

4.11.2 Die resultierende Hintergrundstrahlung

Dann passiert es. Der *Unterschied erlischt*. Die Emittate aller Sterne vermischen sich restlos. Wir erhalten die Hintergrundstrahlung, ganz ohne altehrwürdigen Urknall *{These 145}*. Uns genügt die Entfernung der Quelle.

Je ferner eine Quelle ist, desto *weniger* wirkt sie, desto schwächer *reagiert* die Senke. Das ergibt notwendig Strukturen und deren *spezifischen* Äther. Quellen und Senken gruppieren sich so, dass ihr gemeinsamer Äther zur gegenseitigen Ver- und Entsorgung genügt.

Wie gruppieren sich Quellen und Senken? Indem sie sich bewegen. Wie bewegen sie sich?

Indem sie den *verfügbaren* Äther aufnehmen, verarbeiten und freisetzen. Die *Reichweite* der *wirksamen* Emissionswolken entscheidet über die Größe der Strukturen *{These 146}*. Die Wirksamkeit endet mit dem *Absorptionsvermögen*.

Wir bemerken, dass die Erhaltungsarbeit auch dann abnimmt, wenn die gegenseitige Entfernung bereits *vollzogen* ist. Zwischen den Strukturen erlischt der Austausch bis auf die Hintergrundstrahlung, weil *neue* Inhalte gegenseitig nicht erforderlich, sondern überflüssig sind. Die Strukturen bilden einander fremde, *selbständige* Substanzen. Das ergibt ein Universum *ohne* Expansion oder Zusammenfall.

4.11.3 Entfernung und Streuung

Wir *sehen* aber die *hohe* Rotverschiebung, und sie bedeutet hohe Geschwindigkeit. Also sehen wir doch unleugbar die *Expansion,* mit oder ohne Raumzeit. Wie passt das zusammen?

Je schneller die Quelle flieht, desto schneller reagiert die Senke. Die Erhaltungsarbeit der Senke *verlagert sich umso rascher* vom Zentrum in die Peripherie. Irdische Atome zeigen umso höhere Rotverschiebung, je schneller die Sterne fliehen. Soviel ist richtig, ist jedoch zuwenig.

Die Senke muss nämlich nur *anfangs* schnell reagieren. Bald genügt abnehmendes Arbeitstempo, denn alsbald wirkt die zunehmende *Entfernung* der Quelle.

Die Dichte des Startkegels der Quelle nimmt mit der Streuung ab, immer *weniger* Inhalte sind zu verarbeiten. Die Wirkung des Vagabunden nimmt mit seiner Entfernung ab, und damit die Arbeit der Erde.

Zuerst wird die Erhaltungsarbeit *rasch* von der Peripherie des Atoms übernommen, was *hohe* Rotverschiebung ergibt. Dann *bleibt* die Erhaltungsarbeit im irdischen Atom jedoch *peripher* angesiedelt. Die Frequenz des irdischen Atoms sinkt *anfangs rasch* und dann *allmählich,* bis die Erhaltungsarbeit auch der äußeren Schalen schließlich zur Ruhe kommt.

Die Spektrallinien sind *sowohl* anfangs *als auch* später stark gegen Rot verschoben, aber die *Ursache* ist inzwischen eine *andere* *{These 147}*. Zuerst wirkt die *Fluchtgeschwindigkeit* der Quelle, dann ihre *Entfernung*. Zuletzt muss die Quelle erlöschen, ihre Wirksamkeit einbüßen. Sie ist dann für die Senke unwirklich geworden. Wirklichkeit ist relativ *{These 148}*.

Wir verabschieden hier den ins Dunkel des Hintergrunds entwischten Vagabunden. Er strahlt zwar sehr darüber, aber seine literarische Wirklichkeit ist inzwischen zu weit entfernt, als dass sie sich noch irdisch hervortun könnte. Wir verwenden jetzt eine betont friedliche *Rakete* als Lichtquelle. Solche Ausrüstung ist in physikalischen Gedankenexperimenten durchaus beliebt, also nehmen wir eine Anleihe bei physikalischem Gedankengut.

Wir schwenken unser Messinstrument, vereinfacht ausgedrückt eine Kamera samt Prisma. Wir lösen den Verschluss, sobald die fliehende Rakete gut von hinten zu sehen ist, also in einem flachen Winkel. Das ergibt eine *späte* Aufnahme. Sie ist verwackelt und unscharf. Also montieren wir die Kamera fix, berechnen Bahn, Winkel und Entfernung, und lassen die Kamera automatisch auslösen. Die abermals *späte* Aufnahme ergibt eine *hohe* Rotverschiebung.

Wir denken, dass Aufnahmewinkel und Zeitpunkt keinen Unterschied machen, weil die Flucht*geschwindigkeit* der Rakete und *ihr* Licht konstant sind. Aber da irren wir uns im Urheber der Rotverschiebung, die wir errechnet haben, aufnehmen und beurteilen. Die Atome in der *Linse* des Objektivs sind der Spender des bereits *verarbeiteten* Lichtes, das wir analysieren. Die *empfangenden* Atome reagieren zu einem *späten* Zeitpunkt des abnehmenden Austausches, wo sie *nur mehr langsam* arbeiten müssen.

Zum Vergleich verwenden wir jetzt ein *Auto* als Lichtquelle.

Flieht das Auto *langsam,* so muss das Aufnahmegerät anfangs nur *langsam* reagieren. Die Erhaltungsarbeit wandert seitens der Senke wieder in die Peripherie der Atome, aber *nicht so schnell* wie zuvor bei der Rakete, die Rotverschiebung fällt *geringer* aus. Dann sinkt das Arbeitstempo weiter, aber diesmal langsamer als zuvor bei der Rakete. Die Frequenz ist anfangs mittel und sinkt dann langsam weiter ab. Die Rotverschiebung ist *anfangs* mittel und wird dann allmählich immer höher.

Jetzt vergleichen wir unsere beiden Analysen. Eine *schnell* fliehende Lichtquelle erzeugt eine *hohe* Rotverschiebung seitens der Senke. Eine *langsam* fliehende Quelle erzeugt eine *mittlere* Rotverschiebung im Licht der Senke. Unsere *Voraussetzung* ist bestätigt, je *schneller* die Quelle flieht, desto *höher* ist die *gemessene* Rotverschiebung.

Wir bestätigen unser *„Naturgesetz"* durch wiederholte Messungen und erhalten *immer* eine Bestätigung des Zusammenhangs. Wir schließen, dass hohe Rotverschiebung *immer* hohe *Fluchtgeschwindigkeit* anzeige, weil sie *allein* durch diese hervorgerufen werde. Dieser Umkehrschluss ist jedoch falsch, weil er die *zweite* Ursache *negiert*, die *später* wirksam wird, nämlich die Entfernung.

Aufgrund unserer richtigen, aber *unvollständigen* Voraussetzung entgeht uns, dass die Rotverschiebung *auch mit* und *infolge* der *bloßen Entfernung* der Quelle anwächst. *Unabhängig* von der Fluchtgeschwindigkeit arbeitet die Senke nach einer Weile *nur mehr peripher* und *deshalb* mit hoher Rotverschiebung *{These 149}*.

Jetzt packt uns der Zweifel. Aber wir *sehen* doch die Quelle, wir sehen was sie tut. Egal wie weit weg sie ist, sie sendet immer *ihr* Licht, es ist immer ihr Licht. Es kommt nur darauf an, wie schnell die Quelle ist. Sie allein erzeugt die Rotverschiebung?

Lassen wir einmal alle Instrumente weg, alle Glaslinsen, Spiegel, Prismen oder Filter, alle Materialien, die unser *direktes* Sehen stören könnten. Jetzt muss doch klar sein, dass unser Sehsinn das Objekt direkt und unverfälscht erfasst, da wir sein Licht unverändert aufnehmen. Wer könnte daran zweifeln?

Fragen wir Arthur Schopenhauer. Er antwortet, dass wir *zwei* Augen haben, also *zwei* Gestalten empfangen. Wir werten sie beide aus und machen daraus *ein* Abbild. Unser Sehsinn ist eine Arbeit des Verstandes. Dieser Sinn lernt schon als Baby, aus *zwei* Bildern *ein* Objekt zu machen. Im Zweifel beauftragt er die Hände, doch besser nach zu fassen, das Objekt zu begreifen. Ist nur eines zu ertasten, zu begreifen, dann haben wir richtigen Sehsinn entwickelt. Auch unser leibeigener Aufnahmeapparat muss arbeiten, damit er funktioniert. Auch die Atome unserer zwei Augen können nur *verarbeitetes* Licht, also nur ihr *eigenes* Licht zur Beurteilung spenden.

Deshalb dürfen wir auch getrost alle Hilfsmittel und Geräte wieder dazwischen schalten, die uns beim Sehen helfen. Alle sind sie zuerst Senke und dann Quelle. Immer wird die Erhaltungsarbeit *übertragen*. Immer muss aus der Arbeit der Senke *rekonstruiert* werden, was die Quelle ist und was sie tut, wie sie agiert.

4.11.4 Die Übertragung der Erhaltungsarbeit

Hilft es, wenn wir aus den Momentaufnahmen Filme machen? Wir könnten doch die *Senke* filmen und nachvollziehen, wie sie auf die kommende und fliehende Quelle reagiert?

Wir müssen den entwischten Vagabunden aus dem Dunkel locken. Er soll nochmals vorbei kommen und wir filmen unsere irdischen Atome bei der Arbeit. Wir schauen, was sie für unseren Sehsinn übrig haben, wenn der Vagabund sein Emittat verdichtet oder verdünnt. Wir erreichen ihn leider nicht, also bemühen wir einen künstlichen Mini-Stern, dessen Reiselust ins Labor passt.

In dieser Versuchsanordnung haben wir eine bewegte, ursächliche Lichtquelle, den Mini-Stern. Zudem arbeitet die ruhende Kamera so wie vorhin. Wir beobachten nun die Tätigkeit der Kamera, wie *sie* reagiert. Sie sendet ihre Emittate, ihr Licht aus. Das Licht der Kamera fangen wir ein mittels weiterer Aufnahmegeräte, aus verschiedenen Winkeln zu verschiedenen Zeiten.

Wir beurteilen das Lichtspektrum der *Kamera* anhand der Spektren der Aufnahmegeräte. Weil Kamera und Aufnahmegeräte relativ ruhen, übertragen sie ihre Erhaltungsarbeit zwar gegengleich, aber *kausal* und *ungestört*. Jeder Absorption folgt eine entsprechende Emission.

Ergeben sich *gemeinsame* Unterschiede in der Verschiebung der Spektrallinien bei den Aufnahmegeräten, dann müssen wir urteilen, dass das Spektrum der Kamera die *veränderliche Arbeitsweise* der Kamera abbildet, ihre Reaktion auf den Mini-Stern. Wir können dann den Austausch rekonstruieren, der zwischen Mini-Stern und Kamera stattgefunden hat. Auf diese Weise finden wir heraus, wie die Erhaltungsarbeit der *irdischen* Atome funktioniert, wie sie auch von fernen Quellen übertragen wird.

Dieser Wink an entsetzte Kosmologen mag sie trösten. Wenn ich ihrem Weltbild wichtige Grundlagen entziehe, so muss ich wohl auch angeben, wo und wie ein besseres Abbild der Materie zu finden ist. Das Labor ist ein Beschleuniger und der Mini-Stern ist ein Atom. Die Kamera sendet wiederholt oder laufend das Spektrum *ihrer* Atome zur Analyse. Die Analyse erfolgt möglichst oft vor und nach der Passage des Mini-Sterns. Welche Neuigkeiten sind seitens der Kamera zu erwarten?

Anfangs sendet sie blauverschoben, nach der Passage rotverschoben. Soviel ist bekannt. Neu zu erwarten ist, dass die Rotverschiebung auch *dann* zunimmt, wenn *lediglich* die Entfernung des Atoms wächst.

Dann sieht der Kosmos plötzlich ganz anders aus?

Nein, wir sehen auch dann weiterhin denselben Sternenhimmel. Aber was wir sehen, das müssen wir dann *neu beurteilen*. Wir müssen uns ein besseres Bild *machen* aus den vielen Gestalten, die wir neugierig und zahllos bei uns aufnehmen.

4.12 Die Beurteilung des Universum

Wenn wir das Universum richtig beurteilen wollen, dann müssen wir von der *atomaren Erhaltungsarbeit* als Ursache des Lichtaustausches ausgehen. Welches Bild ergibt sich?

Mehr als zwei Drittel der Galaxien zeigen eine *hohe* Rotverschiebung. Gesehen wird das von der Erde. Wie ist das zu beurteilen?

Es gibt drei Möglichkeiten:

Entweder (a) repulsieren die Galaxien und die irdischen Atome reagieren ihrerseits mit Verschiebung der Erhaltungsarbeit in die Peripherie.

Oder (b) die Galaxien bewegen sich gemäß ihrer Erhaltungsarbeit und lediglich die Erde mindert ihre Absorptionstätigkeit.

Oder (c) das Licht zwischen Quelle und Senke altert, verliert an Wirksamkeit.

4.12.1 Möglichkeit a)

Im Fall (a) ist die Emission der Milchstraße ungeeignet für die Erhaltung der anderen Galaxien. Beide Seiten reagieren mit Emission und Repulsion. Beide Seiten entfernen sich voneinander. Auf beiden Seiten arbeiten die Atome peripher und setzen dabei rotverschobenes Licht frei. Warum aber sollte die Rotverschiebung mit der bereits erzielten Entfernung weiter zunehmen? Ist diese Beurteilung richtig?

Beobachtet und gemessen wird die höhere Rotverschiebung. Die Erde arbeitet langsam, weil die ferne Galaxie nur mehr schwach wirksam ist. Die höhere Rotverschiebung zeigt in der Tat eine höhere Entfernung der Quelle an. Wir dürfen und müssen aus der Rotverschiebung auf die Entfernung schließen. Die Rotverschiebung ist als Entfernungsmesser tauglich.

Nun tritt das Diktum hinzu, dass höhere Rotverschiebung immer zugleich eine höhere *Geschwindigkeit* der Quelle anzeige. Dieser Zusammenhang ist jedoch ein Spezialfall, wie wir oben gezeigt haben. Die höhere Rotverschiebung beruht *am Anfang* der Begegnung auf der *rascheren* Verlagerung der Erhaltungsarbeit in die Peripherie. Die *erste* Ursache der Rotverschiebung ist die *schnelle* Reaktion der Senke. Das ist hier allerdings Jahrmillionen her.

Dann *verbleibt* die Verarbeitung des Lichts in der Peripherie und wird immer langsamer, weil die Wirkung des fernen Lichts abnimmt. In der Folge wird die Rotverschiebung immer höher, auch wenn die Geschwindigkeit der Quelle abnimmt. Die *zweite* Ursache der Rotverschiebung ist die *ermüdende* Reaktion der Senke.

Was gilt nun im Kosmos? Wirkt die *Geschwindigkeit*, oder wirkt die *Entfernung* als Ursache?

In dem Maße, als die atomare Erhaltung auf beiden Seiten gelingt, nimmt die gegenseitige Emission ab. Nimmt die repulsive Emission ab, so nimmt auch die Geschwindigkeit der Entfernung ab. Die Entfernung nimmt zwar noch zu, das aber mit schwindendem Nachdruck. Die Trennung erfolgt immer *langsamer*, sie war bereits erfolgreich. Beide Galaxien haben ihre gesonderten Inhalte bereits vereint und bedürfen keiner weiteren Steigerung des Austausches, weder durch Aufnahme noch durch Freisetzung.

Das gegenseitig ausgetauschte Licht wird nur mehr *selten* erzeugt und verliert an Wirksamkeit. Solches, an Wirkung armes Licht muss seitens der Senke eine *hohe* Rotverschiebung generieren. Die Atome der Senke reagieren peripher, und das in geringem Ausmaß. Sie arbeiten langsam, womöglich bereits langsamer als die Atome der Quelle. Seitens der Senke geben die Atome selten Überschüsse aus der Verarbeitung ab, und das mit *abnehmender* Tendenz. Die Spektrallinien entstehen in zunehmend niedrigen Frequenzen, das ist, sie verschieben sich zunehmend nach rot.

Richtig ist, dass die Entfernung zunimmt. Falsch ist die Beurteilung, dass die wachsende Rotverschiebung eine wachsende Geschwindigkeit der Trennung anzeige. In Wahrheit nimmt die Geschwindigkeit der Repulsion ab, weil inzwischen die Entfernung die hohe Rotverschiebung seitens der Senke generiert. Was zuletzt an Wirkung übrig bleibt, das ist die Hintergrundstrahlung.

Ein zunehmend schwächer reagierender Absorber muss eine zunehmende Rotverschiebung aufweisen und melden, denn er generiert sie selbst. Was er beurteilt, ist seine *eigene* Erhaltungsarbeit, die von innen nach außen wandert und auf diese Weise erfolgreich ist. Die zunehmende Rotverschiebung besagt nicht, dass sich die

Quelle schneller bewegt, sondern dass ihr Licht immer peripherer verarbeitet wird *{These 150}*.

Gänzlich fehl geht die Interpretation der Rotverschiebung in der Behauptung, dass sich die Galaxien umso schneller entfernen, als sie das bereits getan haben. Da soll die *erste* Ursache weiter wirken, die *Geschwindigkeit* von Aktion und Reaktion, obwohl sie inzwischen von der *zweiten* Ursache abgelöst wurde, von der *Entfernung* und Schwächung der Wirkung.

Da beginnt das ganze Universum umso mehr zu rasen, umso größer es schon ist. In der Folge wird ein ursächliches Zentrum des vermeintlichen Aufblähens *benötigt*, der Urknall. Kein Problem, er ist somit gefunden, entdeckt. In einem logischen Zirkel wird zuerst eine zentrale Ursache *postuliert*. Dann beweist sie sich selbst durch die Wirkungen, die ihr zugeschrieben werden, zu deren Genese sie *vorausgesetzt* wurde. Da beweist ein Kind, dass es seine Eltern in die Welt gesetzt hat, weil es sonst nicht da wäre.

Zudem wird der „eiligen Wandlung von nichts in alles" unterstellt, mit dem Alter rasend an Wirkung zu gewinnen. Die Expansion der Raumzeit soll fortschreiten, um den unumstößlichen „Satz von der Energieerhaltung" zu retten. Weil sich die Raumzeit ausdehne, verliere das Licht an Energie und könne auf diese Weise gefangen bleiben, vor dem abgeschobenen Nichts gerettet werden. Da wird die Raumzeit zum Käfig der Welt und des Lichts. Das Licht kehrt um, bevor es das Gehege der Vorsehung verlässt.

Rund um dieses Gehege soll das vorige Nichts sein oder verbleiben. Die Wandlung von nichts in alles mittels Urknall ist nur partiell erfolgt, nur dort, wo wir sind. So muss das alles gewesen sein, weil wir sind. Wir sind selbst jenes Kind, das seine Eltern in die Welt setzen möchte, das den Akt der Schöpfung für sich begehrt und behauptet.

Was geschieht unterdessen wirklich?

Die Galaxien, die repulsieren, entfernen sich zunehmend *langsamer*. Das besagt ihr altes, an Wirkung abnehmendes Licht. Inzwischen können dieselben Galaxien sogar attrahieren, nur ist ihr aktuelles, jüngeres Licht noch auf Reisen und wird uns vielleicht gar nicht erreichen. Einstweilen müssen wir ihr altes Licht beurteilen. Wie tun wir das?

Zunehmende Rotverschiebung beruht auf *abnehmender* Erhaltungsarbeit der *Senke*, nicht auf *zunehmender* Erhaltungsarbeit der Quelle *{These 151}*.

Eine Quelle kann ihre Bewegung nur vermehren, indem sie ihre Erhaltungsarbeit steigert, nicht mindert. Wachsende Geschwindigkeit bedeutet *höhere* Frequenz, nicht jedoch sinkende. Also kann eine *schneller* werdende Quelle *niemals* wachsende Rotverschiebung erzeugen, sondern immer nur *abnehmende* Rotverschiebung. Eine Senke arbeitet schneller, wenn die Quelle öfter emittiert. Die Senke arbeitet nur dann *langsamer*, wenn die Emittate der Quelle *seltener* eintreffen. Nur dann steigert die Senke die Rotverschiebung in ihrem Licht.

Eine Korrelation zwischen Entfernung der Quelle und Reaktion der Senke ist gegeben, sie ist verkehrt proportional. Fall (a) sagt uns, dass es ferne Quellen von Licht gibt, auf die wir schwach reagieren. Je schwächer wir reagieren, desto ferner ist die Quelle anzusiedeln.

4.12.2 Möglichkeit b)

Wie sieht der Austausch von Strahlung im Fall (b) aus? Bei dieser zweiten Möglichkeit verlangsamt die Erde ihre Absorptionstätigkeit.

Die beobachteten Galaxien bewegen sich und senden ihr Licht. Mehr wollen wir nicht voraussetzen, weder Geschwindigkeit noch Art des Lichts. Das angereiste Licht wird seitens der Erde absorbiert, es wird von irdischen Atomen aufgenommen. Dann arbeiten die Atome und setzen ihre Überschüsse frei. Diese Überschüsse zeigen eine hohe Rotverschiebung. Das besagt, dass die irdischen Atome mit Erhaltungsarbeit in den äußersten Schalen reagieren, in den niedrigsten Frequenzen.

Bleibt die Erhaltungsarbeit *peripher*, so ist das fremde, ankommende Licht wenig wirksam. Es wird nur geringfügig zur Erhaltung benötigt und langsam verarbeitet. Je länger die Verarbeitung des fremden Lichts im irdischen Atom dauert, desto langsamer erfolgt auch die Freisetzung der überschüssigen Reste. Wieder generiert der Empfänger selbst die höhere Rotverschiebung. Was er zeigt, das ist auch im Fall (b) der Erfolg seiner Arbeit.

Für die fernen Quellen besagt das nicht, dass sie schnell unterwegs sind, und schon gar nicht, dass sie sich umso schneller bewegen, umso mehr ihre Lichtspende rotverschoben verarbeitet wird. Vielmehr ist der Austausch so zu beurteilen, dass das Licht umso *langwieriger* verarbeitet wird, je fremder es ist, je ferner seine Quellen sind.

4.12.3 Möglichkeit c)

Bleibt Fall (c) zu beurteilen, in dem das Licht altert. Dieser Vorgang ist in der Physik nicht zugelassen. Deshalb haben wir uns mit einem Denken zu begnügen, das nicht durch Rechnen ersetzt wird.

Das Licht altert, indem es an Wirksamkeit verliert. Aus physikalischer Sicht nehmen Frequenz und Energie ab, weil die Raumzeit mit ihrer Expansion die Photonen verschleppt, sodass ihre Reise immer länger wird.

Nimmt die Frequenz ab, so sinkt die Erneuerungsrate seitens der Quelle. Der Stern, der Sender arbeitet langsamer. Welche Unterschiede sind zu erwarten?

Junges Licht erzeugt seitens der Senke *dieselbe* Erhaltungsarbeit wie seitens der Quelle. Das ist unser Verstand gewohnt, weil irdische Atome ähnlich arbeiten. Deshalb urteilen wir sofort und ohne Bedenken über die Quelle, sobald wir auf ihr Licht reagieren. Das

Licht der Quelle ist ihr Überschuss an Sonnenlicht, den sie wieder freisetzt. Damit können wir umgehen, weil unsere Atome dasselbe tun.

Wir sehen die Dinge spontan so „wie sie sind", so denken wir. Aber was wir unterdessen eigentlich tun, ist *mehr* als wir annehmen, denn wir verarbeiten das Licht der Dinge und werten es aus. Das macht auf der Erde keinen Unterschied, weil er materiell nicht auftritt. Wir verarbeiten immer Sonnenlicht, ganz gleich, wer das schon vor uns getan hat. Auch unsere Atome geben Sonnenlicht ab, das sie ihrerseits verarbeitet haben. Also sehen wir immer Sonnenlicht *nach* seiner Verarbeitung durch irdische Atome. Unser Auge tut dasselbe. Unsere Nerven und Gehirnzellen werten aus, was die Atome der Netzhaut freisetzen. Auch das ist verarbeitetes Sonnenlicht.

Werten wir hingegen *fremdes* Licht aus fernen Quellen aus, dann macht die Trennung von Quelle und Senke Unterschiede, die wir richtig beurteilen müssen.

Altes Licht verliert *materiell* an Gehalt, der vom Äther aufgenommen wird. Wir können uns das Erlöschen des Lichts so vorstellen, dass der Äther für das nächste neue Photon nicht mehr genug gleichartige Substanz beinhaltet. Unterbleibt die Vereinigung von Äther zum nächsten Photon, so ist damit die Aufnahme in den Äther erfolgt. Das aufgelöste Photon ist dann Inhalt des Äthers geworden. Die Lichtquelle hat den Äther so gespeist, wie das alle Quellen von Licht tun.

Das Erlöschen des Lichts ist zwar nach Maß und Zahl nicht zugelassen, weil die Lichtgeschwindigkeit konstant ist, es geschieht aber trotzdem. In der Physik ist dieser Vorgang als „Interferenz" bekannt. Da paaren sich Wellen solange und vereinen sich samt Höhen und Tiefen rundum, bis das Meer weithin genug beglückt wurde und darob wieder glatt und ungerührt verharrt.

Hier, im Fall (c) ist der verschmähte Äther der dunkle Ozean der Photonen, er nimmt alle Erregung und Paarung von Lichtwellen mit derselben Beharrlichkeit und Effizienz auf wie das wissenschaftlich zugelassene Meer.

Solch stiller Hunger des Dunkels tut der *Geschwindigkeit* des Lichts keinen Abbruch. Weil sie, die „absolute Geschwindigkeit" aus absolut resistenten Zahlen gemacht wurde, fliegen die Garanten der Geschwindigkeit, wie schon gesichtet und berichtet, allein unbeirrt weiter. Nichts könnte „Kilometer pro Sekunde" etwas anhaben, dem Gebilde steht ewige Jugend im Geiste zu. Zur Probe erheben wir die Lichtgeschwindigkeit zur kosmischen Einheit und titulieren sie „Eins". Dann erhellt sofort die Unzerstörbarkeit, Unerschütterlichkeit und Absolutheit von Eins. Eins bleibt immer Eins.

Aber, wir erinnern uns, keine Geschwindigkeit kann jemals Ursache sein, weil sie niemals wirken kann. Keine Geschwindigkeit ist wirklich *{These 152}*. Sie ist nur ein Verhältnis von Maßen, von Zahlen. Zahlen können nicht wirken, sondern nur zählen. Maße sind lediglich Vergleiche. Nur weil in der Physik Bewegung und Geschwindigkeit gedanklich gleich gesetzt werden, kommt der Irrtum zustande, die Geschwindigkeit des Lichts könne kausal etwas bewirken oder erklären.

Keine Geschwindigkeit ist Teil der Materie, auch nicht jene des Lichts. Zahlen sind und bleiben im Gehege des Bewusstseins, wo sie ihre zahlreichen, und allein zählenden Dienste tun. Nur die *Bewegung* ist Teil der Materie, nämlich ihre Daseinsweise, ihr Wechsel von Inhalt und Form. Nicht die Geschwindigkeit des Lichts ist Teil der Materie, sondern vielmehr seine Bewegung *{These 153}*.

Wechselt das Licht Inhalt und Form, so müssen sich sein Inhalt und seine Form mit der *Zusammensetzung* jenes Äthers verändern, den das Licht zu sich verarbeitet, in dem es sich fortpflanzt. Das Licht durchquert kein Vakuum, keinen leeren Raum. Das Licht „durchquert" auch nicht den Äther, sondern *erneuert* sich aus ihm. Das aber kann nicht ewig gleichartig gelingen, weil der Äther nicht homogen ist. Die Alterung des Lichts ist unumgänglich und erklärt sein Erlöschen, seine Auflösung in den Äther *{These 154}*.

Was besagt Fall (c) für die Rotverschiebung?

Je entfernter die Quelle Licht freisetzt, desto länger ist das Licht auf Reisen, umso mehr altert es, verliert es an Wirkung. Wir können auch sagen, nur ein Rest bleibt für die Absorption durch die Senke übrig, kommt überhaupt bei der Senke an. Frühere Teile hat der Äther unterwegs aufgenommen. Welche sind nun die dauerhaftesten Teile des Lichtes?

Es sind die inhaltsreichsten, gehaltvollsten Inhalte des Lichtes, die am längsten dauern oder reisen können. Sie weisen die größte Wellenlänge auf, es sind die *roten* Farben des Lichts. Ihre Erneuerungsrate oder Frequenz ist gering, weil diese Photonen peripher erzeugt werden. Sie kommen aus Schalen frei, die langsam arbeiten und mehr Inhalte abgeben.

4.12.4 Das Universum expandiert nicht

Wir haben alle erdenklichen Möglichkeiten untersucht, warum irdische Atome vorwiegend mit rotverschobenen Spektrallinien reagieren, wenn sie das Licht von Galaxien verarbeiten. Welche Beurteilung des Universums ergibt sich, wenn wir Möglichkeit (a), (b) und (c) kombinieren?

Fall (a) sagte uns, dass *zunehmende* Rotverschiebung eine *abnehmende* Erhaltungsarbeit des Absorbers anzeigt. Je mehr die Reaktion der Senke abnimmt, desto entfernter ist die Quelle, und desto *langsamer* vergrößert sie ihre Entfernung.

Dem Fall (b) haben wir entnommen, dass die Verarbeitung von Licht umso länger dauert, je *fremdartiger* es ist, aus je ferneren Quellen es kommt. Auch hier liefert die Senke umso mehr nach Rot verschobene Spektrallinien, weil sie langsamer arbeitet, weil die Verarbeitung länger dauert. Desto entfernter oder fremder ist wieder die Quelle.

Im Fall (c) *altert* das Licht mit *zunehmender Entfernung* der Quelle. Bis zum Absorber schaffen es vorrangig rote Teile des Spektrums, weil sie gehaltvoller sind. Die an Inhalt ärmeren Farben werden zuvor vom Äther aufgezehrt. Wieder nimmt die Rotverschiebung seitens der Senke mit der Entfernung der Quelle zu.

In allen drei Fällen zeigt hohe Rotverschiebung eine große *Entfernung* der Quelle an. In keinem Fall indiziert eine wachsende Rotverschiebung eine repulsive *Beschleunigung* der Quelle. Vielmehr reagiert die Senke immer dann mit abnehmender Erhaltungsarbeit, wenn das Licht weit gereist ist. Wir können also alle drei Fälle beliebig kombinieren, ohne am Ergebnis etwas zu ändern. *Wachsende* Rotverschiebung im Licht des Absorbers besagt, dass die Quelle immer *schwächer wirkt*. Hohe Rotverschiebung im Licht des Absorbers bedeutet, dass die Quelle weit entfernt ist. Warum die Rotverschiebung den Urknall beweisen soll, das ist in keinem Fall ersichtlich. Umgekehrt ist in Wahrheit der Glaube an den Urknall der falschen Interpretation der Rotverschiebung geschuldet *{These 155}*.

4.13 Das Ende des Lichts

Wie steht es aber um die mathematischen Beweise des Urknalls? Haben nicht Stephen Hawking und Roger Penrose mathematisch nachgewiesen, dass die Raumzeit wenigstens eine, wenn nicht viele *Singularitäten* aufweisen muss?

In einer Singularität werden die Koordinaten der Raumzeit unendlich. Dort werden Schwarze Löcher vermutet, oder Urknall und Endknall. Wir begeben uns vorsorglich dorthin, um nachzusehen. Wer möchte nicht dabei sein, wenn die Maße der Bewegung ihren Dienst versagen?

Die Raumzeit, das physikalische Surrogat des Äthers, muss ganz ähnliches wie der Äther zuwege bringen, wenn sie als Maß aller Bewegung taugen soll. Zunächst dehnt die Raumzeit infolge ihrer eigenen Ausdehnung unerbittlich die Lichtwellen, sodass diese an Energie verlieren. Waren die munteren Schwingungen des Vakuums bei der Quelle noch blau und hochfrequent, so kommen sie bei fernen Senken nur mehr rot gedehnt und sichtlich schlapp an.

Die Raumzeit zehrt oder nagt am Licht. Zehrt die Raumzeit, so schluckt sie so gut wie der Äther das Licht. Sie macht dem Äther die Beute streitig und erlangt auf diese bemerkenswerte Weise physikalische Wirklichkeit.

Obendrein muss die Raumzeit jedoch mit ihrer Beute vor dem Urknall davonlaufen. Das hat sie dem abgeschobenen Äther voraus, weil sie sehr vielen physikalischen Pflichten nachkommen muss. Sie muss immer dort einspringen, wo das Spekulieren versagt, aber das Rechnen Erklärungen einfordert.

Dieses Wunder an Dienstbarkeit werden wir bald aufsuchen und dann eingehend befragen. Zuvor ist hier der unvorstellbare Hunger der Raumzeit ganz zu Ende zu denken.

Zehrt sie nämlich ohne Ende an den Lichtwellen, so werden diese zum Erliegen flach. Sie verenden ebenso im Dunkel, wie zuvor das wirkliche Licht im Äther. Geschieht solche Ungeheuerlichkeit, dann füllt sich die Raumzeit mit verzehrten Wellen oder mit erloschenem Licht, was ihr allerdings nicht zusteht. Denn auf diese Weise machte sich die Raumzeit selbst zum Äther. Ihre Fülle würde zu dem, was sie ersetzen soll, nämlich das gemeinsame Emittat aller Quellen. Darf das sein?

Fragen wir, *wie* dehnt die Raumzeit die Wellen und *wie* senkt sie die Energie des Lichts? Was geschieht wirklich?

Wir erinnern uns, die Bewegung des Photons ist der vollständige Wechsel von Vereinigung und Trennung. Die Emission des Photons umfasst allen Inhalt und erfolgt *in* den Äther. Die Absorption des Photons umfasst wieder allen Inhalt und erfolgt *aus* dem Äther. Die Frequenz ist der Puls dieser Fortpflanzung, die Erneuerungsrate der Photonen.

Die Erneuerungsrate der Photonen ist allerdings *dasselbe* wie die Erneuerungsrate des Äthers. Licht und Äther haben dieselbe Frequenz *{These 156}*.

Löst sich ein Photon durch Emission auf, so speist es den Äther mittels seines gesamten Inhalts. Vereint sich das nächste Photon durch Absorption, so entnimmt es dem Äther gleichen und gleich viel Inhalt, als diesem zuvor zuteil wurde. Diese Fortpflanzung kann aber nur gelingen, solange die Zusammensetzung des Äthers tauglich bleibt. Verändert sich die Zusammensetzung des Äthers, sein materieller Gehalt, so muss das die Photonen verändern, die sich aus ihm vereinen.

Die physikalischen Verbote des Äthers umgehen wir abermals mit dem Hinweis, dass solche Vorgänge seitens der Vakuumphysik untersucht werden. Dort erzeugt die Entfernung der Luft Strahlung. Die Strahlung füllt den Zwischenraum der Atome, den Innenraum des Druckgefäßes. Der Austausch ihrer Inhalte wird von den Atomen des Gefäßes fortgesetzt, er wird nur gedehnt oder erstreckt, weil die Luft als Vermittler ausfällt. Die Strahlung zeitigt ihrerseits „virtuelle" Teilchen, also wieder Materie.

Ob nun Äther, Vakuum oder Raumzeit dem Licht zusetzen, es kommt weit, aber nicht unbegrenzt weit. Misslingt die Vereinigung der Photonen aus dem Äther, oder aus dem Vakuum, oder aus der Raumzeit, dann scheitert die Fortpflanzung des Lichts, womit es erlischt. Zuvor aber muss das Licht umso mehr altern, als der Äther, das Vakuum oder die Raumzeit an ihm zehren.

Das besagt, je älter das Licht ist, je weiter es gereist ist, desto weniger ist von ihm materiell übrig oder an Wirkung zu erwarten. Wir können einfach sagen, bevor der Äther dunkel wird, ist er rot. Er gelangt dann als Hintergrundstrahlung zu physikalischen Ehren *{These 157}*.

Die Raumzeit soll zwar den Urknall beweisen, schafft es aber nur so weit, dass sie den Äther auferstehen lässt. Indem sie die Lichtwellen verzehrt, oder deren Energie, wird sie selbst zum Äther. Jetzt müssen wir klären, ob der reale Äther unendlich wird, oder ob die Singularität nur eine Eigenheit seines Maßes ist.

Kapitel 5 – Kritik der Raumzeit

Die Einheit von Raum und Zeit ist die Bewegung. Umgekehrt teilt sich die Bewegung in Raum und Zeit. Raum und Zeit werden von der Bewegung hervorgebracht. Was geht dabei vor sich?

Wenn Körper ihre Inhalte austauschen, dann wechseln beide, Quelle und Senke ihre jeweiligen Inhalte. Dabei öffnen und schließen sie ihre Form, wenn sie neue Inhalte aufnehmen, und ebenso, wenn sie alte Inhalte freisetzen. Die Körper wechseln ihre Form, die Grenzen ihres Inhalts. Was Inhalt und Form wechselt, das bewegt sich. Die Körper erzeugen ihre Bewegung selbst. Sie warten nicht auf Kräfte oder Energien, das sind menschliche Zutaten und Vorstellungen, die nicht funktionieren, weil sie den Körper nicht finden.

Die Körper bewegen sich, indem sie Inhalt und Form wechseln. Sie erzeugen nicht nur ihre Bewegung, sondern sie teilen diese auch. Der *erste* Teil der Bewegung ist der Wechsel des Inhalts. Der *zweite* Teil ist der Wechsel der Form. Die Bewegung hat keine anderen Teile, nur diese beiden. Also müssen diese beiden Teile Zeit und Raum sein. Der Wechsel des Inhalts ist die Zeit. Der Wechsel der Form ist der Raum. Zusammen ergeben sie die Bewegung, den Wechsel von Inhalt und Form.

5.1 Der Raum

Der Raum ist doch etwas ganz anderes?

Gewöhnlich stellen wir uns den Raum als Zimmer ohne Wände, oder als Käfig ohne Gitter vor. Wir schieben die Wände, den Boden die Decke, alle Gitter in Gedanken solange fort, bis sie verschwunden sind. Dieser Vorgang der Abstraktion bildet einen *realen* Vorgang ab, wir schaffen Raum, wir schaffen Platz, wenn wir ihn brauchen.

Der Platz zum Atmen oder Leben ist der Eigenraum, den wir als Körper beanspruchen. Wir stellen uns vor, wir brauchen soviel davon, dass alles darin unterkommt, womit wir zu tun haben. Wir denken einen Lebensraum, in dem alle Sterne und der ganze Kosmos Platz finden, so groß er auch sein mag. Weil wir den Lebensraum ganz denken wollen, wird er zum ganzen Himmel, zum alles umfassenden Raum unserer Vorstellung. Wir denken den Raum zunächst als Gefäß des Alls.

Aber da ist das Gefäß schon fertig erdacht, und wir können nicht sagen, woraus es gemacht ist. Wenn wir weiter denken, brauchen wir ein noch größeres Gefäß, müssen wir die Gitter abermals entfernen. Wir müssen unsere Abstraktion ausweiten. So gehen wir vor, wenn wir den Raum denken.

Um *geistig* Raum zu schaffen, öffnen wir die *Grenzen* des *real* anzutreffenden Inhalts und damit dessen *Form.* Wir öffnen in Gedanken die Grenzen der Materie und so auch ihre Form, sei sie nun rund, bekannt oder unbekannt. Dann schieben wir die Grenze allen erdenklichen Inhalts soweit hinaus, als wir uns das vorstellen können. Wir weiten die Form aus, so weit wie nur möglich oder überhaupt denkbar.

Mit diesem Verfahren *wechseln* wir die uns erdenkliche Form so weit aus, dass sie allen wirklichen und möglichen Inhalt umfassen, beinhalten kann. Wenn wir den Raum so denken, dann *wechseln* wir die Form jedweden, jeglichen Inhalts, dann bilden wir den *Wechsel der Form* ab, somit den wirklichen Raum.

Ganz anschaulich wird uns das, wenn wir Wolken betrachten. Sie wechseln ihre Form ganz unbeschwert. Ebenso unbeschwert sprechen wir ihnen zu, ihren Eigenraum hervorzubringen. Weil sie dabei auch ihre Zwischenräume wechseln, wechseln Eigenraum und Zwischenraum so wie *Form* und *Zwischenform.* Da ist uns der *Wechsel der Form* alltäglich und augenscheinlich. Wollen wir den Raum denken, so müssen wir die *Arbeit* der Wolken abbilden.

5.2 Die Zeit

Die Zeit stellen wir uns gewöhnlich als *Abfolge* von Ereignissen vor, als fließend. Da folgen Sekunden oder Jahre aufeinander, oder Generationen, oder Sternphasen und Galaxien. Je großzügiger unsere Vorstellung wird, desto mehr *Inhalt wechselt* sie aus. Unsere Vorstellung von Zeit bildet den Wechsel der Inhalte ab, die wirkliche Zeit.

Denken wir die Zeit hingegen *nicht* fließend, sondern ruhend, so stellen wir uns vor, dass alles *in* der Zeit vergeht, die Zeit aber davon nicht berührt wird. Sie ist nur das geduldige Behältnis für alle Veränderung. Dieses *Gefäß* für Werden und Vergehen ist allerdings der Raum, so wie wir ihn oben gefunden haben. Die vermeintlich ruhende Zeit ist gar keine Zeit, sondern in Wahrheit der wirkliche Raum *{These 158}*.

Wechseln *alle* Formen, so ist der Raum *ganz* gegeben. Wechseln alle Formen, dann bleiben alle Inhalte *innerhalb* dieses umfassenden Formwechsels, so sehr die Inhalte auch wechseln. Wechseln *alle* Inhalte, so sehr sie auch mögen, so sind und bleiben sie zusammen immer nur die Zeit. Die ganze Zeit ist dann im ganzen Raum. Zusammen bilden sie die ganze Bewegung aller Körper.

Denken wir die Zeit ruhend, so betrachten wir die ganze Bewegung zuerst *formal*. Wir denken zuerst den Raum, den Wechsel aller Formen als umfassendes Behältnis. Erst dann sollen darin, in diesem Rahmen, in dieser Fassung, die Veränderungen auftreten, die Wechsel der Inhalte. Kommt es aber zum Wechsel der Inhalte, dann bilden sie die wirkliche Zeit und machen unsere Vorstellung von einer ruhenden, absoluten Zeit zunichte.

Die Bewegung kommt nur zustande, wenn Inhalte ausgetauscht werden. Zuerst kommt die Zeit zustande, sie ist *primär*. Der Wechsel der Inhalte geht dem Wechsel der Formen voraus. Der Raum ist *sekundär*, von der Zeit abhängig. Das rührt daher, dass eine Form nur die Grenze des Inhalts ist. Wechseln die Inhalte nicht, so ändern sich ihre Grenzen nicht. Ohne Zeit gibt es keinen Raum *{These 159}*.

5.2.1 Der eigentliche Raum

Aber der eigentliche Raum ist doch der leere Raum?

Wenn wir uns einen leeren Raum vorstellen, dann verleugnen wir alle Inhalte. Wir schieben alle Inhalte so lange fort, bis sie ganz fort sind. Das ist ein Austausch oder *Wechsel aller Inhalte* und somit die ganze Zeit. Wenn wir einen leeren Raum denken, so landen wir bei der ganzen Zeit. Wir haben nicht den leeren, eigentlichen oder wahren Raum gefunden, sondern den wirklichen Raum gegen die ganze Zeit eingetauscht. Der leere Raum ist eine Vorstellung von der ganzen Zeit ohne Inhalt *{These 160}*.

Gibt es aber keine Inhalte, so können sie auch nicht wechseln. Mit der Vorstellung vom leeren Raum postulieren wir die ganze Zeit. Zugleich aber machen wir sie zunichte, indem keine Inhalte sein dürfen, die wechseln könnten. Die Vorstellung vom leeren Raum funktioniert nicht, weil sie sich selbst widerspricht. Sie will etwas, was sie selbst zunichte macht. Sie ist absurd.

Wir können das auch so begreifen: um den Raum zu leeren, schieben wir alles ganz fort. Ist dann alles ganz fort, so ist es dort zu finden, wo wir es hin geschoben haben. Es ist also immer noch da und der Raum ist so voll wie vor unseren Anstrengungen. Physikalisch ausgedrückt können wir auch sagen, die Bewegung lässt sich nicht vernichten, sondern nur umformen.

Also war vor der Zeit auch kein leerer Raum, sondern nichts?

5.2.2 Der Anfang der Zeit

Versuchen wir unser Glück mit der Zeit. Wir postulieren einen *ersten* Anfang der Zeit. Da denken wir, dass zuerst kein Inhalt da ist und dann ein erster Inhalt auftaucht, der den Anfang macht. Taucht ein Inhalt auf, so wechselt der Inhalt, hier vom nichts zum Etwas. Die Zeit ist also schon da.

Wie schafft sie das?

Wenn zuerst, vor dem ersten Anfang, kein Inhalt da ist, dann ist da der leere Raum. Wir haben ihn voraus gesetzt. Der leere Raum ist aber die ganze Zeit, wie oben gezeigt.

Aber nichts ist doch keinerlei Inhalt. Wenn das erste Etwas auftaucht, dann ist das kein *Wechsel* von Inhalt, sondern erst seine Entstehung.

5.2.3 Nichts

Wir müssen gründlicher vorgehen. Wir müssen alles samt Raum und Zeit abschaffen, um zum nichts vorzudringen. Vor dem Anfang von Etwas soll nichts sein. *Ist* jedoch nichts, so ist wenigstens seine Daseinsweise, das „sein" oder „da sein". Sonst *ist* auch nichts nicht.

Die Daseinsweise ist die Bewegung. *Ist* nichts, so *ist* die Bewegung, die Einheit von Raum und Zeit. Mit der Bewegung sind Raum und Zeit schon da. Wenn wir uns vorstellen, dass nichts ist, dann sind Raum und Zeit zugegen.

Wir denken nun freilich weiter, gar nichts soll sein, auch keine Bewegung. Dann *fehlt* aber die *Daseinsweise*. Ohne sie kann „nichts" nicht sein, sondern nur nicht sein. Wenn wir gar nichts einfordern, so vernichten wir zugleich die Möglichkeit, dass nichts ist oder auftaucht.

Also wollen wir nur die *Möglichkeit* zulassen. Nichts soll wenigstens möglich sein, wenn es schon mangels Daseinsweise nicht da sein kann. Mit der Möglichkeit ist allerdings etwas. Die Möglichkeit des nichts macht dasselbe nichts zunichte, das es ermöglichen soll. Unsere Vorstellung von nichts ist absurd.

Welcher Ausweg bleibt uns?

Wir müssen erkennen, dass wir Zeit und Raum nicht wegdenken können. Wir können sie nicht abschaffen, alle Versuche enden mit einem Fehlschlag. Wir müssen Zeit und Raum *so* anerkennen *wie* die Bewegung. Was heißt das „so-wie"?

Wo *keine* Bewegung ist, dort sind auch Zeit und Raum *nicht*. Zeit und Raum sind kein Gefäß für die Bewegung, sondern nur ihre beiden Teile.

Kann es sein, dass irgendwo *keine* Bewegung ist?

Wo keine Bewegung ist, dort werden *keine* Inhalte ausgetauscht. Unterbleibt der Austausch von Inhalten, so bleiben alle Wirkungen aus. Wo es keine Wirkung gibt, ist keine Wirklichkeit. Jedes Irgendwas ohne Bewegung ist unwirklich.

5.3 Endlich und unendlich

Sind dann Raum und Zeit unendlich?

Raum und Zeit können nur *so* sein *wie* die Bewegung, deren Teile sie sind. Wo eine Bewegung endet, fängt die nächste Bewegung an. So fangen auch Raum und Zeit wieder dort an, wo sie geendet haben.

Hört der Wechsel von Inhalt auf, so endet mit der Wirkung die Wirklichkeit. Das Ende der Zeit ist unwirklich *{These 161}*. Hört die Zeit hingegen nur so auf, dass sie neu beginnt, so ist sie wirklich. Ebenso muss der Raum neu beginnen, wo er aufhört, denn die Formen wechseln so wie die Inhalte.

Die Bewegung ist jedoch *nicht* unendlich, denn sie besteht nicht allgemein. Es gibt keine absolute Bewegung, die alle anderen umfasst oder einschließt. Es gibt auch keine gemeinsame Summe aller Bewegungen, keine *Gesamtbewegung* eines *einzigen Ganzen*. Entsteht die Bewegung *eines* Ganzen, so hört der Wechsel von Inhalt auf und damit die Bewegung.

Jede Bewegung kommt nur als *Austausch* von Inhalten zustande, ist somit *relativ*. Jede Bewegung bedarf wenigstens eines *Austauschpaares*, also mindestens einer Quelle und einer Senke. Somit ist jede

Bewegung *endlich,* denn sie beginnt und endet mit dem Austausch zwischen Quelle und Senke *{These 162}.*

Es gibt nicht „die Bewegung" als Ganzes, sondern nur die *Abfolge* aller einzelnen, besonderen Bewegungen. Es gibt nur alle *endlichen* Bewegungen, die auseinander hervorgehen und ineinander übergehen, so wie das der Erhaltungsarbeit ihrer Quellen und Senken entspricht.

So gibt es auch nicht „den Raum" und „die Zeit" als ein Ganzes, sondern es gibt nur die *Abfolge* aller Eigenräume und Eigenzeiten. So wie die *besonderen* Bewegungen ineinander übergehen und auseinander hervorgehen, so gehen die *besonderen* Zeiten und Räume ineinander über und auseinander hervor.

Die Wirklichkeit umfasst nicht nur die wirksamen Quellen und Senken, nicht nur die tätigen Körper, sondern auch ihre Daseinsweise, ihre Bewegungen.

Die Einheit der Materie besteht darin, dass Körper und Bewegung *einander erzeugen.* Auch sie gehen ineinander über und auseinander hervor. Raum und Zeit sind ein *Nebenprodukt* dieser Einheit, nämlich die beiden Teile der Daseinsweise, die Teile der Bewegung.

5.3.1 Die Wissenschaftlichkeit

Raum und Zeit haben in der Physik ausgedient. Beide gelten als Gegenstand der „Spekulation". Mit diesem Schluss wollte sich Albert Einstein vom Einfluss freimachen, den Ernst Mach auf ihn gehabt hatte.

Gut im Rennen liegt seither die Raumzeit, weil sie den Ansprüchen an Wissenschaftlichkeit genügt. Wissenschaftlich ist gemäß Karl Popper lediglich das, was „falsifizierbar" ist. Das haben wir schon gestreift, müssen es hier jedoch abschließend klären.

Zuerst wird gerechnet und ein Ergebnis wird prophezeit, dann wird versucht und gemessen. Können die Maße *verbessert* werden, dann sind sie *falsifizierbar*, somit wissenschaftlich. Die Maße müssen nicht *richtig* sein, sondern verbesserbar. Das Kriterium der Wissenschaftlichkeit ist die Verbesserbarkeit. Nur solche Ergebnisse, die wir empirisch verbessern, nachbessern können, genügen der Wissenschaft.

Wir bemerken wieder, wissenschaftlich sind nur Zahlen, nur Maße, nur Mengen. Denn eine *Qualität* kann auf keine Weise errechnet und dann verbessert werden. Sie bloß zu beschreiben und zu begreifen, das gilt allerdings nicht. Was keine Zahlen liefert, das zählt nicht, das erlangt keine Geltung in der Wissenschaft.

Leider öffnet dieses Verfahren einer schlechten Statistik Tür und Tor. Eine *richtige* Statistik begründet, was sie zählt, und findet den Grund von dessen Verteilung, das ist, den Grund von Sammlung und Zerstreuung. Maße und Zahlen werden jedoch *nicht*, oder beliebig und sehr abenteuerlich interpretiert. Diese Art von Statistik arbeitet ohne Kausalität. Sie muss diese sogar leugnen, um „neutral oder wertfrei" zu arbeiten. Alle Zahlen sind gleich zugelassen, haben dieselbe Geltung.

Fehlt aber die Kausalität, so geschieht alles ohne Ursache. Alle Zahlen sind erwirkt, also wirklich, das aber angeblich ohne Grund. Alles Gezählte wird *grundlos* anerkannt und nach seiner Verteilung ausgeschlachtet, die als ebenso grundlos angesehen wird. Falsche Statistik ist die *Leugnung* des Grundes *{These 163}*. Der Gegenstand solcher Statistik ist das grundlos Erwirkte, das Absurde. Die Methode der falschen Statistik ist das Sammeln und Verschieben des Absurden *{These 164}*.

Im Hintergrund dieser siegreichen Methode tummeln sich alsbald hartnäckig Qualitäten aller Art in Form von Konventionen. Wer nicht oder anderes glaubt, zählt nicht zu den Auserwählten der Zunft. Unter den Glaubensartikeln finden sich Konstrukte, die sich der Vernunft verweigern, wie die „absolute Geschwindigkeit", das „nichts", seine Wandlung in alles, und sein Verbleib rundherum. Die Natur straft ihre *grundlose* Teilung in Materie und Bewusstsein mit Absurdität *{These 165}*.

Raum und Zeit sind *nicht* falsifizierbar. Der Wechsel der Formen ist nicht berechenbar. Formen sehen wir überhaupt nicht, weil sie sich nicht zeigen, sondern wir empfangen nur Gestalten, nur Emittate, nur Überschüsse des Inhalts.

Auch der Wechsel der Inhalte ist nicht berechenbar, weil der Inhalt einer Quelle niemals bekannt sein kann. Wieder können nur die Überschüsse empfangen und beurteilt werden. Das sind aber immer seitens der Senke selektierte, erwählte Überschüsse. Was die Quelle sonst noch beinhalten mag, das bleibt Sache der Quelle.

Keine Zahl kann jemals Raum und Zeit erfassen, weil jede Zahl einen *Wechsel* dessen verbietet, was mit ihr gezählt wird. Wenn aus Äpfeln Birnen werden, dann scheitert das Feststellen ihrer Anzahl. Zählen kann nur, wer das Gezählte als vergleichbar ansieht, somit als unveränderlich, als „elementar".

Raum und Zeit bestehen jedoch nur im *Wechsel* von Form und Inhalt. Sie sind weder absolut, noch elementar, noch abstrakt, noch jenseits eines Wechsels.

Gezählt können nur *unwirkliche Abstraktionen* werden, nur „Einheiten". Sie machen sich alsbald im Denken selbständig und beginnen dort als *vermeintliche* Ursachen zu wirken. Ein Elektron ist *keine* „Elementarladung", sondern umgekehrt ist die Elementarladung ein Maß des Elektrons. Das Modell wird wahr genommen, das Modellierte wird vergessen und verleugnet. Aber nicht das Modell ist Materie, nicht das Abstraktum, sondern das Modellierte, das Konkrete.

Die „Wechselwirkungen" rechnen *nicht* mit wechselnden Inhalten, wie der Name hoffen lässt, sondern mit Modellkörpern, mit „Elementarteilchen", die aneinander und auseinander geraten, wie das die vier „Grundkräfte" unter sich ausmachen oder regeln wollen. Da werden Kräfte zu Ursachen, obwohl sie nur Maße davon sind, wie sich eine Bewegung fortsetzt oder verändert. Da wirken Wirkungen, ohne Ursache sein zu dürfen. Da wird die Kausalität aus dem Denken entfernt, damit nicht „spekuliert“ wird. In der Folge wird dann *grundlos* gerechnet und gezählt, also mit haltlosen Konventionen spekuliert.

Die Bewegung ist *nicht* falsifizierbar und somit *nicht* wissenschaftlich, weil sie im *Wechsel* von Inhalt und Form besteht.

Zählbar sind nur projizierte *Orte* und deren eingebildeter Austausch. So wird aus der Bewegung ein „Ortswechsel“, der so irreal ist wie die Orte es sind. Aber Orte sind mittels Koordinaten messbar, Koordinaten sind falsifizierbar, also sind Orte *wissenschaftlich.* Die exakte Wissenschaft erhebt das Irreale zu ihrem anerkannten Gegenstand.

Immerhin ist die *Geschwindigkeit* falsifizierbar. Glücklicherweise besteht sie aus Zahlen, die messbar sind und verbessert werden können. So überlebt die Geschwindigkeit das Ausleseverfahren wider die Spekulation, sie ist wissenschaftlich, auch wenn es sie nicht gibt. Denn real ist nur die Bewegung, nicht auch ihr Maß.

Die vermeinten „Stationen“ der Bahnen überleben das Treiben der Kräfte und Wirkungen als *Koordinaten*. Diese Zahlen bevölkern in der Folge ganz allein den geometrischen Himmel der Physik. Dieser Himmel der Koordinaten, der Himmel der irrealen Orte, das ist die Raumzeit *{These 166}*.

Sie ist eine *Projektion*, das Tummelfeld und Gehege aller erdenklichen Maße, seien sie nun möglich oder unmöglich. Was physikalisch ist, das ist entweder *in* der Raumzeit, oder eben gar nicht, ist nämlich außerhalb und damit nichts. Das irreale Gehege der irrealen Orte wird zum wissenschaftlichen Kriterium des Daseins *{These 167}*.

Schließlich macht sich die Raumzeit im Denken selbständig und übernimmt das Wirken dort, wo die allgegenwärtigen Kräfte ausbleiben, und auch keine anderen Ursachen aufzufinden sind. Das

Suchen nach Ursachen hört auf, sobald die Raumzeit auf den Plan tritt, schrumpft oder expandiert, sich krümmt oder streckt. Das Gehege der Materie schüttelt die Koordinaten ab, aus denen es gemacht ist, und übergibt diesen Ballast den „Bezugssystemen", die mit ihr fortan um die Wette fliegen. Jetzt ist das Modell perfekt. Da ist die Raumzeit, die Wunder tut, und da sind die Maße, die ihr auf den Leib rücken.

5.4 Das Surrogat des Äthers

Warum funktioniert dieses Konstrukt?

Die Raumzeit funktioniert als Maß der Bewegung aus einem einzigen Grund: sie ist eine geometrische Nachbildung des Äthers.

An jedem geometrischen Ort des physikalischen Himmels gibt eine erdachte Uhr die Eigenzeit der dortigen Ereignisse an. Die Eigenzeit wird mitgezählt. Sie muss gezählt werden, weil es keine allgemeine Zeit gibt. Soviel ist richtig. Es gibt keinen allgemeinen Wechsel von Inhalt, sondern immer nur besondere Wechsel von Inhalt zwischen Quelle und Senke.

Das Zählen der Eigenzeit ergibt allerdings *keine* Zeit, sondern lediglich Zahlen als Ergebnis, nämlich die Maße der Zeit. Da wechseln keine Inhalte, sondern Zahlen, dieselben wie die Koordinaten, wie die Ortsangaben. Physikalisch, wissenschaftlich ist da kein Unterschied. In der Tat, Zahlen sind und bleiben Zahlen.

Nur geht dabei unter, dass der Wechsel des Inhalts den Wechsel der Form bestimmt. Die Zeit ist *Ursache* des Raumes. Der Raum ist von der Zeit erwirkt *{These 168}*.

Sind die Koordinaten für Raum und Zeit gleich, dann hat die Raumzeit vier „Dimensionen". Das sind Maßangaben, Vergleichsangaben. Drei Maße bezeichnen den Ort, die Koordinaten für Länge, Breite und Höhe. Das vierte Maß erklärt auf Anfrage, wie früh oder spät es gerade ist. Dazu wird angegeben, wie weit oder lang das Licht reisen muss. Weil die Lichtgeschwindigkeit immer gleich gemessen wird, als konstant gilt, sind zeitliche und räumliche Abstände umrechenbar. Ist der räumliche Abstand bekannt, so kann der zeitliche errechnet werden, und umgekehrt.

Damit bestimmt der *Vergleich* mit dem Licht alle Orts- und Zeitangaben. Wir können auch sagen, die Raumzeit ist ein geometrisches Modell der Lichtausbreitung *{These 169}*. Aber das dürfen wir nicht sagen, weil der Äther abgeschafft ist, immerhin das ausgebreitete Licht.

Zudem gibt es wichtige Unterschiede.

Die Raumzeit soll *einer* zentralen Quelle entspringen, dem Urknall, zudem einer *fiktiven* Quelle. Sie soll homogen und leer sein, aber expandieren und sich krümmen. Sie soll wirken, also Ursache sein, obwohl sie *nichts von sich abgibt*. Damit ist ihr Geschick besiegelt, denn was sich nicht teilt, wirkt nicht, ist also unwirklich. Was ohne Ursache wirkt, ist vielleicht statistischer Unfug von Glaubensartikeln, aber sonst eben nichts.

Weiters nimmt die Raumzeit auch *nichts in sich auf*. Sie ist nicht nur unteilbar, sondern auch nicht vermehrbar. Sie exkludiert jenes „nichts", das sie verdrängt, das draußen bleiben muss. Die Raumzeit *nimmt* „nichts" *in sich auf*, und *schließt* „nichts" *von sich aus*. Damit erweist sie sich nicht nur als unwirklich, sondern auch als absurd *{These 170}*.

Der Äther hingegen entspringt nicht einer fiktiven Quelle, sondern allen realen Quellen. Er ist das *gemeinsame* Produkt aller Emissionswolken. Seine Zusammensetzung und Dichte verändert sich gemäß der Erhaltungsarbeit aller Körper und Himmelskörper. Die Verarbeitung des Äthers mittels Absorption und Emission ergibt alle Bewegungen, allen Wechsel von Inhalt und Form, alle Zeiten und alle Räume für alle Austauschpartner.

Die Raumzeit ist so streng wissenschaftlich wie nur möglich, denn alle ihre Zahlen sind falsifizierbar, mittels Messung verbesserbar. Das heißt, alle Zahlen erweisen sich früher oder später als *falsch*, wie Karl Popper mahnend ergänzt, bleiben aber nach justierbar. Das genügt nicht nur, sondern muss sogar so sein und bleiben, damit die Wissenschaft wissenschaftlich bleibt.

Die Raumzeit soll Raum und Zeit zu sich vereinen, obwohl beide bereits *real* in der Bewegung vereint sind. In der Physik werden Raum und Zeit gemäß dem Diktum von Albert Einstein als „überflüssig" ins Jenseits der Spekulation abgeschoben. Wir ergänzen, dass fortan auch alle Bewegung dort stattfinden muss. Die Bewegung ist *verbannt*, was übrig bleibt, das ist die Geschwindigkeit.

Als Einheit von Raum und Zeit gilt in der zuständigen Wissenschaft nur mehr die Raumzeit. Diese Einheit *wirkt* wissenschaftlich, weil falsifizierbar. Sie tut ihre Wunder abseits und entgegen aller Spekulation, und das ohne Grund. Das wissenschaftliche Gehege der Geschwindigkeit wirkt *grundlos*, aber *wissenschaftlich*.

Wenn die Raumzeit infolge des Urknalls von nichts expandiert, dann kann sie freilich nichts und niemand aufhalten. Solch *grundloser Macht* weichen selbst Galaxien wie gefügige Schafe. Wenn sich die Raumzeit krümmt, dann gebiert sie die Gravitation, welche ihrerseits die Raumzeit krümmt. Das Absurde ist wissenschaftlich geworden, hat sich zur Wissenschaft erhoben.

Nur *wie* die Raumzeit das alles macht, was sie macht, das bleibt leider verborgen. Die Gründe liegen im Grab des Äthers. Das Standardmodell der Welt käme schnell auf die Beine, wäre da nicht das Problem, dass die Raumzeit zwar ihre Macht zu wirken zeigt, aber deren Ursache verbirgt. Was macht die Raumzeit mächtig, wenn nicht der Äther, den sie verdrängen und ersetzen soll?

Fehlt der Äther im entleerten Gehege der Wirkung, dann streitet die Gravitation *grundlos* mit den anderen drei Mächten, die für Atomkern, Elektron und Strahlung *zuständig* sind. Warum zieht, was fliegt und expandiert? Was zieht, wenn es leer ist, wenn nichts dazwischen, vorher und rundherum ist? Was expandiert ohne Grund und Inhalt?

Fürwahr, die Welt aus Zahlen ist nicht einfach, nein, sie ist einfach nicht *{These 171}*.

5.4.1 Wie funktioniert die Raumzeit?

Technisch funktioniert die Raumzeit, denn sie ist ein Koordinatensystem, welches das Licht nachbildet. Die Koordinaten werden mathematisch, in Gedanken so schnell wie das Licht bewegt. Zudem krümmen sich die Lichtstrahlen in der Nähe von Senken oder Quellen. Starke Quellen liefern eine Welle oder Beule in der Raumzeit, was höhere *Ätherdichte* anzeigt. Starke Absorber liefern eine Mulde oder ein Tal, was geringere Dichte anzeigt.

Wären wir ein Photon, und physikalisch ausreichend geschult, so wüssten wir immer gleich, wo es wie lang geht. Wir würden uns in den dichten Regionen öfter fortpflanzen, also höhere Frequenzen liefern. In den mageren Regionen würden wir uns seltener trennen und vereinen, weil dort das neu Vereinen so schwer fällt. Auf diese Weise würden wir unsere Farben stets frisch aufmischen und dazu den Äther verschaukeln, während wir genau um jene Kurven fliegen, welche die Raumzeit für uns in den Himmel malt. Vorausgesetzt, wir verrechnen uns nicht, denn dann wird es schwierig, die richtigen Koordinaten zu finden und aufzusuchen. Diese Punkte aus nichts, das sind nämlich die exakten Orte oder Stätten unseres Wirkens, die wir uns genauestens einzuprägen haben.

Zum Glück sind wir jedoch kein Photon und können die kunstvollen Regeln des grundlosen Wirkens den realen Photonen überlassen. Die sind völlig arg- und sorglos, weil sie bislang nichts von uns und unserem Sinn für falsifizierbaren, wissenschaftlichen Gehorsam in Erfahrung bringen konnten.

Weil das Verhalten des Lichts imitiert wird, kann *jede* Bewegung mit der Lichtausbreitung *verglichen* werden, an der Bewegung des Lichts gemessen werden. Das Verfahren macht Sinn, weil die reale Bewegung auf der Verarbeitung des Äthers beruht, der sich aus der Strahlung aller jeweils beteiligten Quellen zusammensetzt. Dieser Umstand ist zwar unbekannt, kommt aber trotzdem, *naturgemäß*, zur Geltung. Die Raumzeit beweist selbst den Äther, den sie leugnet *{These 172}*.

Indem das Licht mittels Netzen aus Koordinaten *imitiert* wird, wird der Äther *nachgebildet*. In einer Region dichter Strahlung steigern Körper ihre Absorption und Emission. Zunehmende *Erhaltungsarbeit* ergibt zunehmende Bewegung, Beschleunigung. In einer strahlungs*armen* Region *sinkt* mit der Erhaltungsarbeit die Bewegung, es erfolgt *Entschleunigung*. Wird die *Krümmung* der Raumzeit den beteiligten Quellen und Senken entsprechend angepasst, dann ist es scheinbar sie selbst, welche die Bewegung generiert. Die Raumzeit fungiert auf diese Weise als dienstbarer Ersatz des geleugneten Äthers *{These 173}*.

5.4.2 Zerfall und Auflösung

Der Äther ist dicht, wo er reichlich gespeist wird. Dort sind viele Quellen tätig. Tritt eine Senke in solchen Äther ein, so wird sie heftig absorbieren, wenn der Äther zur Mangeldeckung geeignet ist. Aufgrund ihrer Absorption nähert sich die Senke der wirksamsten Quelle, sie fällt ihr zu, sie beschleunigt.

Physikalisch ist dann ein *Gravitationszentrum* abzubilden, das ergibt eine *Mulde* in der Raumzeit. Hält das Absorbieren und Attrahieren der Senke an, so wird aus der Mulde ein Trichter und zuletzt eine „Singularität", das ist ein Zentrum unendlicher Krümmung der Koordinaten.

Die Raumzeit schlingt dort angeblich so stark, dass ihr keine Beute entkommt, auch das Licht nicht mehr. Das gilt als Abbild eines „Schwarzen Lochs". Die Berechnungen ergeben eine so hohe Gravitation, dass keine „elektromagnetische Strahlung" entweichen kann.

Das Schwarze Loch haben wir schon als Jungbrunnen der atomaren Materie kennen und schätzen gelernt. Alle Inhalte, die erloschene Riesen aus der Umgebung aufnehmen, werden aufgelöst.

Sie können sich nicht neu vereinigen, Rotation und Substanz kommen nicht zustande. Aus der endlosen Absorption wird endlose Emission. Aller Inhalt verwandelt sich in thermische oder nukleare Hawking-Strahlung. Sie versorgt die Atomkerne der Galaxie, wird Teil von deren spezifischem Äther, so haben wir seinerzeit behauptet.

Die Raumzeit will es anders. Die Emission des zerfallenden Riesen bildet zwar eine Ätherwolke, aber diese kommt nicht frei. Ihre Ränder bilden den „Ereignishorizont", aus dem kein Inhalt entweicht, weil dessen Bewegung mit der Lichtgeschwindigkeit begrenzt ist. Stephen Hawking musste *„Vakuumfluktuationen"* bemühen, um diese Barriere zu durchbrechen.

5.4.3 Der Ereignishorizont

Die Lichtgeschwindigkeit ist die elementare Bezugsgröße der Raumzeit. Fällt die „absolute" Lichtgeschwindigkeit, so kann die Raumzeit keine Aussage machen. Der Grund ist, dass sie dann nicht mehr jenes Licht abbildet, an das sie glaubt. Sie büßt ihren Gegenstand ein, ihre physikalische Bestimmung. Umgekehrt muss die Raumzeit alle „Ereignisse" als *unbestimmbar* ansehen, die nicht der Lichtgeschwindigkeit gehorchen. Zu diesen Ereignissen gehört auch die Bewegung. Dieser *methodische* Grund hat einen *realen* Grund.

Die „elektromagnetische Strahlung" ist der Äther der *Elektronen*. Wird die Lichtgeschwindigkeit überschritten, so ist die Strahlung für Elektronen zu hochfrequent, zu intensiv und zu schnell. Dann kommt *keine solche* Strahlung frei, wie sie bislang aufgenommen und verarbeitet werden könnte. Unsere Instrumente schweigen dann, zeigen keine Absorption, weil sie immer auf die Arbeit der Elektronen angewiesen sind.

Das Licht kommt angeblich deshalb nicht frei, weil die Gravitation zu groß ist. Das Licht verliert mehr Energie als es zur Flucht benötigen würde. So bleibt es gefangen innerhalb des Ereignishorizontes. So die Sichtweise, die der Theorie der Raumzeit entspricht.

Wenn eine Emission nicht freikommt, dann erfolgt sie nicht. Kommt die Emission hingegen frei, dann muss ihre Energie höher sein. Das Emittat muss *höhere* Frequenzen als die elektromagnetische Strahlung aufweisen. Ist die Erneuerungsrate zu hoch, dann ist die Emission des Schwarzen Lochs von Elektronen *nicht* verarbeitbar. Sie bleibt für die Schalen des Atoms dunkel und unwirklich. Geht diese Emission der atomaren Materie nicht verloren, wozu der Grund fehlt, so muss sie vielmehr im *Atomkern* wirken.

Der Ereignishorizont gilt nur unter dem Postulat, dass die Atomkerne ihre Inhalte gegenseitig *nicht schneller* austauschen können als die Elektronen. Versorgt das Schwarze Loch die Galaxie mit nuklearen Inhalten, so überschreitet diese Emission die Lichtgeschwindigkeit *{These 174}*.

Versorgt das Zentrum die Galaxie *nicht* mit einer Emissionswolke, dann finden die Trabanten keinen Äther vor, den sie absorbieren können. Die Galaxie besteht dann nicht. Besteht sie doch, so ist unser Standardmodell zu dogmatisch.

Unsere empirischen Messungen der Lichtgeschwindigkeit berechtigen uns *nicht* zu einer Aussage über *andere* als elektromagnetische Strahlung. Inhalte, die *nicht von Elektronen* ausgetauscht werden, reisen nach den unfreiwilligen Angaben der Raumzeit mit höherer Energie, also mit höherer Frequenz *{These 175}*. Höhere Frequenz bedeutet höhere Erneuerungsrate, rascheren Wechsel von Absorption und Emission. Das ergibt auch rascheren Wechsel von Inhalt und Form, somit schnellere Bewegung. Die Lichtgeschwindigkeit ist nicht absolut, sondern relativ, sie ist auf die Arbeit der Elektronen beschränkt *{These 176}*.

Ein Schwarzes Loch verwandelt die Atomkerne in Äther. Seine Strahlung aus Quarks und Gluonen, oder auch aus deren Teilen, versorgt die Sterne, die es umrunden, und zwar deren Plasma und

Atomkerne. Was von den Sternen aus dem Zentrum aufgenommen wird, das genügt zur Kernfusion und zur Genese ihrer Umlaufbahnen. Weil die Trabanten jedoch ihren Mangel an Kernmaterie nicht vollends decken können, absorbieren sie *zunehmend*. Deshalb nähern sie sich dem Schwarzen Loch, die Spiralen werden langsam enger. Die „Anziehungskraft" des Zentrums ist in Wahrheit die Erhaltungsarbeit der Trabanten. Weder ist eine Gravitation noch eine Mulde der Raumzeit am Werk.

Wie viele Sterne in das Schwarze Loch fallen, das entscheidet sich daran, wie viele Trabanten oder Atomkerne es *versorgen* kann, während es zerstrahlt. Wir können sagen, die zentralen Substanzen werden aufgelöst und erneuert, um den Mangel der peripheren Himmelskörper aufzuheben. Das stabilisiert die Galaxie für Jahrmillionen. Die Strukturen sind ein notwendiges Erzeugnis der Erhaltungsarbeit *{These 177}*.

Die äußeren Trabanten werden andere Wirte aufsuchen, wenn das Zentrum keine Emissionswolke mehr liefert. Falls die Flucht misslingt, werden sie sich ihrerseits vereinigen und so neue Schwarze Löcher bilden. Auch hier ist eine Expansion des Universums nicht erkennbar oder ableitbar, lediglich die Erneuerung seiner Substanz mittels seiner Strukturen.

5.4.4 Expansion und Kontraktion

Wir haben oben vorausgesetzt, dass der Äther von vielen Quellen gespeist wird und dass die Senke ihn *brauchbar* vorfindet. Was geschieht, wenn die zweite Bedingung nicht erfüllt wird?

Wenn der dichte Äther nicht zur Deckung von Mangel geeignet ist, dann muss die Senke, die ihn durchquert, ihre Emission steigern. Scheitert die Erhaltungsarbeit, dann verdampft die Substanz der Senke, sie verglüht, explodiert oder erodiert.

Gelingt die Erhaltung der Substanz, dann wird die Senke selbst zur Quelle. Sie repulsiert gegen die störenden Inhalte und entfernt sich. Je besser die Flucht vorankommt, desto langsamer flieht die

Quelle, denn die wachsende Entfernung entlastet ihre Erhaltungsarbeit. Die anfängliche Senke verlässt die Region als schwindende Quelle. Ihre Emission nimmt stetig ab.

Agiert die Mehrzahl der umliegenden Quellen ebenso, so entsteht eine *Fluchtregion* mit geringem Inhalt an Strahlung, mit dünnem Äther. Soll die Raumzeit dies abbilden, so müssen ihre Koordinaten einander entfernen. Die Raumzeit expandiert, andere Inhalte hat sie ja nicht aufzuweisen *{These 178}*.

Freilich können Koordinaten nur in der Vorstellung ihrer Schöpfer reisen oder wachsen. Allerdings entsteht der Glaube, dass sich die Raumzeit verselbständigt hat, erfüllt sie doch seit ihrer Genese oder Schöpfung physikalische Pflichten.

Fliehen zu viele Quellen aus einer Region, so *erkaltet* diese aktuell bis zur Hintergrundstrahlung von drei Grad Kelvin. Aber auch die geflohenen Quellen erkalten, ihre Substanz weist aufgrund der anhaltenden Emission Mangel an Inhalten auf. Die Quellen werden aufgrund ihrer Flucht ihrerseits zu Senken, ihre Erhaltungsarbeit wechselt von dominanter Emission zu überwiegender Absorption.

Die neuen Senken fallen in der Folge neuen Quellen zu, deren Emissionswolken sie erreichen und deren Inhalte sie aufnehmen. Sie attrahieren zum Beispiel zu anderen Schwarzen Löchern, womit wir den obigen Fall erhalten.

Der *Wechsel* der Erhaltungsarbeit führt schließlich immer zur Bildung von Strukturen *{These 179}*. Finden sich Galaxien, die wechselseitig arbeiten können, so ver- und entsorgen sie sich gegenseitig. Die Folgen kennen wir schon, solche Galaxien rotieren umeinander, das ist, um den gemeinsamen Äther, den sie austauschen. Sie bilden Haufen und Superhaufen.

Jetzt erhebt sich die Frage, wo hier die Expansion der Raumzeit verbleibt, was ihr Schicksal ist.

Wo der Äther zu mager wird, dort vereinigen sich die Quellen und Senken zu Systemen der gemeinsamen Verarbeitung und gegenseitigen Erhaltung. Auf diese Weise verdichten sie den Äther zwischen sich und verdünnen ihn außerhalb. Im Zentrum bilden sich Schwarze Löcher oder sammeln sich erkaltete Galaxien. In der Peripherie finden die Galaxien jene Emissionswolken, die sie zur Erhaltung und Bewegung brauchen. Die gegenseitige Ver- und Entsorgung mit Inhalten funktioniert.

Der spezifische Äther einer Struktur entspricht jeweils allen Senken und Quellen, weil sie sich notwendig dorthin bewegen, wo sie Mangel und Überschuss ausgleichen können. Anderes können sie nicht tun, weil sie sich immer inhaltlich so umformen, als dies ihrer Erhaltungsarbeit entspricht. Bei Verlust an Substanz erfolgt Absorption und Attraktion, bei Überschuss an Substanz sind Emission und Repulsion die Folge.

Einerseits erzeugen die Trabanten des Zentrums mit ihrer Absorption jene Annäherung, die der *Gravitation* zugesprochen wird. Andererseits erzeugen die Trabanten mit ihrer Emission jene Repulsion, die der *Expansion* der Raumzeit zugesprochen wird.

Auf diese Weise tut die Raumzeit scheinbar beide Wunder. Sie verdichtet und verdünnt den Äther mathematisch so, wie die Quellen und Senken dies *real* tun. Also findet alle Bewegung so statt, wie das dem Äther und zugleich der Raumzeit entspricht. Wir dürfen sagen, die Raumzeit ist ein getreues Abbild des Äthers, den sie geistig ersetzen soll, aber materiell nicht ersetzen kann *{These 180}*.

5.4.5 Die Expansion bleibt aus

Die Zusammensetzung des Äthers ändert sich im Emissionsbereich großer Quellen und im Absorptionsbereich großer Senken. Dort verbeulen sich folgerichtig die Koordinaten der Raumzeit, weil sie den Weg des Lichts nachzeichnen. Nun gilt aber der Äther nicht und die Raumzeit schon. Also gilt als Ursache nicht die Veränderung des Äthers, sondern stattdessen die Veränderung der Raumzeit. Wo sie Senken aufweist, dort herrscht Sog oder Gravitation. Wo die Raumzeit Beulen aufweist, dort herrscht Druck oder

Beschleunigung. Stellen wir das Konstrukt wieder auf die Füße, dann zeigt sich die Sache durchaus kausal.

Große Senken absorbieren viel Äther, *verdünnen* also seine Zusammensetzung. Gelingt ihre Erhaltungsarbeit, so emittieren große Senken auch viel Überschuss, werden also nach jedem Akt der Erhaltung auch große Quellen. Große Quellen von Äther *verdichten* seine Zusammensetzung.

In Summe wird der Äther so erhalten, als die Erhaltungsarbeit großer Strukturen erfolgt. Lediglich die *Zusammensetzung* des Äthers wird jeweils so verändert, dass die Erhaltungsarbeit aller beteiligten Galaxien gelingt. Wir können wieder sagen, jede Struktur bildet ihren *spezifischen* Äther, so wie sie ihn braucht. Das funktioniert, weil sich alle Galaxien solange umformen und bewegen, bis der Austausch von Inhalten möglichst stabil ist.

Unterstellen wir, dass sich der Äther *insgesamt* ausdehnt, dann brauchen wir dazu große Senken, die ihn umgeben und absorbieren, aber nicht auch wieder speisen. Solche Senken scheitern jedoch in ihrer Erhaltungsarbeit. Sie nehmen mehr Inhalte auf, als sie freisetzen. Das geschieht solange, bis sie ihre Inhalte nicht mehr vereinen können. Dann erfolgt wie bei den Schwarzen Löchern die Auflösung und damit die Speisung des Äthers. Aus diesem Grund kann sich der Äther *nicht* insgesamt ausdehnen, unsere Unterstellung geht fehl.

Unterstellen wir, dass der Äther von *nichts* umgeben wird, von leerem Raum, der den Inhalt des Äthers aufsaugt, so passieren zwei Dinge. Erstens verdünnt sich der Äther, weil er Strahlung abgibt. Zweitens füllt aber der Äther damit jenen leeren Raum, den wir vorausgesetzt haben. Der Äther kann nicht von „nichts" umgeben werden, weil er sich dann bis zu den nächsten Senken verdünnt, die ihn solange aufnehmen, bis sie bersten. Damit kommen wir zur vorigen Unterstellung zurück, die schon geplatzt ist.

Unser Ergebnis lautet, dass sich der Äther *nicht* insgesamt ausdehnen kann. Was seinem Surrogat seitens der Wissenschaft *zuge-*

sprochen wird, das ist ihm erstens unbekannt und zweitens nicht nachvollziehbar. Die Expansion der Raumzeit ist ihrem fiktiven Ursprung geschuldet, dem Urknall, und dieser ist der falschen Beurteilung der Rotverschiebung geschuldet.

Jetzt tun sich große Fragen auf. Wenn es keinen Urknall gegeben hat, dann hat es keinen Anfang gegeben. Ist somit alles unendlich? Zugleich soll es aber keine Unendlichkeit geben, weil jede Bewegung endlich ist. Ist das nicht genauso absurd wie die Wandlung von nichts in alles?

Kapitel 6 – Anfang und Ende

Den Anfang machen wir uns so einfach wie möglich. Wir erschaffen oder erdenken keinen Anfang, sondern sehen lediglich nach, *was* den Anfang macht. Das finden wir heraus, indem wir zuerst feststellen, was *keinen* Anfang machen kann.

Was keine Inhalte austauscht, wirkt nicht, ist also unwirklich. Nur was Inhalte austauscht, ist wirklich. Wir betrachten nur wirkliche Dinge, die anderen scheiden wir aus. Was bleibt, sind Quellen und Senken von Inhalt, nur sie tauschen Inhalte aus. Nur Quellen und Senken sind wirklich. Nur Quellen und Senken können einen Anfang machen *{These 181}*. Aber wie tun sie das?

Was Inhalte austauscht, das wechselt seine Inhalte. Die alten Inhalte gehen, die neuen Inhalte kommen. Der Wechsel von Alt und Neu ist ein Anfang, nämlich der Anfang der eigenen Dauer und Veränderung. Dauer und Veränderung sind zusammen die eigene Zeit. Der Körper generiert seine Eigenzeit selbst, wenn er als Quelle oder Senke agiert. Verzichtet er darauf, so büßt er seine Wirklichkeit ein. Daraus ergibt sich, dass alle wirklichen Körper ihre Eigenzeit selbst hervorbringen *{These 182}*. Anders entsteht kein Wechsel von Alt und Neu, anders entsteht kein Anfang, anders entsteht keine Zeit.

Die *Dauer* der Substanz besteht, solange der Wechsel der Inhalte unterbleibt. Nicht aller Inhalt wird ausgetauscht, sondern nur ein alter Teil gegen einen neuen. Im Zentrum unterbleibt der Austausch, in der Peripherie findet er statt. Die Dauer besteht inmitten der Veränderung *{These 183}*. Die Veränderung ist schon da, wenn die Dauer einsetzt.

Macht also die Veränderung den Anfang?

Die Veränderung verlangt das Kommen des neuen Inhalts und das Gehen des alten. Das Kommen des neuen Inhalts ist die Absorption, die Aufnahme in die Substanz, indem die Rotation gelingt. Das Gehen des alten Inhalts ist die Emission, die Freisetzung aus der Substanz, indem die Rotation scheitert. Die Veränderung verlangt die Erhaltungsarbeit der Substanz. Die Veränderung beruht auf der ständigen Erneuerung der Dauer. Die Dauer ist der Grund der Veränderung *{These 184}*.

Muss jetzt der Grund den Anfang machen? Aber die Veränderung war doch schon da, als die Dauer einsetzte! Was also soll gelten?

Besteht die Dauer *inmitten* der Veränderung und ist die Dauer der *Grund* der Veränderung, dann ist die Dauer die Ursache und die Veränderung ist die Wirkung. Zwischen Dauer und Veränderung besteht ein kausaler Zusammenhang.

Die Veränderung geschieht, weil sie von der Dauer verursacht wird. Die Dauer macht die Veränderung notwendig, macht sie zur Bedingung ihrer selbst. Jede Veränderung geschieht nur so, wie sie von der Dauer verursacht wird. Wir erinnern uns, bei Mangel erfolgt die Absorption und bei Überschuss die Emission. Die Dauer regiert die Veränderung, die Ursache die Wirkung.

Damit wird die Substanz *primär*, sie ist die *erste* Ursache jeder Veränderung. Wir können auch sagen, eine Veränderung ist jene Wirklichkeit, die von der Dauer der Substanz verursacht wird. Mit anderen Worten ist jede Veränderung ein Produkt der Substanz. Körper sind nur deshalb Quelle und Senke, weil ihre Substanz Erhaltungsarbeit leistet. Also macht die Erhaltungsarbeit den Anfang *{These 185}*.

Was da ist, muss sich erhalten. Was auftaucht, kommt aus seiner Arbeit, hat keinen anderen Ursprung. Woher aber kommt der Rohstoff? Woher kommt die Arbeit?

Das können wir nur erkunden, indem wir die Arbeit untersuchen. Wir gehen vom Körper aus und nehmen jetzt seine Umgebung hinzu. Wie wirkt ein Körper, der sich ursächlich betätigt?

Die Emission von Überschuss ist der Anfang des Lichts, und ist zugleich das Ende der alten Substanz. Im Wechsel des Inhalts von innen nach außen sind Anfang und Ende vereint. Der Anfang des Einen ist das Ende des Anderen. Der Wechsel ist die Einheit von Anfang und Ende *{These 186}*.

Sind Anfang und Ende vereint, so gibt es keinen Anfang, der nicht zugleich ein Ende ist *{These 187}*. Auch jeder erste Anfang muss zugleich ein Ende sein. Damit gibt es allerdings *keinen* allerersten Anfang, er kommt nicht zustande, weil das Ende fehlt, die zweite Seite des Wechsels.

Wir denken vielleicht, dass „nichts" endet und auf diese Weise den *allerersten* Anfang ergibt. Endet jedoch nichts, so endet in der Tat nichts, das heißt, das alles weitergeht, nichts aufhört.

Wenn nichts aufhört, so ist und bleibt alles da. Unsere Abstraktion „nichts" unterscheidet sich nicht von unserer Abstraktion „alles", denn aller Unterschied wurde dank unserer Vorstellung ausgelöscht. Löschen wir jeden Unterschied, so tauchen nichts und alles ohne Unterschied auf. Beide Vorstellungen scheitern an ihrem Anspruch, dass sie umfassend, aber *verschieden* sein sollen. Sie sind zwar umfassend, weil sie nichts und alles beinhalten, aber sie sind *nicht* verschieden. Nichts und alles sind dasselbe und somit absurd, weil sie einander inhaltlich widersprechen *{These 188}*.

Betrachten wir nicht falsche Abstraktionen, absurde Vorstellungen, sondern die Wirklichkeit, so sind Anfang und Ende im Wechsel vereint. Das Eine und das Andere sind kausal verbunden durch den Wechsel von Inhalt. Wirklich ist nur, was kausal verbunden ist, indem es Inhalte austauscht. Substanzen sind nur wirklich, solange sie Inhalte austauschen, solange sie sich erneuern. Real sind Anfang und Ende nur, wenn sie im Wechsel des Inhalts vereint sind, somit in der Zeit *{These 189}*. Anfang und Ende sind *zugleich* wirklich. Sind Anfang und Ende wirklich, so sind sie notwendig zugleich, sie wirken nur zugleich.

6.1 Die Gleichzeitigkeit

Albert Einstein hat zwar festgestellt, dass es in der Wissenschaft keine Gleichzeitigkeit gibt, hat aber die Zeit mit ihrem Maß verwechselt. Das Maß der Zeit kann nicht gleichzeitig genommen oder erhalten werden, weil jede Senke erst absorbieren muss, wenn eine Quelle emittiert. Nicht nur sind die Abstände der Quelle zu jeder Senke anders, sondern auch die Erhaltungsarbeit jeder Senke ist spezifisch. Damit gibt es kein gemeinsames Maß der Zeit.

Wie steht es damit aber um das Gemessene, um die Zeit?

Wirklich ist der Wechsel von Inhalt nur zwischen Quelle und Senke. Wirklich sind nur die beiden verschiedenen Eigenzeiten von Quelle und Senke, und dazwischen die Eigenzeit des Lichts oder Äthers. Auch in der Wirklichkeit gibt es keine allgemeine Zeit *{These 190}*.

Das besagt aber nicht, dass es *keine* Gleichzeitigkeit gibt. Vielmehr muss es die Gleichzeitigkeit geben, damit ein Wechsel von Inhalt, damit die reale Zeit zustande kommt *{These 191}*. Kommen Anfang und Ende nämlich nicht *zugleich* zustande, so kommt kein Wechsel zustande. Gibt es hingegen den Wechsel von Inhalt, so sind Anfang und Ende seine beiden realen Teile, die ihn zusammen ausmachen, gleichzeitig hervorbringen.

6.2 Die ganze Zeit

Was ergibt sich, wenn wir alle Eigenzeiten *zusammen* in Betracht ziehen, alle wirklichen Zeiten?

Wir nehmen alle Anfänge und Enden zusammen, wir betrachten den *gesamten* Wechsel von Inhalt. Dann ergibt sich, insgesamt sind Anfang und Ende zusammen die ganze Zeit. Anfang und Ende sind zusammen auch der Wechsel. Der gesamte Wechsel von Anfang und Ende ist die ganze Zeit. Der gesamte Wechsel und die ganze Zeit sind dasselbe *{These 192}*. Die ganze Zeit besteht im vollständigen Wechsel von Anfang und Ende.

Aber wie kommt die ganze Zeit zustande?

Mit dem Anfang des Lichts beginnt die Eigenzeit des Lichts, und endet zugleich die Eigenzeit der alten Substanz. Andere Zeit tritt nicht dazwischen, ist weder gefordert noch vorhanden. Die ganze Zeit kommt nur so zustande, wie sie aus allen Eigenzeiten gebildet wird. Die ganze Zeit ist lediglich die Summe aller Eigenzeiten. Sie besteht nicht unabhängig, nicht gesondert von allen Eigenzeiten. Die ganze Zeit ist zusammengesetzt aus allen Eigenzeiten *{These 193}*. Gibt es keine Eigenzeiten, so gibt es keine ganze Zeit.

Der Anfang des Lichts ist das Auftauchen des Neuen aus dem Alten. Das Ende der alten Substanz ist *nicht nur* der Untergang des Alten, sondern zugleich das Auftauchen des Neuen. Das Neue kommt aus dem Alten. Es hat keinen anderen Ursprung *{These 194}*. Nur der Wechsel von Alt und Neu ist real.

Das neue Licht setzt die alte Substanz verwandelt fort, denn es ist aus ihm geworden. Das Neue setzt das Alte in sich fort. Das Alte besteht weiterhin im Neuen, es wurde lediglich zum Neuen verwandelt. Das Alte geht in das Neue unter und wird von ihm fortgesetzt. Weil das Neue aus dem Alten kommt, ist der Untergang des Einen die Fortsetzung des Anderen.

Der Tod des Alten ist zugleich die Geburt des Neuen. Das Leben des Neuen kommt aus dem Tod des Alten *{These 195}*. Das Leben kommt aus dem Wechsel von Alt und Neu. Das Leben kommt aus dem Tod. Das Leben hat keinen anderen Ursprung *{These 196}*.

Der Wechsel von *Alt und Neu* ist zugleich der Wechsel von *Ende und Anfang*, sowie der Wechsel von *Tod und Leben*. Dieser Wechsel ist weiters die ganze Zeit. Die ganze Zeit ist der Wechsel von Alt und Neu, von Anfang und Ende, von Tod und Leben. Umgekehrt sind alle diese Wechsel die ganze Zeit. Alle diese Wechsel erzeugen die Zeit als ihre Seinsweise.

Die ganze Zeit besteht nur so, wie sie von allen Eigenzeiten gebildet wird, nämlich im Wechsel aller Inhalte. Die Zeit ist nichts anderes als dieser Wechsel. Die ganze Zeit ist der Wechsel aller Inhalte.

6.3 Ruht oder fließt die Zeit?

Die ganze Zeit dauert solange, als alle Wechsel aller Inhalte dauern. Während die ganze Zeit dauert, *ruht* sie, unterdessen wechseln alle Inhalte.

Indem die Inhalte wechseln, verändern alle Substanzen ihre Eigenzeit. Die Ruhe der *ganzen* Zeit kommt nicht anders zustande, als dass sich alle Eigenzeiten verändern. Die Dauer der Zeit vereint alle Veränderung *{These 197}*. Diesmal kommt die Dauer so zustande, dass sie in der Fortführung aller Veränderung besteht. Alle Veränderungen dauern an und ergeben so ihre gemeinsame Dauer.

Die *Ruhe* der Zeit besteht darin, dass sie alle Veränderungen oder Wechsel umfasst. Keine Veränderung kann das Wesen der Zeit ändern. Das Wesen der Zeit ruht unveränderlich, besteht dauernd fort, weil es der Wechsel der Inhalte ist. Kein Wechsel des Inhalts kann einen anderen Wechsel aufhalten oder verhindern. Alle Wechsel generieren wieder einen Wechsel.

Auf diese Weise gebiert sich die Zeit selbst. Die Zeit ist die Wiedergeburt des Wechsels. Wir können auch sagen, weil nichts den Wechsel aufhalten kann, besteht die Zeit unaufhaltsam, ohne Aufenthalt. Besteht die Zeit ohne Aufenthalt, so *fließt* sie.

Die Zeit *ruht* in ihrem Wesen, dem Wechsel von Inhalt, weil der Wechsel unveränderlich *andauert*. Zugleich *fließt* die Zeit in ihrer Daseinsweise, in ihrer Bewegung, weil auch der Wechsel unveränderlich *fortschreitet*. Die Zeit unterscheidet sich in keiner Weise vom Wechsel aller Inhalte. Die Zeit ruht und fließt zugleich, so wie der Wechsel aller Inhalte zugleich ruht und fließt *{These 198}*.

6.4 Ist die Zeit endlich oder unendlich?

Wollen wir entscheiden, ob die Zeit endlich *oder* unendlich ist, so fragen wir unter falschen Voraussetzungen. Wir unterstellen, dass endlich und unendlich einander widersprechen. Das aber tun sie nicht. Vielmehr *ergänzen* endlich und unendlich einander *{These 199}*. Beide zusammen sind notwendig, damit die Zeit besteht.

Endlich ist die Zeit, weil jeder Wechsel *begrenzt* ist. Wenn das Neue aus dem Alten hervorgegangen ist, dann ist der Wechsel vom Alten zum Neuen beendet. Zugleich beginnt das Neue alt zu werden und seinerseits zu wechseln.

Unendlich ist die Zeit, weil jeder Wechsel Anfang und Ende vereint. Die Zeit ist endlich wie ein Wechsel und unendlich wie derselbe Wechsel, weil er sich in einen neuen Wechsel verwandelt. Weil das Ende eines Wechsels zugleich der Anfang eines neuen Wechsels ist, ist die Zeit endlich und unendlich zugleich *{These 200}*.

Dagegen wehrt sich unser Verstand. Was wir uns als *endlich* vorstellen, das *hat* eine Grenze. Was wir uns als *unendlich* vorstellen, das hat *keine* Grenze. Ein und dasselbe Ding kann nicht beides zugleich haben. Aber ist die Zeit ein Ding?

Nein, die Zeit ist kein Ding, sondern die halbe *Daseinsweise* des Dings, nämlich sein inhaltlicher Wechsel. Erwin Schrödingers Katze *ist*, soweit sie ihre Substanz bewahrt, *und* ist nicht, soweit sie ihre Substanz austauscht. Denn was im Wechsel ist, das ist nicht Inhalt der Substanz, sondern Inhalt des umgebenden Äthers.

Nun sind alle wirklichen Dinge so wie Schrödingers Katze einerseits Substanz und andererseits Quelle und Senke von Inhalten. Auch die Grenze der Dinge ist nicht fest, sondern beweglich. Die Grenze des Inhalts muss sich öffnen und schließen, wenn Absorption oder Emission erfolgen. Diese Grenze ist die Form. Die Erhaltungsarbeit verlangt eine *bewegliche* Form. Ständig wechselt der Inhalt, also muss auch die Form ständig wechseln. So entsteht der Raum, der Wechsel der Form. Der Wechsel des Inhalts generiert, erzeugt den Wechsel der Form. Die Zeit generiert den Raum *{These 201}*.

6.5 Begrenzt und unbegrenzt

Wir sind es gewohnt, dass ein Inhalt in den anderen übergeht, dass ein Ding sich in ein anderes verwandelt. Alles fließt, erkannte schon Heraklit. Wir sagen heute, alles verwandelt sich im Lauf der Zeit. Zwar denken wir beim Lauf der Zeit an bestimmte Maße der Zeit, etwa an Jahre, aber der Sinn kommt recht gut hin.

Denn ein Jahr ist *materiell* der Austausch von Licht zwischen Sonne und Erde. Dieser Austausch verursacht den Erdumlauf, den wir als Jahr wahrnehmen. Im „Lauf der Zeit" sagt also soviel wie im Lauf des wechselnden Lichts, und das ist ein *realer* Wechsel von *Inhalt*. Während das Licht wechselt, kann viel passieren, kann alles passieren, das ist nämlich, kann auch jeder andere Inhalt wechseln, kann in der Tat jede Bewegung geschehen.

Wir erwarten gewöhnlich nicht, dass der Erdumlauf endet, oder dass die Sonne erlischt, so erwarten wir auch kein Ende der Zeit und sind skeptisch, wenn es verkündet wird. Die *ganze* Zeit denken wir so *unendlich* wie den Lauf der Zeit. Dass hingegen *bestimmte* Zeiten *enden*, das ist uns auch nicht neu, weil wir sterben. Also sind wir eigentlich gewohnt, dass die Zeit *endlich und unendlich* zugleich ist. Darüber denken wir gar nicht nach. Es ist selbstverständlich.

Unsere Vorstellung von endlich und unendlich rührt gar nicht von der Zeit her, sondern in der Tat vom Raum. Beim Raum haben wir Schwierigkeiten, ihn unendlich zu erstrecken. Wo soll denn das Ziel oder Ende unserer Vorstellung sein? Eine solche Vorstellung ist ziellos und damit zwecklos. Wir unterlassen sie als lebensfremd. Übrig bleibt die Vorstellung, der Raum sei begrenzt, sei endlich.

Suchen wir die Grenze des Raumes auf.

Wir unterstellen, dass sich die Grenze des Raumes finden lässt. Wir starten von der Erde und fliegen beliebig schnell in einer konstanten Richtung davon. Irgendwann sollten wir auf diese Weise die Grenze finden oder durchstoßen, ganz gleich, wie der Raum geformt ist. Denn wir sind drin und fliegen hinaus. Machen wir das. Was finden wir?

Wenn wir uns den Raum so vorstellen, dann denken wir erstens, dass er schon fertig vorhanden ist, wenn wir unsere Reise antreten, und zweitens, dass er leer ist, keinen Widerstand gegen unser Vorhaben bietet. Wir denken den Raum so wie Isaac Newton, er sei absolut, sei leer und stehe beliebig zur Verfügung. Auf diese Weise können wir aber *keine* Grenze des Raumes finden. Denn je weiter wir vordringen, desto weiter steht *neuer* Raum zur Verfügung.

Also müssen wir anders vorgehen. Wir besinnen uns, wie der Raum gemacht wird. Die Zeit, der Wechsel des Inhalts erzeugt den Raum als den Wechsel der Formen. Wir müssen es der Zeit gleich tun, wenn wir die Grenze des Raumes finden wollen.

Diesmal verwenden wir eine unerschöpfliche Quelle von Inhalt, denn wir wollen ohne Erschöpfung weiter reisen. Unsere Quelle kann ohne Ende emittieren, Inhalte freisetzen. Damit sie das tun kann, muss sie auch ohne Ende absorbieren, Inhalte aufnehmen. Wir können sagen, wir verwenden das ganze Universum für unsere Reise, denn es dient sicherlich unerschöpflicher als Quelle und Senke als irgendwelche seiner Teile.

Nehmen wir alle Quellen und Senken ohne Erschöpfung, ohne Ende in den Dienst, dann nehmen wir die ganze Zeit in die Pflicht, denn aller Inhalt wechselt. Wechselt aller Inhalt, so wechseln alle Formen. Auch dieser Raum hört nicht auf. Wir finden abermals keine Grenze.

Der reale, wirkliche Raum ist unendlich, solange und weil der Wechsel der Formen nicht aufhört. Damit der Raum endlich wird, muss der Wechsel der Inhalte aufhören, weil nur so der Wechsel der Formen enden kann. Hört der Wechsel der Inhalte auf, so hört die Zeit auf. Das aber kann sie nicht, weil jedes Ende auch ein Anfang ist.

Zur Probe stoppen wir den Austausch der Inhalte. Wir halten die Zeit an.

Hören alle Substanzen auf, Inhalte auszutauschen, so endet ihre Erhaltungsarbeit. Hören Absorption und Emission auf, so enden mit der Rotation alle Substanzen. Wollen wir den Anfang von unveränderlichen Substanzen, so bedeutet er ihr Ende. Lösen sich alle Substanzen auf, so beginnt der Austausch von Inhalten vollständig neu. Das Ende aller Substanzen ergibt einen umfassenden Anfang der Zeit. Weil die Zeit nicht aufhören kann, kann der Raum nicht endlich werden *{These 202}*.

Allerdings ist der reale Raum nur *bedingt* unendlich. Nur solange der Wechsel der Inhalte im Gange ist, nur solange dauert auch der Wechsel der Formen. Der Raum ist nur *so* unendlich *wie* die Zeit, die ihn hervorbringt. Ist der Raum nur auf die gleiche Weise unendlich wie die Zeit, so muss auch der Raum endlich und unendlich wie die Zeit sein.

Sehen wir uns an, wie eine endliche Zeit einen endlichen Raum hervorbringt.

Die endliche Zeit ist ein *konkreter* Wechsel von Inhalt. Wenn die Senke absorbiert hat, was die Quelle gesendet hat, dann ist dieser eine Wechsel abgeschlossen und damit zu Ende. Welchen Raum ergibt das?

Der konkrete, *einzelne* Wechsel ergibt den *Abstand* von Quelle und Senke. Im Abstand ist der Raum endlich und konkret, weil mit dem Wechsel von Inhalt auch der Wechsel der Formen beendet wird.

Sehen wir genauer hin, so müssen wir zugeben, dass der Abstand nur sehr *dynamisch* zustande kommt. Die Quelle muss ihre Form öffnen und schließen, die Senke ebenso, und dem Äther dazwischen ergeht es nicht besser, denn er muss seine Form jeweils anpassen. Alle Grenzen, die hier gebildet werden, öffnen und schließen sich gemäß den ausgetauschten Inhalten. Nirgendwo ist eine feste Grenze anzutreffen. Welcher Abstand gilt wann?

Was wir da als „Abstand" abstrahieren, ist in Wahrheit ein Oszillieren, ein Schwingen, nicht nur der Inhalte, sondern auch der Formen. Schon der einfachste Raum ist so *dynamisch* wie der Wechsel der Inhalte. Obwohl der Abstand endlich und konkret ist, ist er in sich veränderlich und bewegt. Wir können sagen, der Raum ist schon im Einfachsten *endlich und unendlich* zugleich, nämlich gerade so wie die Zeit *{These 203}*.

Kann der Raum im Großen und Ganzen anders beschaffen sein als im Kleinsten und Einfachsten?

Alle Inhalte wechseln, in der Folge wechseln alle Formen, alle Grenzen der Inhalte. Wechseln alle Inhalte, so ist die ganze Zeit tätig. Das Werk der ganzen Zeit ist der ganze Raum *{These 204}*.

Die ganze Zeit kommt aber nur so zustande, dass jeder einzelne Inhalt wechselt. Alle Inhalte zugleich können nicht wechseln, weil es keine gemeinsame Quelle oder Senke gibt, sondern nur verschiedene. Es gibt keine gemeinsame Zeit, sondern lediglich den Übergang einer Eigenzeit in die nächste.

Zudem gelingt jeder einzelne Wechsel nur, wenn *paarweise* gearbeitet wird. Nur wenn die Senke aufnimmt, was die Quelle an Inhalten erübrigt und freisetzt, nur dann wechselt der Inhalt wirklich. Nimmt lediglich der Äther freigesetzte Inhalte auf, so kommen sie im Äther zur Ruhe, so wirken sie nicht. Ein solch allgemeiner Wechsel bleibt ohne Wirkung, ist unwirklich. Wieder ergibt sich, die allgemeine Zeit ist unwirklich.

Ebenso unwirklich ist der allgemeine Raum *{These 205}*. Denn mit dem wirklichen Austausch von Inhalt erlischt auch der wirkliche Wechsel der Formen, beide hören zugleich auf. Die Formwechsel des Äthers allein bleiben jedoch ohne Wirkung. Solange keine Senke absorbiert, verändern sich weder die Senke noch der Äther.

Auch die Quelle verändert sich nicht mehr, jedenfalls nicht bis zur nächsten Freisetzung von Inhalt, die einen neuen, den nächsten Wechsel einleitet.

Gibt es keinen allgemeinen Raum, weil er nicht erzeugt wird, so bleiben nur die einzelnen Abstände zwischen Quelle und Senke wirklich *{These 206}*. Alle Abstände zusammen ergeben in der Tat keinen Abstand.

Niemals kann *ein* Abstand *allein* gebildet werden. Niemals kann eine Summe der Abstände gebildet werden, weil die Richtungen wechseln. Vielmehr folgen alle Abstände ihren spezifischen Ursachen, nämlich den Eigenzeiten, dem Wechsel von Inhalt. Der Raum bleibt in allen seinen Teilen der Zeit verpflichtet, kann sich niemals von seinem Ursprung frei machen.

6.5.1 Die Dimensionen

Gibt es nur das verfilzte Dickicht der einzelnen Abstände zwischen den jeweiligen Quellen und Senken, so erhebt sich die Frage, ob der Raum eindimensional ist. Immer genügt ein Maß, nämlich der Abstand, um den wirklichen Raum zu bestimmen. Ein solcher Raum besteht aus lauter Entfernungen, nur aus Distanzen? Kann das funktionieren?

Wir betrachten den Einwand von Stephen Hawking, dass der Raum wenigstens *drei* Dimensionen haben muss, ansonsten würden wir entlang unseres Speiseweges auseinander fallen. Vom dargestellten Hund als Beweismittel haben wir abgesehen. Wir sind uns da selbst durchaus gut genug.

Bei nur *zwei* Dimensionen entstünde eine obere und untere Hälfte, die nur schlechte Luft als Kleister aufweisen könnte. Die gute Luft muss rundum eingeschlossen werden, das braucht eine dritte Dimension. Wir bleiben nur intakt, wenn der Raum drei oder mehr Dimensionen aufweist.

Das leuchtet ein. Das sind wir irgendwie gewohnt. Wir schauen unsere Knochen samt geschätztem Anhang an und denken, klar, das ist alles dreidimensional, oder gar nicht. Jeder Körper, der etwas auf sich hält, hat mindestens drei Dimensionen, sonst ist er so flach, dass er nicht länger körperlich bleibt, nicht länger zusammen halten kann. Der Raum tut seine Dienste. Wie also könnte er eindimensional sein? Wer das behauptet, soll sich doch bitte einmal gründlich umsehen, ja, und dann etwas gründlicher nachdenken! Wer so eindimensional denkt, denkt gar nicht.

Wenn wir so vorgehen, dann nehmen wir den Raum in unsere Dienste. Der Raum soll *zweckmäßig* sein, das heißt, wir verlangen, dass er dem Leben genügt. Das ist zwar womöglich etwas anspruchsvoll, aber nicht ganz unvernünftig. Treffen wir Leben an, dann wird es vom Raum geduldet. Der Raum ist also offenbar lebensfreundlich. Der Wechsel der Formen muss auch dem Leben möglich sein, ansonsten gäbe es kein Leben.

Aber welche Rolle spielen in diesem Argument die *Dimensionen*?

Eine Dimension ist ein Maß, etwa die Länge oder die Höhe oder die Distanz. Die erste Dimension ist ein erstes Maß des Raumes. Sie gibt uns die erste Koordinate an, dann brauchen wir eine zweite und dritte Maßangabe, damit wir den Raum ausmessen können, den wir beurteilen. In Gedanken schreiten wir von einer Koordinate zur anderen wie ein Baumeister des Universums. Dabei verwenden wir rechte Winkel, damit sich dazwischen keine Lücken auftun. Wir stapeln Würfel aus Metern oder Lichtjahren, und zählen im Schreiten die verwendeten Würfelkanten. So bauen wir den Raum aus drei Dimensionen. Weil wir auf diese Weise jeden Punkt erreichen können, sind wir zufrieden wie seinerzeit Isaac Newton. Drei Dimensionen sind absolut perfekt.

Wir können auch „polare Koordinaten" verwenden, dann fliegen wir wie das Licht von der Quelle, dem Pol, zu einer erdachten oder gesuchten Senke, dem Ziel. Wenn wir den Winkel wissen, in dem wir starten, und die notwendige Reisezeit, dann funktioniert das Verfahren, weil die Lichtgeschwindigkeit konstant ist.

Um den Winkel zu bestimmen, brauchen wir ein geometrisches „Bezugssystem". Wir verwenden etwa die Erdbahn als Tisch und den Polarstern als ersten Winkel, mit dem wir alle anderen vergleichen können. Die Sonne sendet jetzt unsere fliegenden Koordinaten aus, sie kommen überall hin. Wieder können wir zufrieden sein.

Nein? Wir tun uns schwer mit den vielen Winkeln, zudem verbeult sich das lichtschnelle Konstrukt auch noch blubbernd. Also überlassen wir diese harte Arbeit Albert Einstein. Er kommt mit allen Relativitäten von Bezugssystemen zurecht. Er verwirft die absoluten Würfel, und nimmt die biegsamen Koordinaten von Carl Friedrich Gauß zur Hand. Diese Koordinaten werden zuerst, in der „Speziellen Relativitätstheorie", als anschmiegsames Netz um die Sonne gelegt und dann lichtschnell aufgeblasen, bis wir am Ziel sind.

Das Blubbern macht nunmehr Blasen und Mulden im Netz, die wir, inzwischen in der „Allgemeinen Relativitätstheorie" sicher unterwegs, als Umweg in Kauf nehmen können. Damit haben wir die Raumzeit im Griff, alle Wege aller Emittate, seien sie geistig oder materiell. Wir können sogar die Sonne durch den Urknall ersetzen, die Raumzeit sagt uns trotzdem, wo der Äther wann wie dicht ist. Die Raumzeit ist perfekt. Wir sollten zufrieden sein.

Nein? Was ist inzwischen mit unseren eindimensionalen Ansprüchen oder Denkleistungen passiert?

Der *Abstand* ist *kein* Maß, sondern *wirklicher* Raum. Der Abstand ist kein fiktiver Raum, der überwunden werden muss, sondern ein Raum, der wirklich *hervorgebracht* wird. Die Quelle muss wirklich senden, Inhalte freisetzen. Die Senke muss wirklich empfangen, Inhalte aufnehmen. Der von der Quelle emittierte Inhalt muss dazwischen wirklich reisen, muss sich selbst bewegen. Ansonsten kommt der wirkliche Raum nicht zustande. Der Abstand ist ein gemeinsames Produkt von Quelle, Äther und Senke. Der Abstand ist ein *materielles* Erzeugnis dieser drei Akteure *{These 207}*.

Wie sich das Photon bewegt, das haben wir schon beleuchtet. Das Photon pflanzt sich gleichartig im Äther fort. Es *überwindet* keinen Abstand. Sondern es pflanzt sich solange fort, als es nicht absorbiert wird. Der Abstand ist *dasselbe* wie die *Fortpflanzung* des Photons, ist zeitlich die Lebensdauer und räumlich die Lebensstrecke seiner Generation *{These 208}*.

Wollen wir diesen materiellen Vorgang *messen*, den Austausch von Inhalt, so verwenden wir die *Geschwindigkeit* des Lichtes, *nicht* seine Bewegung. Wir *reduzieren* den wirklichen Raum auf ein Maß. Dann aber genügt uns die gefundene Zahl *nicht*, die erste Dimension, weil sie keine Orientierung erlaubt. Deshalb brauchen wir weitere Maße. Die „notwendigen" Dimensionen des Raumes sind allein unserer Orientierungsnot geschuldet, nicht dem wirklichen Raum *{These 209}*.

Die Dimensionen sind unser Gerüst der Orientierung. Die Koordinaten machen es möglich, Bewegungen zu vergleichen. Sie erzeugen oder füllen aber keinen wirklichen Raum, sondern nur einen erdachten, projizierten Raum.

Dass wir nicht entlang des Speiseweges auseinander fallen, ist nicht den Dimensionen geschuldet, nicht den Maßen des Raumes, sondern der Erhaltungsarbeit der Atome. Sie wechseln ihre Inhalte, und erzeugen damit die Zeit. Sie wechseln ihre Formen, und erzeugen damit den Raum. Was uns zusammenhält, das ist die Bewegung, die Einheit von Zeit und Raum.

Seit Albert Einstein sind der „absolute Raum" und die „absolute Zeit" außer Dienst gestellt, wie sie von Isaac Newton überliefert waren. Die leeren Würfel mit starren Kanten haben als Bezugssystem ausgedient. Sie waren als Käfig der Bewegung gedacht, aber die Bewegung lässt sich nicht einsperren.

Die Raumzeit stellt zwar richtig eine Relation zwischen Bewegung und Licht her, genauer, zur Licht*geschwindigkeit* und zur Verformung der Lichtwege. Aber die Raumzeit erhebt sich nun selbst zum physikalischen Himmel. Sie fungiert anstelle des Äthers, und tut dies wieder abgehoben vom realen Geschehen, und zwar wieder in Gestalt von Koordinaten.

Wenn sich die Netze der Raumzeit verformen, sich die *Dimensionen* ändern, dann sollen Gravitation, Urknall, Schwarze Löcher und Expansion entstehen. Die Maße werden hier zu *Ursachen* erklärt, obwohl Zahlen nicht wirken können.

Dagegen sträubt sich die Lebenserfahrung nicht ohne Grund. Die Vorstellung Newtons war zwar idealistisch, trotzdem war sie lebensnäher, denn sie mutete dem Raum *nicht* zu, Ursache zu sein.

In der Tat ist allein die Zeit ursächlich, nur der Wechsel der Inhalte. Schon jeder Wechsel der Formen ist konkret erwirkt. Die Lebenserfahrung beharrt spontan auf der Kausalität. Deshalb verwirft sie jede Vorstellung, dass der Raum ursächlich wirke. Aus gutem Grund beschränkt sich die Beliebtheit der Raumzeit auf die Gefilde der maßvollen Wissenschaft.

Wir halten fest, jede Dimension ist eine hilfreiche Zutat zur Orientierung. Ob der Vergleich mit *einer* Dimension erfolgt, oder mit 27 Dimensionen, das tut dem Verglichenen keinen Abbruch. Keine Dimension ist Bestandteil einer Bewegung, oder Teil des wirklichen Raumes, geschweige denn eine kausale Erklärung für materielle Vorgänge oder Bewegungen.

6.6 Ursache und Ursprung

Wir begehren, aus welchen Motiven auch immer, einen *ersten* Anfang von Zeit und Raum. Versuchen wir, uns diesen Wunsch zu erfüllen. Dazu müssen wir Ursache und Ursprung gleich setzen. Der Ursprung war die erste Ursache, und die erste Ursache ergab den Ursprung. Im *Urgrund* sind Ursache und Ursprung vereint.

Weil Anfang und Ende dasselbe, im Wechsel ident sind, hat die Zeit *keinen* Ursprung *{These 210}*. Verweigert eine Ursache ihren Ursprung, so kann auch ihre Wirkung keinen Ursprung aufweisen. In der Folge hat auch der Raum keinen Ursprung *{These 211}*. Denn seine Ursache ist die Zeit.

Unser Versuch misslingt. Ursprung und Ursache müssen verschieden sein. Wie unterscheiden sie sich?

6.6.1 Die Ursache

Die Ursache erzeugt ihr Produkt, ihre Sache. Die Zeit erzeugt den Raum. Der Raum ist das Produkt, ist die Sache der Zeit. Diese Ursache, die Zeit, ist keine *erste* Quelle, ist kein Ursprung, sondern ein Wechsel von Anfang und Ende, von Alt und Neu, ist eine *stetige* Quelle, ist die Verwandlung des Einen in das Andere. Die Zeit verwandelt alten Inhalt in neuen, anderen Inhalt.

Gibt es eine *andere* Ursache als die Verwandlung, so ist die Zeit keine Ursache, dann hat sie selbst eine Ursache. Sehen wir nach.

Die Zeit verwandelt allerdings *jeden* Inhalt in anderen. Sie verwandelt alles an Inhalt. Nur wo *kein* Inhalt ist, nur dort kann eine *andere* Ursache am Werk sein als die Zeit. Wo kein Inhalt ist, dort ist alles nichts. Dort ist kein Unterschied zwischen allem und nichts. Wo kein Unterschied ist, dort kann auch kein Unterschied auftauchen, keine Wirkung. Wo keine Wirkung *auftauchen* kann, dort ist auch keine Ursache.

Wir erhalten, dass die Zeit die *einzige* Ursache ist *{These 212}*. Umgekehrt gilt, dass *jede* Ursache die Zeit ist. Alles kommt und geht mit der Zeit, weil *jede* Verwandlung von der Zeit verursacht wird. Jede Verwandlung ist eine Wirkung der Zeit, der *einzigen wirklichen* Ursache.

Die Zeit wirkt und ist wirklich, sie ist reale Ursache. Sie ist weiters die *einzige* reale Ursache *{These 213}*. Alles was nicht von der Zeit erwirkt wird, ist unwirklich, nicht real. Eine Verwandlung, die nicht von der Zeit verursacht wird, kann nicht geschehen. Eine Wirkung ohne zeitliche Ursache ist unwirklich, also absurd.

Die Zeit ist Sache, ist *materiell*, weil sie wie jede Sache von deren Ursache erzeugt wird. Die Ursache dieser materiellen Sache ist wieder die Zeit. Hier ist die Sache zugleich ihre Ursache. Die Zeit als Sache ist ihre eigene Ursache. Die Zeit verursacht sich selbst *{These 214}*. Der Wechsel des Inhalts verursacht sich selbst.

Früher sagten wir, die Zeit gebiert sich selbst, ist ihre eigene Wiedergeburt. Das besagt nur dasselbe. Die Zeit ist Mutter, Vater und Kind zugleich. Als Mutter und Vater ist die Zeit Ursache. Als Kind ist die Zeit Wirkung der Ursache. Weil sich das Kind verwandelt, zu Vater oder Mutter wird, verwandelt sich die frühere Wirkung in neue Ursache. Die Zeit ist auch die *Fortpflanzung* von Ursache und Wirkung, ist deren Verwandlung oder gemeinsame Bewegung *{These 215}*.

Umgekehrt entnehmen wir dem Leben unsere Vorstellung von Kausalität, von der *Abfolge* von Ursache und Wirkung. Nur so, wie sich das Leben bewegt, nur so können sich Ursache und Wirkung bewegen, das heißt, ineinander verwandeln, auseinander hervorgehen. Die Kausalität ist der Weg des Lebens, ist seine Fortpflanzung *{These 216}*. Was sich anders als das Leben bewegt, ist nicht kausal. Es kann vom Verstand nicht erfasst werden, weil der Verstand nur kausal arbeiten kann, nicht auch absurd.

Jede Sache ist ein Erzeugnis ihrer Ursache, ist deren Wirkung. Ein Apfel ist die Wirkung des Apfelbaumes, seiner Ursache. Der Apfelkern ist die Ursache des nächsten Apfelbaumes. Der Apfelbaum ist eine Wirkung des Apfels. Ursache und Wirkung verwandeln sich ineinander so wie Apfel und Apfelbaum, oder so wie Ei und Henne.

Verwandeln sich Ursache und Wirkung ineinander, so wechseln sie. Während sie wechseln, sich ineinander verwandeln, sind sie dasselbe. Ursache und Wirkung *sind ident* im Wechsel, sie sind dasselbe wie der Wechsel der Sache. Der Wechsel der Sache ist dasselbe wie der Wechsel des Inhalts, ist also die Zeit. Wir erhalten als Ergebnis, dass Ursache und Wirkung dasselbe wie die Zeit sind. Die Zeit ist die Einheit von Ursache und Wirkung *{These 217}*.

6.6.2 Der Ursprung

Wollen wir das Ei oder die Henne zuerst, dann versuchen wir, aus der Ursache einen *Ursprung* zu machen. Was tun wir?

Wir ziehen den Ursprung *nicht* aus der Materie empor, entnehmen ihn nicht der Zeit, nicht dem Wechsel der Inhalte. Dort ist er nicht zu finden. Dort ist *kein* Ursprung, sondern dort sind nur Ursachen und Sachen. Wir verwerfen die Ursache und glauben, auf diese Weise an den Ursprung zu gelangen.

Verwerfen wir die Ursache, so gelangen wir zu den Sachen. Wir suchen die *erste* Sache, sie muss den Anfang gemacht haben, der Ursprung sein. Die erste Sache ist allerdings die erste *gezählte* Sache. Der Umstand des Zählens verlangt den Ursprung *{These 218}*. Sobald der Verstand zählen lernt, sucht er den Ursprung.

Wir greifen eine Sache nach der anderen heraus, ein Ei, eine Henne, einen Urbaustein, einen anderen, besseren. Immer ist es ein fertiges, greifbares, zählbares Ding. Greifen wir eine Sache heraus, so *schöpfen* wir sie aus der Materie. Wir entheben sie ihrer Ursache.

Wir abstrahieren die Sache zum Begriff, zu unserer geistigen Schöpfung. Wir schöpfen ein *Geschöpf,* an das wir glauben, und glauben *müssen,* damit wir es zählen können. Wir zählen unsere Geschöpfe.

Zählen wir unsere Geschöpfe, so gibt es immer ein *erstes* Geschöpf. Alsbald suchen wir das erste Geschöpf überhaupt. Es ist der *Ursprung,* der den Anfang alles Gezählten macht, und machen muss, damit alles gezählt werden kann. Der Ursprung ist die Voraussetzung des umfassenden Zählens *{These 219}*.

Was nicht mit gezählt werden kann, das darf nicht sein, das zählt nicht. So wird alles dem Ursprung unterworfen, was sich der Zahl fügen muss. Die Zahl wird zur Herrschaft über die Ursache gerufen, das ist die Funktion des Ursprungs *{These 220}*.

Die Funktion ist allerdings der Zweck des Ursprungs, ist somit *unser* Zweck. Unser Zweck ist der Urheber des Ursprungs, ist der Schöpfer des Ursprungs *{These 221}*.

Der Ursprung ist *unser* erstes Geschöpf, wir schaffen es, damit wir zählen können. Wir setzen den Anfang des Zählens und damit den Ursprung. Der Ursprung ist der Anfang der Zahl, nicht auch etwas anderes *{These 222}*.

Jeder Vergleich braucht zählbare Gegenstände. Zählbar sind nur fertig gegebene Gegenstände. Ihre Ursache darf nicht mehr wirken, sonst verändern sich die Objekte unseres Vergleichs. Das Zählen *löscht* die Ursache, braucht jedoch den Ursprung, den Anfang, den ersten Gegenstand, die erste Zahl. Der Ursprung ist die erste Zahl *{These 223}*.

6.6.3 Die Null

Mathematisch ist der Ursprung die Null. Ihr entspringen alle Zahlen in jeder Richtung, seien sie positiv oder negativ. Positive Zahlen bringen neue Inhalte, bilden also die Absorption ab. Negative Zahlen schaffen alte Inhalte fort, bilden also die Emission ab. Damit ist die Null das Abbild der Substanz *{These 224}*. In ihr tauchen alle Inhalte unter, und aus ihr gehen alle Inhalte vor, so wie alle Zahlen.

Die Null ist nicht leer, sondern sie verbirgt ihren Inhalt wie die Substanz. In der Null sind alle Zahlen untergetaucht, bleiben dort verborgen, bis sie ihrem Ursprung entweichen oder wieder in ihn eingehen. Die Null ist also nicht nur die Substanz der Zahlen, sondern auch das Werden aller Zahlen *{These 225}*.

Die Null ist als abstrakter Ursprung befreit von aller materiellen Sache und Ursache. Zugleich ist sie jedoch als das Werden aller Zahlen das abstrakte Abbild der Zeit. In diesem Abbild der Zeit sind alle realen Inhalte entfernt, werden jedoch ausgetauscht. Die Null ist das abstrakte Abbild der Zeit *{These 226}*.

Während alle Zahlen wechseln, dauert die Null an. Sie ist das Abbild der Dauer inmitten der Veränderung aller Zahlen. Deswegen ergeben alle Gleichungen auf einer Seite Null, während auf der anderen Seite die Verwandlung stattfindet.

Wird das mathematische Abbild der Zeit auf die Physik übertragen, so bleibt die Null nicht länger der Ursprung der Zahlen, sondern sie wird zugleich der Ursprung der Welt. Denn hier haften den Zahlen noch Sache und Ursache an, die Materie.

Der Anspruch der Zahl auf Herrschaft wird allerdings unbewusst mit übersiedelt. So entsteht der Glaube an den Ursprung der Materie ohne Ursache, das ist, ohne Materie. Der Ursprung der Materie ohne Ursache ist und bleibt jedoch lediglich der Ursprung der Zahl *{These 227}*.

Das genügt zwar für den Inhalt der Raumzeit, weil sie aus Zahlen gemacht ist, genügt aber für sonst nichts. Der Ursprung der Materie ohne Ursache ist auch der Ursprung der Materie ohne Materie, ist also ein geistiger, nicht materieller Ursprung.

Indem wir beim Zählen die Sache ihrem Maß opfern, reduzieren wir die Ursache, die Materie, zum Ursprung der Zahl. Wir vernichten in Gedanken die *reale* Daseinsweise der Ursache, die Bewegung der Materie. Die geistig *gelöschte Ursache* ist *nichts*, gilt nicht mehr. Der geistig *geschöpfte Ursprung* ist *alles*, gilt für alles, für alles Zählbare, für alle Zahl. So verwandeln wir nichts in alles. Wir sind die Schöpfer des Urknalls.

6.7 Was bleibt als Materie?

Verzichten wir auf irrtümlich geschöpfte Geschöpfe, so ergeben sich folgende zurecht geschöpften Geschöpfe. Mit anderen Worten, wir wollen unsere Geschöpfe ein wenig mehr „zurecht machen".

Zeit und Raum sind *endlich* wie der *konkrete* Austausch zwischen Quelle und Senke. Zeit und Raum sind zugleich *unendlich* wie der *Wechsel* von Inhalt und Form.

Die Zeit ist Sache und Ursache, ist Ursache ihrer selbst, denn sie ist der Wechsel des Inhalts. Die Zeit ist die einzige wirkliche Ursache.

Der Raum ist Erzeugnis der Zeit und somit der Sache. Er ist der Wechsel ihrer Form, der Grenze des Inhalts einer Sache. Der Raum ist die formale Wirkung der Zeit.

Die Ursache ist *kein Ursprung* der Sache. Vielmehr ist der Ursprung lediglich der Beginn der Zahl.

Die Materie endet dort, wo die Natur anfängt. Die Grenze wird allein von uns gezogen, nämlich dort, wo unser Urteilsvermögen aufhört. Dort versagt unser Bewusstsein darin, sich von der Materie abzusondern, sich heraus zu arbeiten. Dort verbleibt die Natur ungeteilt. Die Grenze der Materie zur Natur besteht nur in unserem Denken, nicht auch außerhalb.

Das Universum endet jeweils dort, wo die Natur anfängt *{These 228}*. Denn das Universum ist das All der von uns beurteilten Materie. Allerdings ist die Natur weder rundherum, noch nichts, noch unwirklich. Sie ist ohne Beurteilung, ohne Frage, ohne Zweifel verblieben, wo und wie immer sie sein mag.

Die Materie ist ein Teil der Natur, ist also *in* der Natur, so wie zugleich unser Bewusstsein, der andere Teil der Natur. Die Materie ist jener Teil der Natur, den unser Denken beurteilen, fassen kann. Die Materie ist notwendig menschlich beurteilt. Sie ist nicht unabhängig vom Bewusstsein, sondern dessen Gegenstand und Widerpart. Die Materie ist die menschliche Fassung der Natur *{These 229}*.

Hingegen verbleibt die Natur überall ungeteilt, wo unser Bewusstsein noch nicht ein- oder vordringen kann. Das gilt im Kleinen wie im Großen, in den Höhen und Tiefen der Materie, in uns und um uns. Anderes ist weder möglich noch notwendig.

Wie geht es weiter?

Eine weitere Schrift befasst sich mit der Frage, wie die Materie Leben, Bewusstsein und Vernunft aus sich hervorbringt. Die Untersuchung mündet in einem Vorschlag, wie wir unser Leben so gestalten können, dass es Fortsetzung findet.

Dieses zweite Buch ist bereits im selben Verlag erschienen. Der Titel lautet „Kritik des Zwecks - wie die Welt regieren?". Darin enthalten ist ein Aufsatz (in englischer und deutscher Sprache) zu dem Nachweis von Thomas Nagel in seinem Werk „Geist und Materie", warum das physikalische Weltbild nicht zutreffend sein kann.

Den Begriff der Materie wollte ich hier nachträglich klären, weil er grundlegend ist. Wenn wir die Materie so begreifen, wie sie ist, dann werden wir erstens demütig und zweitens selbstbewusst. Demut bedeutet, den Anspruch auf Herrschaft abzulegen. Selbstbewusstsein bedeutet, auf die eigene Autorität nicht zu verzichten.

Beides wird notwendig eintreten, weil sich das Leben nicht anders fortsetzen kann. Menschheit und Gesellschaft stehen erst an ihrem Anfang. Die großen Krisen, die sich aktuell vor uns abzeichnen, sind nur der Übergang zu einer ersten Reife. Diesen Übergang müssen wir schaffen, aus uns hervorbringen. Andere Quellen sind weder gegeben noch möglich, sie bleiben unwirklich. Die Gnade der Natur muss uns genügen zum Leben und seiner Fortsetzung. Unbarmherzig ist nicht die Natur, sondern lediglich der untaugliche Versuch, zu herrschen.

Zusammenstellung der Thesen

Nr.	Aussage der These	S.
1	Die Einheit des Körpers verlangt seine Drehung als Daseinsweise.	22
2	Gegensätze beruhen auf einem Verhältnis.	23
3	Jegliches Verhältnis beruht auf dem Austausch von Inhalt.	26
4	Daseinsweise und Bewegung sind dasselbe.	27
5	Der Austausch von Inhalten ist der Ursprung von Gegensätzen.	28
6	Die Substanz besteht nur darin, dass der Austausch von altem und neuem Inhalt hinreichend gelingt.	30
7	Die Substanz ist der Inhalt der Rotation und somit des Körpers, umgekehrt ist die Rotation die Erhaltungsweise des Körpers.	30
8	Weil der Austausch an Inhalt konstant ist, nimmt die Erde die Form eines Ellipsoides an, sie wird zum Geoid.	31
9	Wir erhalten erstens den Austausch von Inhalt als Ursprung der Bewegung und zweitens die Geschwindigkeit als Maß des inhaltlichen Austausches.	32
10	Die Beschleunigung beruht auf der Intensivierung des inhaltlichen Austausches.	32
11	Die Bewegung der Rotation teilt sich in Repulsion oder Attraktion, andere Bewegung ist nicht möglich.	34
12	Was sich äußerlich bewegt, kommt innerlich zur Ruhe. Und umgekehrt: was nicht voran kommt, gerät unter Druck.	38
13	Die Bewegung ist der Weg zur Ruhe.	38
14	Die vermeinte Anziehungskraft der Erde ist in Wahrheit die Attraktion des gehobenen Moleküls, ist dessen absorbierende Erhaltungsarbeit.	48

	werden, ohne sonstige Beigaben.	
33	Der Stern ist *außen* die fortschreitende *Trennung* von Absorption und Emission, ist die *Auflösung* der Rotation, ist die Auflösung der Körperlichkeit, der Übergang des Körpers in die Bewegung.	87
34	Der Stern ist *innen* die grundlegende Erneuerung der Substanz. In seiner Mitte erneuert der Stern die Atomkerne, bringt sie in jeder Sternphase immer gehaltvoller hervor. Der Stern ist mittig die Genese der Atomkerne.	87
35	In der Sonne arbeiten Quelle *und* Senke gemeinsam und *wechselseitig.*	89
36	Die Substanz ist die Einheit von Quelle und Senke.	89
37	Es gibt keinen anderen Ursprung des Körpers als seine Erhaltungsarbeit.	89
38	Das Klima ist die *gegenseitige* Erhaltungsarbeit von Luft und Wasser.	95
39	Der Tag ist reale Arbeit, nämlich die Absorptionstätigkeit des Planeten.	96
40	Die Nacht ist die Emission der Erde, ist die andere Hälfte der Erhaltungsarbeit.	96
41	Der Hauptsatz der Thermodynamik besagt, dass sich die Emission *fortpflanzt,* nicht jedoch „das Chaos“ breit macht.	97
42	Die Rotationsweise wird davon bestimmt, *wie* sich der Inhalt zusammensetzt.	100
43	Die Frequenz misst die *Erneuerungsrate* einer Substanz.	101
44	Die reale, materielle Welle ist das materielle Emittat der Quelle.	104
45	Ist umgekehrt jedes wirkliche Emittat eine Welle, dann fliegen in der Welt keine „Teilchen“ herum, sondern eben nur materielle Wellen.	104
46	Das Photon ist kein *Ding,* auch die Lichtwelle ist kein	111

	gung.	
86	Die Emittate aller Körper sind der Lebensraum, das *Habitat* der Körper.	162
87	Die Raumzeit will das sein, was sie misst, nämlich der Äther, sie ist sein Surrogat.	162
88	Die Raumzeit ist das Maß des Äthers.	163
89	Die Bewegung beruht auf der *Verarbeitung* des Äthers durch die Substanz.	164
90	Die Erde ist so stabil wie ihr Äther.	166
91	Was Michelson und Morley gefunden haben, ist die Konstanz der atomaren Erhaltungsarbeit unter irdischen Bedingungen.	168
92	Ohne Plus und Minus gibt es keine Eins.	171
93	Jede Materie ist eine Einheit von Konstanz, Werden und Vergehen.	171
94	Der Körper ist Äther *nach* seiner Verarbeitung, die Bewegung ist Äther *während* seiner Verarbeitung.	172
95	Alles und Nichts sind beide die *Unterschiedslosigkeit,* nicht auch etwas anderes.	180
96	Die Natur ist die Einheit von Allem und Nichts. (vgl. These 30)	180
97	Das erdachte Nichts ist die ungeteilte Natur.	181
98	In *jedem erdenklichen* Fall besteht die Natur ohne Frage.	181
99	Was die Welt angeblich in ihr Dasein ruft, das ist der Zweck.	182
100	Der Urknall ist die geistige Schöpfung der Materie, weil er Zweck und Anfang gleich setzt, identifiziert.	184
101	Soweit sich die Physik methodisch auf das Maß der Natur beschränkt, soweit ist sie keine Naturwissenschaft.	185
102	Die Substanz ist die *erste* Wirkung der Erhaltungsarbeit.	187
103	Die Bewegung ist die *zweite* Wirkung der Erhaltungsar-	187

	beit.	
104	Die atomare Materie ist die *dritte* Wirkung der Erhaltungsarbeit.	187
105	Das bedeutet, dass nur der Einheit der atomaren Materie Wirklichkeit zukommt.	188
106	Dem entnehmen wir, dass das Verhalten der Senke *entscheidend* ist für das, was sie sieht.	189
107	Die atomare Wirklichkeit ist begrenzt.	190
108	Wo immer die Lichtgeschwindigkeit „c" als *ursächliche Prämisse* auftaucht, eine Wirkung erzielen soll, kippt sie das darauf bauende logische Gebäude.	191
109	Das Licht erlischt, indem es den Äther speist.	193
110	Jegliche „Information" ist materiell die Übertragung atomarer Erhaltungsarbeit.	196
111	Aus gleichartigen Spektren auf gleichartige Atome zu schließen, das ist nicht gerechtfertigt.	196
112	Information ist *objektiv und subjektiv* zugleich.	196
113	Jede Information ist nur eine Anpassung der Erhaltungsarbeit an neu eintreffende Gestalten.	197
114	Also dürfen wir das Proton als *eigentliche* Quelle dessen ansprechen, was nach der Verarbeitung durch das Elektron als Photon freikommt.	199
115	Die spätere Senke wird bei der Absorption die *gegengleiche* Erhaltungsarbeit aufnehmen und das ist die „Information" der Quelle an die Senke, der materielle und kausale Zusammenhang.	200
116	Der Lichthaushalt zwischen Proton und Elektron entspricht dem Wärmehaushalt des ganzen Atoms.	200
117	Wird die Erhaltungsarbeit von der Quelle auf die Senke übertragen, so erfolgt sie *gegengleich.*	201
118	Weil die gegenseitige Emission abnimmt, nimmt auch	206

	die Geschwindigkeit der Repulsion ab.	
119	Sehen wir Bewegung und Selektionsvermögen als Lebenszeichen an, so müssen wir dem Atom Leben zusprechen.	209
120	Die Gravitation ist *keine* Fernwirkung.	210
121	Außerhalb der Form gibt es *keine* Absorption und somit auch keinen Radius derselben.	210
122	Wenn die Substanz *absorbiert,* dann attrahiert sie. Sie *erzeugt* die Gravitation. Die Gravitation ist das Maß ihrer *Absorptionstätigkeit.*	212
123	Wenn die Substanz *emittiert,* dann repulsiert sie. Sie *erzeugt* die Fluchtbewegung, die Entfernung und die Beschleunigung. Die Geschwindigkeit ist das Maß ihrer *Emissionstätigkeit.*	212
124	Die *allseitigen* Druckwellen *stabilisieren* die Bahnbewegung, sie sind *nicht direkt* dynamisch wirksam.	213
125	Jede Substanz hat einen spezifischen Äther, sie generiert eine spezifische Kugelwelle.	214
126	Die Phasengeschwindigkeit misst die Ausbreitung oder Fortpflanzung der Erhaltungsarbeit, das ist, wie schnell der spezifische Äther einer Substanz verarbeitet wird.	215
127	Was die Substanz zusammen hält, das ist der Austausch von Äther in ihrem Inneren.	216
128	Jede Wirkung beruht auf der Absorption eines Emittats.	216
129	Die Planeten befinden sich im Emissionskegel der Sonne.	217
130	Das Sonnensystem ist elliptisch, weil es geometrisch einen Kegelschnitt durch den Emissionskegel der Sonne bildet.	217
131	Weil die Sonne ihren Emissionskegel gemeinsam mit dem Absorptionskegel dreht, dreht sie die Ebene des Sonnensystems mit. Das ergibt die „Apsidendrehung“ der Planetenbahnen.	218

132	Der Mond absorbiert Wärme aus der Emissionswolke der Erde, die wenigstens bis zum Mond reicht. Das besagt, dass der Mond aus irdischen Atomen besteht.	219
133	Die Himmelsmechanik atomarer Materie ist ein Erzeugnis des atomaren Wärmehaushalts.	220
134	Das Gravitationsgesetz setzt *unbewusst* voraus, dass stabile Körper in der Tat rotieren. Es besagt hingegen *nicht,* dass die Körper attrahieren.	222
135	Wir können sagen, das Unendliche ist der *Wechsel* der Erhaltungsweise.	224
136	Eine neue „Sternphase" beginnt. Ihr muss auch eine andere Rotationsweise entsprechen, ein neuer Umlauf um das Zentrum.	224
137	Die Senke muss zur *Selektion* fähig sein.	226
138	Nicht erst Atome, schon Atomkerne sind zur Selektion fähig.	226
139	*Was rotiert, das selektiert auch.* Die Erhaltungsarbeit *besteht* in der Anpassung der Rotationsweise.	226
140	Die *gesehene* Quelle wird vom Verstand *rekonstruiert,* nicht auch anders wahrgenommen.	227
141	*Nicht* das Licht der Quelle ist blauverschoben, sondern das *eigene* Licht, das Licht der Senke.	228
142	Reagiert die Senke blauverschoben, so nähert sich die Quelle.	229
143	Wie ferne Materie beschaffen ist, dass können wir erst dann beurteilen, wenn wir sie verändern können.	231
144	Bleibt die Erhaltungsarbeit aus, so bleibt alles nichts.	233
145	Wir erhalten die Hintergrundstrahlung, ganz ohne altehrwürdigen Urknall.	236
146	Die *Reichweite* der *wirksamen* Emissionswolken entscheidet über die Größe der Strukturen.	236

162	Jede Bewegung ist *endlich,* denn sie beginnt und endet mit dem Austausch zwischen Quelle und Senke.	259
163	Falsche Statistik ist die *Leugnung* des Grundes.	260
164	Die Methode der falschen Statistik ist das Sammeln und Verschieben des Absurden.	260
165	Die Natur straft ihre *grundlose* Teilung in Materie und Bewusstsein mit Absurdität.	261
166	Dieser Himmel der Koordinaten, der Himmel der irrealen Orte, das ist die Raumzeit.	262
167	Das irreale Gehege der irrealen Orte wird zum wissenschaftlichen Kriterium des Daseins.	262
168	Die Zeit ist *Ursache* des Raumes. Der Raum ist von der Zeit erwirkt.	263
169	Die Raumzeit ist ein geometrisches Modell der Lichtausbreitung.	264
170	Die Raumzeit nimmt „nichts" in sich auf, und schließt „nichts" von sich aus. Damit erweist sie sich nicht nur als unwirklich, sondern auch als absurd.	264
171	Fürwahr, die Welt aus Zahlen ist nicht einfach, nein, sie ist einfach nicht.	266
172	Die Raumzeit beweist selbst den Äther, den sie leugnet.	267
173	Die Raumzeit fungiert auf diese Weise als dienstbarer Ersatz des geleugneten Äthers.	267
174	Versorgt das Schwarze Loch die Galaxie mit nuklearen Inhalten, so überschreitet diese Emission die Lichtgeschwindigkeit.	269
175	Inhalte, die *nicht* von Elektronen ausgetauscht werden, reisen nach den unfreiwilligen Angaben der Raumzeit mit höherer Energie, also mit höherer Frequenz.	269
176	Die Lichtgeschwindigkeit ist nicht absolut, sondern relativ, sie ist auf die Arbeit der Elektronen beschränkt.	269

177	Die Strukturen sind ein notwendiges Erzeugnis der Erhaltungsarbeit.	270
178	Soll die Raumzeit dies (dünnen Äther) abbilden, so müssen ihre Koordinaten einander entfernen. Die Raumzeit expandiert, andere Inhalte hat sie ja nicht aufzuweisen.	271
179	Der *Wechsel* der Erhaltungsarbeit führt schließlich immer zur Bildung von Strukturen.	271
180	Die Raumzeit ist ein getreues Abbild des Äthers, den sie geistig ersetzen soll, aber materiell nicht ersetzen kann.	272
181	Nur Quellen und Senken können einen Anfang machen.	275
182	Daraus ergibt sich, dass alle wirklichen Körper ihre Eigenzeit selbst hervorbringen.	275
183	Die Dauer besteht inmitten der Veränderung.	275
184	Die Dauer ist der Grund der Veränderung.	276
185	Also macht die Erhaltungsarbeit den Anfang.	276
186	Der Wechsel ist die Einheit von Anfang und Ende.	277
187	Sind Anfang und Ende vereint, so gibt es keinen Anfang, der nicht zugleich ein Ende ist.	277
188	Nichts und alles sind dasselbe und somit absurd, weil sie einander inhaltlich widersprechen.	277
189	Real sind Anfang und Ende nur, wenn sie im Wechsel des Inhalts vereint sind, somit in der Zeit.	277
190	Auch in der Wirklichkeit gibt es keine allgemeine Zeit.	278
191	Vielmehr muss es die Gleichzeitigkeit geben, damit ein Wechsel von Inhalt, damit die reale Zeit zustande kommt.	278
192	Der gesamte Wechsel und die ganze Zeit sind dasselbe.	278
193	Die ganze Zeit ist zusammengesetzt aus allen Eigenzeiten.	279
194	Das Neue kommt aus dem Alten. Es hat keinen anderen Ursprung.	279

Verzeichnis der Abbildungen

Index

Personenverzeichnis

Inhaltsverzeichnis

Thesenverzeichnis